"수학이 가진 힘의 가장 무서운 점은 도대체 어디까지 그 영향이 미칠 수 있는지 아무도 모른다는 사실이다. 그러나 이 책은 그저 경고만을 위한 책은 아니다. 우리 사회에서 벌어지는 다양한 사건들을 예로 들며 수학의 [illegible] 해결할 수 있는 것도 수학뿐이라고 강조한다. 누구든 [illegible] 될 수 있다. 어떻게 사용할지는 전적으로 [illegible] 분을 초대한다."

최수일(수학교육학 박사, 사교[illegible]

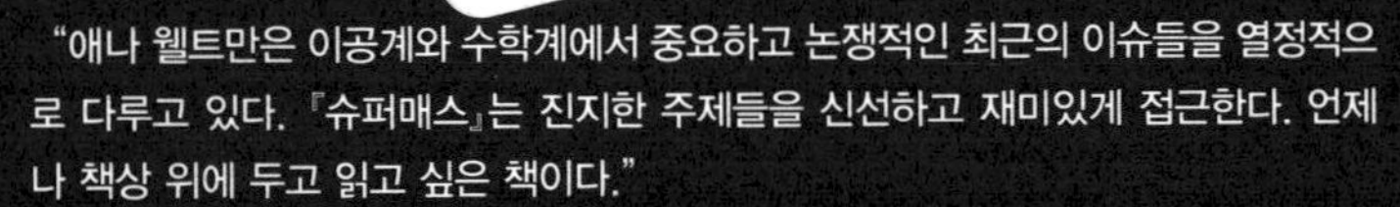

"애나 웰트만은 이공계와 수학계에서 중요하고 논쟁적인 최근의 이슈들을 열정적으로 다루고 있다. 『슈퍼매스』는 진지한 주제들을 신선하고 재미있게 접근한다. 언제나 책상 위에 두고 읽고 싶은 책이다."

팀 샤르티에(데이비슨대학교 수학과 교수, 전미수학협회 회장)

"외계인 찾기부터 인종차별의 해결책까지, 애나 웰트만은 이야기를 촘촘하게 교차시키며 실을 짜 내려간다. 가장 좋은 점은 여기 실린 이야기가 모두 사실이라는 것이다. 수학을 사용하는 인간의 선택에 의해 수학은 선과 악, 질서와 혼돈! 어느 쪽이든 될 수 있음을 경고한다. 이 책은 그런 이야기다."

벤 올린(베스트셀러 『이상한 수학책』의 저자)

"이 재미있고 매혹적인 책은 수학에도 분명 결함이 있으며 그 결함을 만드는 건 바로 인간이라는 사실을 잘 보여준다. 수학은 보편적이지 않으며, 우리에게 초능력을 선사하지도 않는다. 그러나 수학이 가진 힘과 한계를 명확히 이해할 때 우리는 교육자로서, 의사 결정자로서, 그리고 시민으로서 책임감 있게 수학을 사용하는 법을 배우게 된다."

에벌린 램(수학자, 『사이언티픽 아메리칸』 칼럼 기고가)

"애나 웰트만은 사려 깊고 다양성을 인정하는 집단이 수학의 힘을 잘 사용하면 우리를 더 나은 사회로 이끌 수 있다고 주장한다. 『슈퍼매스』는 광범위하고 정치적이며 아름다운 수학, 다시 말해 인간화된 수학을 보여준다."

사미르 샤(고등학교 수학교사)

수학, 인류를 구할 영웅인가?
파멸로 이끌 악당인가?

SUPERMATH: The Power of Numbers for Good and Evil

서문

✕✧✧✧ 슈퍼매스 사령부의 하루 ✕✧✧✧

"세상에 하나뿐인 수학 슈퍼히어로, 슈퍼매스 사령부입니다.
무엇을 도와드릴까요?"

"이상한 상징이 기록된 고대의 석판을 발견했는데, 해독을 도와줄 수 있나요?"

"우리 지역은 계속해서 공화당을 의회로 보내지만, 맹세컨대 내 이웃은 모두 민주당원입니다. 선거구에 게리맨더링이 있는 것 같은데 입증하는 걸 도와줄 수 있나요?"

(속삭이는 목소리로) "어… 난 지금 경찰서에 있소. 경찰이 친구와 나를

은행 강도로 체포했는데, 우리를 감옥으로 보내기에는 증거가 충분치 않소. 나한테 친구를 고자질하면 형을 줄여주겠다는데, 만약 친구도 나를 고자질한다면 우리 둘 다 더 오랫동안 감옥에서 썩게 될 거요. 나는 안 하고 친구만 나를 고자질하면 나만 엿 먹는 거고. 어쩌면 좋겠소?"

"우리 고등학교 학생들은 4년제 대학에 진학한 후 중퇴하는 일이 잦습니다. 애들 말로는 대수학 보충과목에서 계속 낙제하기 때문이라는데, 그 애들은 모두 고등학교에서 대수 과목을 배웠습니다. 뭐가 문제일까요?"

"남편이 경매에서 이 그림을 샀어요. 나는 형편없는 그림이라고 생각하는데, 남편은 아름답다고 하네요. 누구 말이 맞나요?"

"291쪽 35번 문제를 못 풀겠어요. 도와주세요!"

✖✤✤✤

수학의 핵심은 문제를 해결하는 것이다. 크고 작은 문제들은 수학자들이 일을 할 때 동기를 부여한다. 수학 공부가 그토록 중시되는 이유는 문제를 해결하는 것이 그만큼 중요하기 때문이다. 학교에서 수학을 잘하면 그 어떤 문제 해결 과제에서도 탁월한 능력을 발휘할 것이라는 이야기도 있다.

하지만 '수학은 문제를 해결하는 것'이라는 말의 진정한 의미는 뭘까?

많은 사람이 그렇듯이 당신이 경험한 수학이 학교에서 시작되어 학교에서 끝났다면, 아마도 당신에게 대부분의 수학은 '291쪽 35번

문제'와 비슷할 것이다. 291쪽 35번 문제를 어떻게 풀어야 할지 몰라 숙제를 마칠 수 없었다면 진짜 문제에 직면했을지도 모른다. 그러나 그 수학 문제 자체는 분수를 나누는 것이든 한 선로에서 마주 보고 달리는 가상의 기차 두 대가 언제 만날지 알아내는 것이든 현실의 문제로는 느껴지지 않았을 것이다.

어쩌면 문제에서 제시하는 상황이 긴박감을 주었을 수도 있다. 예를 들어 대수학 표현을 제대로 단순화하지 못한다면 기차가 충돌하고 만다든가 하는. 그러나 아무리 설득력 있는 상황이라도 수학의 진정한 필요성을 포착하는 경우는 드물다. 문제에서 요구하는 수학이 실제로 그런 상황에 닥쳤을 때 사용할만한 수학이 아니거나, 그 상황 자체가 억지스럽기 때문이다. 고등학교 시절이었다면 대수학이 필요했을 문제를 실생활에서는 얼마나 자주 추측한 다음 확인guess and check하는 식으로 푸는가? 수학 시간에 기차 두 대가 언제 스쳐 지나갈지 알아내는 데 대수학을 쓰기는 했어도 그 상황에는 전혀 신경 쓰지 않았을지도 모른다. '기차가 충돌하게 놔둬. 역에서 출발하기 전에 문제를 해결하지 못했으니 그런 일을 당해도 싸지.'

따라서 학교에서 수학을 시작하고 끝낸 사람에게 '수학은 문제를 해결하는 것'이라는 말이 공허하게 들리는 것도 놀랍지 않다. 물론 우리 모두 수학 문제를 풀면서 많은 시간을 보냈지만, 그 문제들이 항상 진짜 문제로 느껴진 것은 아니었다. 문제란 누군가가 우리에게 가르쳐준 기법을 사용해보기 위한 연습이 아니다. 문제란 마침 교과서의 앞 페이지에서 설명한 수학 기법으로 풀어야 하는, 꾸며낸 긴박함으로 무장한 실없는 이야기도 아니다. 진짜 문제는 우리가 답하는 데 관심이 있는 질문이다. 처음에는 어떻게 다뤄야 할지 몰라도 중요하기 때문에 계속 연구하는 주제다.

진짜 문제는 고대 석판에 새겨진 이상한 기호들이 무슨 뜻인지 알아내는 것이다. 당신이 사는 지역의 불공정한 선거 시스템을 밝혀내는 것이고, 당신과 당신의 친구 둘 다 감옥에서 나오게 하는 것이다. 또 당신의 친구들이 작년에 고등학교에서는 통과했던 과목에서 계속 낙제하는 이유를 알아내는 것이며, 남편의 생각이 틀렸음을 입증하는 것이다.

수학이 이런 문제를 해결할 수 있을까?

할 수 있다. 실제로도 해결한다. 수학자들은 종종 수학적이라기보다는 문화적인 문제를 해결해달라는 요청을 받는다. 사람들은 수학이 문화와는 동떨어진 분야라고 생각하는 경향이 있지만 그렇지 않다. 수학은 인류학, 사회과학, 심리학, 그리고 예술만큼이나 문화적인 학문이다. 사람들은 스스로에게 중요한 문제를 해결하려 애쓰는 과정에서 수학을 발전시켜왔다. 수학이 사람들에게 그토록 흥미롭게 여겨지는 이유는 바로 수학의 문화적 측면 때문이며, 이는 중요한 사회문제를 해결하는 데도 도움이 된다.

적어도 가끔은, 한계를 넘어 행사되는 수학의 힘이 사람들의 눈을 멀게 할 때도 있다. 스파이더맨의 명언처럼 "큰 힘에는 큰 책임이 따른다." 수학의 부적절한 사용은 그 자체로 문제가 된다. 그리고 이 문제를 해결하는 데도 수학이 필요하다.

✕◇◇◇

“안녕하세요, 슈퍼매스. 내 동료는 전염병이 닥칠 때 우리가 이웃을 돕기보다는 스스로를 격리해야 한다고 생각해요. 그의 수학 알고리즘이 그 말을 증명하고요. 하지만 나는 그가 모든 변수를 고려하지 않았다는 생각이 들어요. 내 생각에는 사람들이 그의 권유대로 행동할 때 전염병이 더 악화될 것 같습니다. 도와줄 수 있나요?”

“할 수 있을 것 같습니다. 데이터를 보내주시면 더 나은 알고리즘을 만드는 일에 착수하겠습니다. 그 뒤에는 우리의 작업을 확인할 수학적 기법을 찾아보지요….”

차례

4. 수학은 기회의 문을 열어줄 수 있을까?
수학과 기회의 문제

5. 수학은 아름다울 수 있을까?
수학과 예술의 문제

1. 수학은 보편적인 언어일까?

수학과 소통의 문제

친애하는 외계인에게: 하나, 둘, 셋…
팁나, 아루마, 탄-트타, 푸!
점토판 미스터리와 탐정들
매듭 끈의 수수께끼

SUPER
MATH
슈퍼매스

친애하는 외계인에게: 하나, 둘, 셋…

많은 사람이 우주에서 가장 중요한 사회적 문제,
즉 '우리와 다른 존재들과 어떻게 소통할 것인가?'라는 문제를
수학이 해결할 것이라고 믿어왔다.

2003년, 스테판 뒤마Stephane Dumas와 이반 듀틸Yvan Dutil은 아래의 메시지를 우주로 보냈다. 그들이 5개 별에 보낸 이 메시지는 SETI, 즉 외계지적생명탐사Search for Extraterrestrial Intelligence 프로젝트의 일부였다. 뒤마와 듀틸은 이 메시지가 외계인 펜팔과 주고받을 수많은 메시지 중 첫 번째가 되기를 바랐다.

외계인에게 암호로 된 메시지를 보내는 일은 비주류 과학처럼 들린다. 그러나 제정신인지 의심받은 적 한번 없으며 오히려 가장 높은 평가를 받는 과학자와 수학자 들 중에도 같은 일을 한 사람들이 있었다. SETI 프로젝트는 미국 항공우주국NASA과 국립과학재단National Science Foundation의 연구비 지원을 받았으며, 망원경 기술을 개선하거나

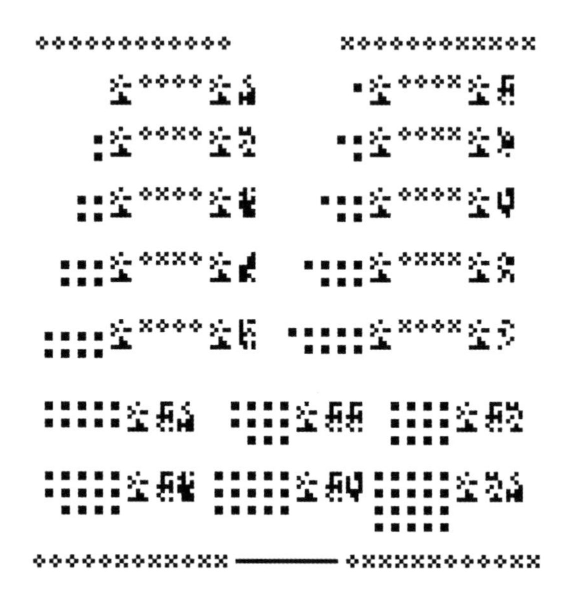

▲ 5개 별에 보낸 메시지

생명이 존재할 가능성이 있는 다른 태양계를 찾는 일 같은 중요한 과학적 돌파구를 열었다.

하지만 위의 메시지는 아무런 의미도 없어 보인다. 이 메시지는 학교에서 배운 것처럼 예의 바른 문구로 시작하지 않는다. '친애하는 외계인에게'라는 말도 없고 발신자를 밝히지도 않는다. 심지어 우리 인간들이 흔히 의사소통을 위해 사용하는 그 어떤 형태의 문자 언어와도 비슷하지 않다. 이 암호를 본 대부분의 사람이 두 번째로 궁금해하는 질문은 "왜 뒤마와 듀틸은 외계인이 이 메시지를 이해할 거라고 생각했을까?"다(첫 번째로 궁금해하는 질문은 "외계인이 응답했을까?"이며 답

은 "아니"다). 아마 당신은 이 메시지를 이해하지 못했을 것이다. 그럼 왜 외계인이 이 메시지를 이해할 수 있을 거라고 기대한 걸까?

암호를 연구해보면(한번 시도해보기를 권한다) 분명 무슨 내용인지 알아낼 수 있을 것이다. 뒤마와 듀틸은 외계인도 할 수 있을 거라고 생각했다. 왜냐하면 이 암호가 수학이기 때문이다. 다른 수학도 아닌 기초적인 수 세기다.

픽셀처럼 보이는 그림들은 우리의 셈법 체계를 나타내도록 배열된 것이다. 그러나 이 암호가 단지 지구인의 기초적인 셈법 체계만을 전달하는 것은 아니다. 위의 내용에서 이어지는 페이지에는 우리 행성이 어떤 화학 원소들로 구성되는지, 태양계에 몇 개의 행성이 있는지, 그리고 인간은 어떤 모습인지 같은 내용이 담겨 있다. 이 암호는 외계인이 대답해야 하는 질문 목록으로 끝난다. 이 질문들도 픽셀 비슷한 이미지로 전달된다. 예컨대 뒤마와 듀틸은 암호의 끝에서 "미키마우스의 귀, 부속 차고, 바닷가재?"라고 묻는데, 이 문장은 "질문: 땅, 외계인?"이라는 뜻이다. 자신들을 바닷가재처럼 생겼을 것이라고 생각한다며 외계인들이 불쾌해하지 않기를 바라자.

뒤마와 듀틸은 외계인 펜팔에게 지구의 원자 구성과 인간의 모습에 관한 정보를 보내고 싶어 했다. 우리가 누구인지 혹은 무엇인지, 어디에 있는지를 이해하는 데 필수적인 정보들이다. 외계인들이 이 정보를 이용해 우리 행성을 탈취할 생각이 없을 거라고 가정했다면 충분히 이해할 수 있는 일이다. 어쨌든 우리의 외계인 친구가 우리가 그들에 대하여 알고 싶어 하는 만큼이나 우리의 정보에 관심이 있을 것이라고 가정할 수는 있다.

그런데 이상하게도 이 편지는 우리가 누구인지 혹은 무엇인지, 어디에 있는지를 알려주는 것으로 시작하지 않는다. 편지의 처음 여섯 쪽은 모두 수학이다. 기초적이고 추상적인 수학으로, 우리에 대하여 아무것도 모르는 누군가에게 보내는 편지를 시작하는 방식치고는 기묘하다.

왜 그 모든 기초 수학이 필요한 걸까? 이유는 간단하다. 그리고 메시지에 셈법을 포함하기로 한 사람은 뒤마와 듀틸만이 아니었다. 많은 사람이 우주에서 가장 중요한 사회적 문제, 즉 '우리와 다른 존재들과 어떻게 소통할 것인가?'라는 문제를 수학이 해결할 것이라고 믿어왔다.

왜 뒤마와 듀틸은 셈법이 외계인과 소통하는 데 도움이 될 것이라고 생각했을까? 더욱 중요한 정보를 보내기 전에 먼저 외계인이 지구의 초등학교 3학년 수준의 수학을 알아야 한다고 생각해서는 아니었다. 그들이 수학을 우주로 보낸 데는 훨씬 더 철학적인 이유가 있었다. 뒤마와 듀틸은 어떤 형태의 외계인이든 지능이 있다면 수학을 이해할 것이라고 믿었다. 그들은 숫자와 셈법이 보편적인 개념이라고 생각했다. 더 나아가서 숫자가 말 그대로 전 우주적인 언어라고 생각했다. 정말일까?

뒤마와 듀틸은 숫자와 셈법이 보편적인 수학적 언어를 형성한다는 견해를 공유한다. 그들은 만약 외계인들이 듣고 있다면 셈법을 통해 수학으로 외계인과 소통할 수 있을 것이라고 생각했다. 하지만 수학이 정말 보편적인 언어일까?

암호를 한번 살펴보자. 뒤마와 듀틸의 암호는 어떻게 외계인에게 셈법을 가르칠 수 있을까?

두 수학자의 메시지는 지구인이 1부터 20까지 숫자를 세는 3가지 방식을 보여준다. 당신은 기호들이 서로 뭉쳐 있는 것을 알아차렸을 것이다. 비슷한 특징을 공유하는 기호들이 있는 것도 볼 수 있다. 각각의 기호 집단은 1부터 20까지의 수를 3가지 방식으로 나타낸 것이다.

먼저 사각형을 늘려가며 수를 보여주는 방식이다. 뒤마와 듀틸은 '하나'를 나타내기 위해 작은 사각형을 그렸다. 당신이 암호를 풀려고 시도한다면 아마도 이것이 알아챌 수 있는 첫 번째 패턴일 것이다. 첫 번째 기호 집단에는 작은 사각형이 없다. 다음 집단에는 사각형이 하나 있다. 그다음 집단에는 사각형이 2개 있고, 같은 방식으로 하나씩 늘어나면서 15까지 이어진 후 마지막에는 바로 20으로 넘어간다. 이 패턴에서 10개의 사각형은 말 그대로 '10'을 나타낸다.

암호에 담긴 내용은 이게 다가 아니다. 나란히 놓인 각각의 기호 집단은 같은 숫자를 나타낸 서로 다른 패턴이다. 사각형으로 표시한 수를 널리 쓰이는 다른 두 종류의 수 체계로 함께 표시했다. 사각형 기호 뒤에 있는 기호는 '등호(=)'다. 두 번째 암호는 각각의 수를 4개의 기호가 있는 행으로 보여준다. 이진법으로 표기한 수다.

당신이 암호를 들여다보다가 어디선가 막혔다면 아마 여기일 것이다. 이진법은 0과 1만 사용하여 숫자를 표기하는 수 체계다. 이 암호에서는 0 대신에 다이아몬드 형태로 배열한 작은 사각형 4개를 사용한다. 즉, 4개의 다이아몬드 기호는 '0000'을 나타내며, '0000'은 숫자 0을 이진수로 나타낸 것이다. 3개의 다이아몬드 뒤에 있는 격자무늬 기호는 '0001'을 나타내며 1의 이진수다. 다이아몬드 둘, 격자 하나, 다이아몬드 하나는 '0010'이란 뜻이며 2의 이진수다.

이진수로 된 수 뒤에는 등호가 하나 더 있다. 세 번째 암호다. 세 번째 암호는 우리가 가장 흔히 사용하는 수 체계인 십진법을 이용해서 각각의 수를 나타낸 것으로, 픽셀로 그린 그림처럼 보이는 기호로 표현된다. 0부터 9까지 각 숫자에 해당하는 픽셀 그림이 있다. 0은 굴뚝에서 연기가 피어오르는 집이다. 1은 난로 연통같이 생긴 모자를 쓴 남자다. 2는 배낭을 훔쳐 달아나는 도둑 여우다. 적어도 내게는 그렇게 보인다. 당신도 상상력을 자유롭게 발휘해보라. 열한 번째 암호는 연통 모자를 쓴 남자가 연기를 토해 내는 집의 왼쪽에 앉아 있다. 이 기호는 '10'을 나타낸다. 그다음은 연통 모자를 쓴 남자가 둘인데, 숫자 '11'에 해당한다. 12는 남자와 도둑 여우이고, 이런 식으로 계속된다.

이 암호는 외계인에게 지구인이 20까지 수를 세는 3가지 방법을 가르친다. 기초 수학으로 채운 메시지를 외계인에게 보낸 사람은 뒤마와 듀틸만이 아니었다. 실제로 이런 메시지의 대부분은 상대에게 셈법을 가르치는 것으로 시작한다. 뒤마와 듀틸은 1999년에도 거의 같은 내용의 메시지를 암호만 약간 바꿔 우주로 보냈다. SETI 프로젝트의 초창기인 1974년에 전송된 아레시보 메시지 역시 이진법으로 표기된 1부터 10까지의 수로 시작한다. 2009년에는 마이클 부시와 레이철 레딕이 메시지에 더 많은 수학적 내용을 포함하는 것으로 아레시보 메시지와 뒤마, 듀틸의 메시지를 개선하려 했다.

외계인에게 메시지를 보내려는 과학자들은 기초 수학을 우주에 보낸다는 아이디어를 20세기 초 네덜란드의 수학자 한스 프로이덴탈Hans Freudenthal에게서 얻었다. 프로이덴탈은 저서『린코스: 우주의 소통을 위한 언어의 설계Lincos: Design of a Language for Cosmic Intercourse』에서 외계 통신을 위한 현대적 이론의 토대를 마련했다. 그는 우리가 외계인과 소통을 시도할 때 직면하는 가장 큰 문제는 공유하는 경험의 결핍이며, 이 문제를 해결하려면 우선 그들과 수학을 공유해야 한다고 주장했다.

외계인은 아마 우리가 공유하려는 내용에 관해 아무것도 모를 것이다. 예를 들어 외계인들은 물질이 원자로 구성된다고 생각하지 않을 수도 있다. 우주에서 자신의 위치를 가장 가까운 별까지의 거리로 설명하지 않을지도 모른다. 우리의 몸, 종교, 가장 위대한 문화적 성취, 그리고 우리가 좋아하는 음식에 관해 아무것도 모를 것이 틀림없다. 우리는 외계인이 우리와 비슷할 거라고 가정할 수 없다. 지구만 봐도 믿기지 않을 만큼 다양한 생명체가 살고 있다. 이 행성에 단세포로 된 미생물과 2톤 무게의 하마가 어울려 살아가는 것을 보라. 따라서 우리가 우리의 위대한 과학적, 문화적 성취를 외계인에게 이야기하고 싶을지라도, 첫 번째 외계 통신은 "뉴스릴newsreel(1910년대~1970년대, 텔레비전이 보급되기 전 극장에서 상영되던 짧은 뉴스. 주요한 국내외 사건을 보도하고 때로는 정부 방침을 홍보하는 역할을 했다—편집자) 같은 것일 수는 없다"라고 프로이덴탈이 말한 바 있다. 외계로 보내는 메시지에 이미 지구에 관한 지식이 있는 생명체만이 이해할 수 있는 정보를 쓸 수는 없다.

그렇다면 무엇을 보내야 할까? 프로이덴탈은 외계인에게 보내는 첫 번째 메시지가 기초 수학에 관한 것이어야 한다고 말했다. 그는 수학이 하나의 언어인 동시에 모두가 이해할 수 있는 유일한 언어라고 주장했다. 영어로만 소통하는 사람이 있고 스와힐리어 또는 태국어로만 소통하는 사람도 있겠지만, 그들 모두가 수학을 이해할 수 있다는 것이다. 영어나 태국어를 하는 사람들은 각자의 언어 규칙을 어기고 속어를 만들어내기도 하지만 수학의 규칙은 어디에서나 항상 같다. 프로이덴탈은 이러한 주장을 뒷받침하기 위해서 세계 여러 나라의 수학 교과서에 주목했다. '둘'과 '제곱' 같은 용어는 각 나라의 언어로 표현되겠지만 $2^2=4$나 $f(x)=x^2-9$와 같은 수학적 표현은 절대 바뀌지 않는다. 수학은 명확하고 간결하며 지구상의 모든 사람이 동의할 수 있는 언어다. 외계라고 그러지 못할 이유가 있을까?

수학이 보편적인 언어라고 생각한 사람은 프로이덴탈이 처음은 아니었다. 19세기 말과 20세기 초의 수학자들은 모든 수학적 명제가 구성되는 방식을 지배하는 일련의 보편적 법칙을 창조할 수 있다는 아이디어에 매혹되었다. 이러한 수학의 '문법'은 공리(公理), 즉 모두에게 명백한 가정을 기반으로 구축될 것이었다. 이들 보편적인 가정에 따르는 모든 것 역시 보편적일 것이다. 앨프리드 노스 화이트헤드Alfred

North Whitehead와 버트런드 러셀Bertrand Russel은 아마도 이런 도전에 나선 가장 유명한 수학자일 것이다. 두 사람에게는 유감스러운 일이지만 다른 수학자가 이 프로젝트가 불가능하다는 것을 증명했다. 수학을 위한 완벽하고 합리적인 일련의 규칙을 만들 방법은 존재하지 않는다. 그런데도 프로이덴탈은 수학을 기반으로 하는 보편적 언어를 구축하려는 시도를 멈추지 않았다.

프로이덴탈은 자신이 개발한 언어를 린코스Lincos라고 불렀다. 린코스로 쓰인 문장의 내용은 수학적일 수도 아닐 수도 있지만, 언어 자체는 전적으로 수학 기호로만 구성된다. 린코스로 쓴 문장을 보자.

10 ∈ Pri. 11 ∈ Pri. 101 ∈ Pri. 111 ∈ Pri. 1011 ∈ Pri. Etc.

1 ∉ Pri. 100 ∉ Pri. 110 ∉ Pri. 1000 ∉ Pri. 1001 ∉ Pri. Etc.

a ∈ Pri. ↔. a = 10. ∨. a = 11. ∨. 101. ∨. 111. ∨. Etc.

10 ≠ a. ∧. 10 Div a. →.a ∉ Pri.

11 ≠ a. ∧. 11 Div a. →.a ∉ Pri.

100 ≠ a. ∧. 100 Div a. →.a ∉ Pri.

Etc.

위의 텍스트는 "2는 소수prime다. 3은 소수다. 5는 소수다. 7은 소수다. 11은 소수다. 기타 등등. 1은 소수가 아니다. 4는 소수가 아니다. 6은 소수가 아니다. 8은 소수가 아니다. 9는 소수가 아니다. 기타 등

등. 숫자 a는 오직 2, 3, 5, 7 등등일 때만 소수다. 숫자 a가 2는 아니지만 2로 나누어진다면, a는 소수가 아니다. 숫자 a가 3은 아니지만 3으로 나누어진다면, a는 소수가 아니다. 숫자 a가 5는 아니지만 5로 나누어진다면, a는 소수가 아니다. 기타 등등"이라는 뜻이다.

당신이 소수에는 별로 관심이 없을 수도 있다. 더 개인적인 이야기를 나누고 싶을 수도 있으니까. 프로이덴탈은 이러한 요구에도 대비했다.

Ha Inq Hb. ? x. 10x = 101:

Hb Inq Ha. 101/10.

Ha Inq Hb Ben.

이 텍스트는 "A라는 사람이 B라는 사람에게 'x 곱하기 2가 5라면 x는 무엇일까?'라고 물었다. B는 A에게 '그것은 5를 2로 나눈 값이다'라고 말했다. A는 B에게 '좋아.' 하고 말했다"라는 뜻이다. 여전히 수학에 대한 내용이지만, 이 텍스트는 어느 정도 인간적인 상호 작용을 포함하고 있다. 프로이덴탈은 수학을 통해 칭찬을 공유하는 방법을 생각해낸 것이다.

수학적 언어로 '좋음good'과 '나쁨bad'을 전달할 수 있다는 프로이덴탈의 생각이 놀라워 보일 수도 있다. 소수나 방정식의 미지수를 구하는 것은 명백하게 수학적이지만 좋고 나쁨은 수학적인 정보가 아니다. '무엇이 좋다'라는 말은 '무엇이 참이다'라는 말과 달리 논리에 기초하지 않는다. 비록 무엇이 참인가에 대한 견해는 갈릴 수 있어도 누군가는 논리적으로 정확해야 한다. 그러나 좋음은 주관적이다. 언어는 객관적인 사실뿐만 아니라 주관적인 감정까지 전달할 수 있어야 한다. 프로이덴탈의 린코스는 논리에 기초한 언어인데 어떻게 주관적인 감정을 전달할 수 있었을까?

린코스에서는 먼저 그 표현을 사용한 사람을 밝히기 전에는 절대로 좋음이나 나쁨이라는 단어를 사용할 수 없다. 좋음과 나쁨은 사물의 성질이 아니라 누군가의 의견이다. 프로이덴탈의 글에 따르면 린코스에서 각각 좋음과 나쁨에 해당하는 단어인 "벤Ben과 말Mal은 누군가가 어떤 사건에 찬성하거나 반대한다는 견해를 밝히기 위해서 사용하는 표현에 지나지 않는다." '벤'과 '말'이라는 단어를 개별 화자와 묶음으로써 프로이덴탈은 이 단어들이 언제 사용될 수 있고 또 문장 안에서 무엇을 의미하는지를 분명하게 설명하는 논리적 규칙을 창안했다.

프로이덴탈은 논리를 사용하여 모든 단어를 정의한다. 그는 수학 법칙만큼이나 논란의 여지가 없는 문법을 갖춘 언어라면 외계인이 이해할 가능성이 높을 것이라는 이론을 제시했다. 설령 외계인에게 좋음과 나쁨의 관념이 없더라도, 언어의 논리에 따라 우리가 의도한 뜻을 이해할 수 있을 것이라는 얘기였다.

프로이덴탈 이후로 많은 수학자가 그 이론에 동의했다. 뒤마와 듀틸은 가상의 외계인 친구에게 린코스로 메시지를 보내지는 않았다.

하지만 두 사람은 우선 외계인에게 지구인이 숫자를 어떻게 표현하는지부터 이해하게 한 다음 그 방식을 통해 배울 수 있는 문법으로 메시지를 적어 보냈다. 린코스와 마찬가지로, 뒤마와 듀틸의 언어는 수학을 넘어서는 내용을 전달하기 위해서 수학적 논리를 사용한다. 외계인에게 수학을 보내기로 한 그들의 결정은 수학이 보편적이라는 전제에 기초한다. 먼 우주에서의 삶이 어떤 모습이든 숫자와 논리는 그 간격을 메운다.

프로이덴탈, 뒤마, 듀틸은 파푸아뉴기니를 방문한 적이 없는 것이 분명하다. 파푸아뉴기니에 가봤더라면 수학이 보편적인 언어라는 데 동의하지 않았을 놀라운 집단, 오크사프민Oksapmin을 만났을지도 모른다. 40년 전까지만 해도 오크사프민은 린코스나 뒤마와 듀틸의 암호를 이해하지 못했을 것이다. 오크사프민은 뒤마와 듀틸이 우주에 보낸 수학과는 근본적으로 다른 수학을 사용했다. 그러나 이제는 그들의 수학도 변했다. 누군가가 새로운 수학을 그들에게 가르쳤기 때문이 아니다. 그들의 문화가 변질되면서 수학까지 변한 것이다.

팁나, 아루마, 탄-트타, 푸!

오크사프민의 이야기는 수학이 문화권에 따라
크게 변할 뿐만 아니라 문화가 바뀌면 수학도 바뀐다는 것을 보여준다.
인간 집단의 수학은 해결해야 하는 문제를 만들어내는 동시에
또 그런 문제에 의해서 생겨난다.

오크사프민 사람들은 파푸아뉴기니의 산속 깊은 곳에서 산다. 그들은 수천에 달하는 이 섬의 원주민 집단 중 하나로, 언어학자들은 오랫동안 이 섬에서 사용되는 다양한 언어를 연구해왔다. 최근 오크사프민 언어만의 독특한 셈법이 알려지면서 수학자들도 관심을 갖기 시작했다.

오크사프민 사람들은 자기 몸을 이용해서 수를 센다. 아마 당신도 바디카운팅bodycounting의 한 형태, 즉 손가락을 사용하여 1부터 10까지 세는 방법에는 익숙할 것이다. 보통은 모든 연령대의 사람들이 손가락에 의존해 수를 세고 숫자에 관하여 소통한다. 수 세기를 배우는 어린이들은 수를 나타내는 단어와 그 단어에 해당하는 사물의 수 사

이의 의미상 간격을 메우기 위해 손가락을 사용한다. 수를 나타내는 단어와 사물의 수 사이를 연관 짓는 데 능숙한 성인들조차도 손가락을 이용해 숫자를 표현한다. 도넛을 사러 가거나 친구들과 식당에 가서 자리를 요청할 때 얼마나 자주 손가락을 쓰게 되는지 눈여겨보라. 실내가 시끄럽거나 직원이 멀리 있다면 "도넛 4개요." 또는 "4인용 테이블 부탁합니다"라는 말을 하면서 흔히 손가락 4개를 들어 올리기 마련이다.

보통 손가락은 10까지의 수를 표현하는 데만 유용하다. 도넛을 12개 사고 싶다고 해서 손가락 10개를 펼쳐 보인 후에 다시 2개를 들어 올리지는 않는다. 손가락 10개와 발가락 2개를 보여주는 일도 없다. 귓불같이 뜬금없는 신체 부위를 12라고 정한 다음 보여주는 건 더 이상하게 느껴진다. 우리는 손가락을 하나 더하면 수가 하나 늘어난다는 규칙에 따라 수를 센다. 귓불 하나가 12에 해당한다는 규칙은 우리의 방식과 부합하지 않는다.

그러나 오크사프민 사람들에게는 오른쪽 귀를 만지면서 오크사프민어로 '귀'라고 말하는 것이 12를 표현하는 방법이다. 그들은 신체 부위가 나타내는 수와 헤아리는 사물의 수 사이의 상관관계를 확장하는 방식으로 신체 부위를 사용해 수를 센다.

오크사프민 사람들은 우리처럼 오른쪽 엄지손가락, 오크사프민어로 하면 팁나tipna에서 시작하여 오른손의 다섯 손가락을 이용해 5까지 수를 센다. 하지만 여기서부터 그들의 바디카운팅 체계는 우리와 길을 달리한다. 6은 오른쪽 손목, 도파dopa다. 7은 오른쪽 팔뚝, 8은 오른쪽 팔꿈치다. 그런 식으로 오른쪽 어깨와 얼굴까지 올라가는데, 12는 오른쪽 귀, 나타nata이며, 13은 오른쪽 눈, 키나kina다. 이 셈법은 14를 뜻하는 코, 아루마aruma에서 정점에 도달한다. 여기서 순서는 왼쪽 신체로 향한다. 15는 탄-키나tan-kina라고 부르는 왼쪽 눈인데, 여기서 접두어 탄tan은 몸의 반대편에 있음을 나타낸다. 수는 왼쪽 귀, 왼쪽 어깨, 왼쪽 팔뚝을 지나서 왼쪽 손목, 탄-도파tan-dopa로 내려간다. 마지막으로 왼쪽 손에 이르러 새끼손가락, 탄-트타tan-tthta에서 총 27까지의 셈이 끝난다.

오크사프민 사람들은 오른손 엄지손가락에서 시작해 얼굴로 올라갔다가 탄-트타까지 내려온 다음에는 축하하는 관습이 있다. 이들은 두 주먹을 공중으로 치켜들고 "푸fu!"라고 소리칠 것이다. 하지만 거기서 끝이 아니다. 관습적으로 "푸!"를 외친 뒤에는 다시 거슬러 올라가며 수를 센다. 셈은 왼손 손가락들은 건너뛴 후에, 여전히 탄-도파인 왼쪽 손목이 28이고, 왼쪽 팔뚝이 29라는 식으로 계속된다.

이러한 방식의 셈법은 파푸아뉴기니 언어를 연구한 오스트레일리아의 언어학자 도널드 C. 레이콕Donald C. Laycock에 의해 1975년 서구의 독자들에게 처음으로 소개되었다. 레이콕은 오크사프민 사람들이 수를 세는 방식을 탈리 시스템tally system(단위 수를 빗금, 도형, 점 등의 기호로 나타내고 이 기호를 나타내고자 하는 수만큼 반복하는 방식으로 수를 나타내는 시스템을 말한다. 단항 기수법이라고도 하며, 우리나라를 비롯한 한자 문화권에서는 흔히 바를 정(正) 자를 사용한다—편집자)이라고 불렀다. 오크사프민의 셈법을 서구의 '진정한' 수 체계와 구별하기 위해서였다. 레이콕에 따르면, 진정한 수 체계는 덧셈, 뺄셈뿐만 아니라 더 복잡한 수학에도 사용된다. 그러나 오크사프민의 수 체계는 오직 수를 세는 데만 사용할 수 있다.

오크사프민의 셈법으로는 무언가를 세지 않으면서 숫자를 언급하기가 어렵다. 우리는 흔히 실제 사물의 수를 세거나 언급하지 않고도 숫자를 사용한다. 예를 들어 우리는 종종 숫자를 사용해 산술 계산을 한다. 계산 문제에 나오는 숫자들은 수량을 나타낼 때도 있고 그렇지 않을 때도 있다. 당근 6개와 8개를 더하는 것이든, 고양이 6마리와 8마리이든, 아니면 동전 500만 개를 모은 무더기 6개와 같은 무더기 8개이든 상관없이 6 더하기 8은 항상 14다. 우리의 숫자에는 헤아리는 대상과 별도로 고유한 생명이 존재한다. 추상적이라고 부를 수 있는, 오직 우리 마음속에서만 존재하고 상호 작용할 수 있는 개념이다.

하지만 오크사프민의 셈법에서는 무엇이든 헤아리는 대상 없이는 숫자를 이해할 수 없다. 우리가 손가락 4개를 들어 올리거나 네 손가락으로 4개의 물체를 가리킬 때, '넷'의 상징과 헤아리는 대상은 분리될 수 없다. 오크사프민 셈법 체계는 우리가 아는 탈리 시스템처럼 보이지 않을 수도 있다. 손목, 팔뚝, 눈은 기본 단위인 손가락이 아니기 때문이다. 그러나 레이콕은 손가락이 아닌 신체 부위가 무언가를 몸에 비교하여 측정할 때 추가적인 길이에 해당하기 때문에 오크사프민 셈법 체계에 포함될 수 있다고 말했다. 추가되는 신체 부위는 새로운 단위라기보다는 하나 더 추가된 손가락과 같다.

수학자들은 신체 부위 하나에 대상 하나가 상응하는 탈리 시스템의 규칙을 '일대일' 특성이라고 부른다. 오크사프민 셈법이나 우리의 손가락 셈법 모두 이 특성에 의존하는데, 우리가 일반적으로 사용하는 손가락을 사용하지 않는 셈법은 이 특성을 항상 무시한다. 일대일 특성을 무시함으로써 더 쉽고 효율적인 계산이 가능하기 때문에 이는 엄청난 차이점이라고 할 수 있다. 반면 오크사프민 셈법 체계는 가장 간단한 산술 계산을 하는 데도 어설프게 느껴진다.

예컨대 합칠 수 있는 대상 6개와 8개가 없는 상태에서 오크사프민 셈법으로 어떻게 6 더하기 8을 계산할 것인가?

한 가지 방법이 있다. 오크사프민 셈법에서 1에 해당하는 엄지손가락에서 시작하여 6에 해당하는 손목에 이를 때까지 수를 센다. 그 다음 7을 뜻하는 팔뚝, 8을 뜻하는 팔꿈치 등으로 이어가며 수를 세는데, 이때 다시 1, 2, 3…에 해당하는 신체 부위를 나타내는 단어를 사용한다. 8에 해당하는 신체 부위를 말하는 지점에서 멈추면 아마 14를 나타내는 코에 도달해 있을 것이다. 이런 방식으로 6에서 출발하여 원하는 목적지 14까지 얼마가 더해졌는지를 기억하면서 수를 세어 올라갈 수 있다. 6 더하기 8은 6을 뜻하는 손목에서 출발하여 오크사프민 셈법에서 8에 해당하는 단어까지를 더하면서 도착한, 코에 해당하는 14다.

버클리 캘리포니아대학교의 수학교육학자 제프리 삭스Geoffrey Saxe는 이런 방법을 '신체 부위 대체 전략'이라고 불렀다. 우리가 손가락을 이용해 6과 8을 더해보라는 요청을 받았을 때 사용하는 방법과 비슷한 전략이다. 어린이들이 덧셈을 배울 때 흔히 이 방법을 사용하는데,

처음에는 "일, 이, 삼…"을 말하면서 손가락으로 6까지 센다. 그러고는 6에 해당하는 엄지손가락 다음부터 다시 "일, 이, 삼…"으로 시작해 "팔"까지 세면, 두 번의 여행을 통해 14를 나타내는 손가락에서 멈춘다. 이러한 전략에는 우리의 수학이 작동하는 방식과 유사한 면이 있다.

또 하나의 접근법 역시 우리의 수학과 비슷하다. 몸의 오른쪽에서 6에 해당하는 신체 부위(손목)를, 왼쪽에서 8에 해당하는 신체 부위(팔꿈치)를 상상해보라. 이때 몸의 오른쪽에서 왼쪽으로 셈을 계속하는 것이 아니라 왼쪽을 오른쪽의 복제품이라고 생각해야 한다. 그러고는 한쪽에서 다른 쪽으로 수의 일부를 옮겨서 10을 만든다. 8이 6보다 10에 가까운 수이므로 8을 10으로 만들 만큼의 수를 6에서 떼어 옮긴다. 몸의 오른쪽에서 6보다 1 작은 수인 5를 나타내는 부위를 만지면서 왼쪽에서는 8보다 1 큰 수인 9에 해당하는 부위를 만진 다음, 이어서 몸의 오른쪽에서 4를 나타내는 부위와 왼쪽에서 10에 해당하는 부위를 만지는 식이다. 이제 오른쪽에는 10이, 왼쪽에는 4가 있다. 당신이 10에 대하여 특별한 느낌을 갖고 있다면 본능적으로 10 더하기 4가 14임을 알았을 것이다.

삭스가 '반신(半身) 전략'이라고 부르는 이러한 접근법은 마음으로 그려보기가 조금 더 어렵다. 하지만 여러 면에서 신체 부위 대체 전략보다 우리의 수학과 유사하다. 이는 우리가 10에 대하여 특별한 느낌을 갖기 때문이다. 누구든지 학교를 다닌 사람에게 아무 숫자에나 10을 더해보라고 하면 아마 즉각적으로 반응을 보일 것이다. 오크사프민 사람들이 27에 도달하여 셈을 마치고 축하하는 것처럼, 우리는 10에 도달했을 때 "푸!"라고 외치는 셈이다. 하지만 "푸!"라고 외치는 대신 우리는 각각의 10에 새로운 단어(십, 이십, 삼십 등)를 부여했다. 10보다 큰 모든 수는 몇 개이든 10이 모인 무더기에 1이 몇 개 따라붙은 것이다.

우리는 10을 기반으로 하는 수 체계를 습득하기 때문에 10을 다루는 일이 자연스럽다. 하지만 오크사프민 수 체계에서는 10을 다루는 것이 자연스러운 일이 아니다. 오크사프민 사람들에게 10에 해당하는 위치인 어깨는 특별한 자리가 아니기 때문이다. 그들의 셈법은 10을 중심으로 대칭을 이루지도 않는다. 오크사프민 셈법에서 중요한 수는 셈의 끝인 27이나 중앙에 있는 14다.

생각해보면 우리가 서구식 셈법과 오크사프민 셈법을 비교하기 위해서 처음에 살펴본 신체 부위 대체 전략 역시 오크사프민 사람들의 셈법 체계에서는 부자연스럽게 느껴진다. 1, 2, 3…을 말하면서 다른 신체 부위를 만지는 일은 일대일 시스템의 왜곡이다. 특정한 신체 부위를 지칭하는 단어를 해당 신체 부위에서 분리해 독자적으로 세기와 덧셈을 할 수 있는 객체로 바꿀 수는 없다. 그들의 단어는 우리의 수처럼 추상적인 개념이 아니다.

셀 수 있는 대상이 없을 때 오크사프민 셈법으로 6에 8을 더하는 것이 어색하게 느껴지는 이유는 오크사프민 수 체계가 숫자를 자체적으로도 의미 있는 추상적인 개념으로 다루도록 설계되지 않았기 때문이다. 사물을 사용하지 않으면서 오크사프민 셈법으로 덧셈을 하는 가장 합리적인 방법은 추측하는 것이다. 신체 부위를 사용하여 6을 뜻하는 손목까지 센 다음, 이어서 계속 세어보자. 오크사프민 셈법에는 다시 세기 시작한 뒤 14를 나타내는 신체 부위에 도달한 시점을 정확하게 알 수 있는 방법이 없다. 만약 당신이 오크사프민 셈법으로만 계속 세어나간다면 어디서 멈춰야 할지 알 수 있을까? 8만큼 더 세었다 싶을 때 멈추는 수밖에 없다. 14에 못 미쳤을까? 아니면 기세 좋게 지나쳤을까? 이 방법은 셀 수 있는 대상이 없다면 비효율적이다.

오크사프민 사람들이 셀 수 있는 대상이 없는 상태에서 덧셈을 할 수 있는 유일한 방법은 우리 셈법 체계의 요소를 오크사프민 셈법에 추가하는 것인 듯하다. 신체 부위 대체 전략과 반신 전략 말이다. 하지만 이때 요구되는 사고방식이 얼마나 낯선 방식일지를 생각하면 오크사프민 사람이 이 방법으로 덧셈을 시도하리라고는 기대하기 어렵다. 1960년대 이전에는 이런 예상이 정확했을 것이다. 삭스는 몇몇 오크사프민 사람에게 추측을 하지 않고 셀 수 있는 물건도 없는 상태에서 덧셈을 하는 방법을 가르치려 노력했지만 결국 실패했다. 수에 관한 이해의 차이가 그런 일을 허용하지 않았던 것이다. 그러나 오크사프민 사회는 20세기 후반에 극적인 변화를 겪었고, 변화와 함께 오크사프민의 수학도 바뀌었다.

1980년 오크사프민 거주지에 방문한 삭스는 많은 성인이 신체 부위 대체 전략과 반신 전략을 사용하여 덧셈을 하는 것을 보고 놀랐다. 물론 추측에 의존하는 바람에 답을 틀리는 사람도 여전히 많았다. 흥미롭게도 삭스는 셈법을 바꾼 사람들이 서구의 화폐와 접촉이 잦은 사람들이라는 사실을 발견했다. 경제 활동이 오크사프민 사람들의 수에 대한 사고방식에 극적인 변화를 이끌어낸 것이었다.

1960년대 중반부터 오크사프민 사람들 일부가 농장과 광산의 일자리를 찾아 오스트레일리아와 인접한 지역으로 이주하기 시작했다. 이주한 노동자들은 처음에는 오스트레일리아 화폐로 급료를 받다가, 1975년 파푸아뉴기니가 오스트레일리아로부터 독립한 뒤에는 파푸아뉴기니 화폐인 키나kina와 토에아toea를 받았다. 이전까지 오크사프민 사람들은 화폐를 사용한 적이 없었다. 오크사프민 내부 경제는 물물교환 시스템을 기반으로 했다. 하지만 밖으로 나갔던 노동자들이 돈을 가지고 고향 마을로 돌아오자 그들이 방문하는 상점들도 변화에 적응해야 했다. 상점 주인들은 물건과 돈을 맞바꾸는 거래를 배웠다.

물물교환에서는 일대일 방식이 통하지만(예컨대 닭 한 마리와 쌀 세 자루를 바꾸는 식이다) 현금 거래는 그렇지 않다. 화폐에는 사고파는 물건과의 상관관계가 명확하지 않은 액면가가 표시된다. 쌀 한 자루의 가격이 15토에아라고 해보자. 구매자가 상점 주인에게 쌀 네 자루의 값으로 15토에아를 네 번 건넨다면 일대일 방식으로 지불했다고 볼 수 있다. 그러나 화폐를 매개로 거래하는 방법은 통상적으로 이렇지 않다. 토에아는 5, 10, 20, 그리고 50의 액면가로 발행된다. 쌀 네 자루의 값으로 50토에아 하나와 10토에아 하나를 지불하는 것이 15토에아를 네 차례 헤아려 건네는 것보다 쉽다. 그리고 구매자가 50토에아 동전밖에 없다면 어떻게 하겠는가? 구매자는 쌀 네 자루 값으로 50토에아 동전을 2개 건네고, 상점 주인은 남는 돈을 거슬러 주어야 할 것이다. 이 작업에는 덧셈과 뺄셈이 필요하다. 이처럼 돈을 매개로 사고파는 일은 일대일 방식에서 벗어날 것을 요구한다.

모든 오크사프민 사람이 화폐 사용법을 배울 필요는 없었다. 1980년대에도 여전히 오크사프민 사회는 화폐 경제에 전적으로 의존하지 않았으며, 다수의 노년층은 굳이 돈을 사용할 필요를 느끼지 못했다. 삭스는 귀향한 노동자와 상점 주인들이 화폐를 사용할 필요가 없는 사람들에 비해 새로운 덧셈법을 사용할 가능성이 훨씬 더 크다는 사실을 발견했다.

삭스는 새로운 덧셈법의 사용과 화폐 사이의 상관관계로부터 대담한 결론을 끌어냈다. 화폐의 사용은 오크사프민 사람들이 자신의 셈법 체계를 바꾸는 결과로 이어졌다. 새로운 셈법을 사용하는 세대에게 기존의 몸을 이용한 셈법은 수를 세는 기능뿐만 아니라 더하기와 빼기의 기능도 제공했다. 셈법에 사용되는 단어와 신체 부위들은 해당하는 물체와 분리된, 추상적인 개념으로의 수를 나타내게 되었다. 수 자체에 고유한 의미가 있으며, 객체가 없어도 계산할 수 있게 해주는 개념이었다. 화폐를 접한 오크사프민 사람들은 기존의 셈법과 충돌하며 생기는 문제를 해결하기 위하여 자신들의 수학을 근본적으로 바꾼 것 같았다.

아마도 가장 중요한 문제는 거스름돈이었을 것이다. 돈을 거슬러 주는 일에는 오크사프민 셈법에서 다루는 것보다 더 큰 수를 사용하는 계산이 필요하다. 오스트레일리아와 파푸아뉴기니의 화폐는 10의 배수를 중심으로 구성되는데, 두 화폐 모두 큰 단위의 화폐를 나타내

기 위해 작은 단위 화폐의 수십 배를 사용한다. 화폐는 10의 배수의 중요성을 높였고 오크사프민 셈법에서 중요한 숫자였던 27과 14의 중요성을 떨어뜨렸다.

또 오크사프민 사람들은 돈에 관해 소통할 필요가 있었다. 물건을 사고파는 일은 협력이 필요한 활동이다. 돈을 지불하는 사람과 받는 사람 모두 거래가 공정하게 이루어졌다는 것에 동의해야 한다. 따라서 계산 기록이 유지되는 시스템을 개발하고, 나타내는 대상과 분리된 수에 대해 소통하는 일이 중요해진다. 물물교환에서는 오크사프민 셈법 시스템으로 교환하는 대상의 기록을 유지할 수 있었을지도 모르지만, 화폐를 사용하는 데 필요한 추상적인 계산에서는 그럴 수 없었다. 새로운 문제를 해결하기 위해서는 새로운 수학이 필요했고, 오크사프민 사람들은 자신에게 필요한 수학을 개발했다.

삭스는 오크사프민 사회가 지속적인 변화를 겪었던 20년 동안 그들을 연구했다. 삭스의 모든 연구 결과는 다음과 같은 결론을 뒷받침한다. 문제를 해결하려고 노력하는 사람들은 자신이 속한 문화의 수학을 바꿀 수밖에 없다는 것이다. 1980년에 삭스가 발견한 셈법의 변화는 역사가 진행되면서 수학이 어떻게 발전하는지를 이해하는 창을 열어주었다. 오크사프민의 이야기는 수학이 문화권에 따라 크게 변할 뿐만 아니라 문화가 바뀌면 수학도 바뀐다는 것을 보여준다. 인간 사회의 수학은 해결해야 하는 문제를 만들어내는 동시에 또 그런 문제에 의해서 변화한다.

그래서 1960년 이전에는 아마도 오크사프민 사람들이 뒤마와 듀틸의 암호를 이해하지 못했을 것이다. 그들의 문화는 수를 세는 대상과 추상적인 수 개념을 분리해서 사용하지 않아도 아무런 문제가 없었다. 오크사프민 사회가 변화를 겪지 않았다면 영원히 몸을 이용한 셈법을 사용할 수도 있었다. 하지만 오크사프민 사회는 변했고, 바뀐 사회는 수학을 변화시켰다. 수학은 과학이나 역사만큼이나 문화적인 듯하다.

1960년대 이전에는 오크사프민 사람들이 뒤마와 듀틸의 암호를 이해할 수 없었을 것이라는 사실이 수학은 외계인과의 소통에 도움을 주지 못할 수도 있음을 의미할까? 그럴 수도 있다. 외계인들에게도 다른 수학 문화가 있을지도 모르니 말이다. 아니면 우리가 수학에 관해 소통할 때는 수학적 논리보다 더 깊고 더 인간적인 무언가에 대해서 소통하는 셈이라는 뜻일지도 모른다. 우리는 우리의 문화에 대하여 소통하고 있다. 그리고 우리의 문화야말로 우리가 외계인과 공유하려는 것이다. 외계인이 어떻게든 우리의 암호를 번역해낸다면 그들은 단순한 수학 암호를 넘어 인간으로서의 우리가 누구인지에 관한 이야기를 해독해낼 것이다.

오크사프민 부족은 지구상의 사람 대부분과 다른 독자적인 수학 시스템을 개발한 문화의 예다. 유라시아, 아프리카, 그리고 아메리카 대륙과 물리적으로 분리된 그들의 처지를 생각하면 오크사프민의 문화가 다르게 발전해온 것은 놀랍지 않다. 그리고 대부분의 세계에서 주류가 된 수학 문화권에 속한 우리와 오크사프민 부족이 서로의 수학을 쉽사리 이해하지 못하는 것 또한 놀랍지 않다.

놀라운 것은, 우리가 종종 우리 조상들이 남긴 메시지도 이해할 수 없다는 것이다. 고고학자들은 너무도 이상한 나머지 거의 암호처럼 보이는 과거의 메시지들을 발굴하는데, 그중에는 수학에 관한 메시지도 있다. 이런 메시지들은 수학자들이 그 내용을 이해했다고 생각할 때조차도 무슨 내용인지 명백하지 않은 경우가 흔하다.

점토판 미스터리와 탐정들

점토판에 기록된 숫자의 진정한 의미를 알려면
수학을 해독하는 일 이상을 해야 한다. 바빌로니아의 문화를 알아야 한다.
그 문화에서 가장 중요한 문제를 풀기 위하여
어떤 종류의 수학을 필요로 했는지를 알아야 한다.

2017년 가을, 오스트레일리아의 수학자 다니엘 맨스필드Daniel Mansfield와 N. J. 와일드버거N. J. Wildberger는 수학사학자들에게 폭탄을 터뜨렸다. 그들은 "플림프톤 322Plimpton 322는 바빌로니아의 정확한 60진법으로 된 삼각법이다"라고 선언했다.

플림프톤 322는 바빌로니아의 점토판이다. 종이나 양피지가 없었던 바빌로니아인들은 점토판에 기록을 남겼는데, 플림프톤 322로 알려진 점토판 조각에는 알 수 없는 기호들이 새겨져 있어 고고학자들이 해독에 어려움을 겪었다. 하지만 이제 두 수학자가 플림프톤 322를 해독하는 데 성공했으며, 그 메시지가 일종의 삼각법으로 보인다고 주장한 것이다.

수학자들이 흥분에 휩싸인 가운데 대중 매체는 일반인을 위해 맨스필드와 와일드버거의 발견을 설명하려 했다. 『가디언The Guardian』은 "거의 한 세기에 걸친 연구가 진행된 끝에 고대 점토판의 수학적 비밀이 풀렸다"고 썼다. 오스트레일리아 방송협회는 맨스필드와 와일드버거의 발견이 "수학 공부를 더 쉽게 해줄 것"이라고 주장했다. 두 기사 모두 이제 유명해진 플림프톤 322를 장갑 낀 손으로 들고 활짝 웃는 맨스필드의 사진을 실었다.

▲ 플림프톤 322를 들고 있는 맨스필드 교수(출처: 뉴사우스웨일스대학교)

맨스필드와 와일드버거는 고대 바빌로니아의 수학이라는 신비로운 유적을 열어젖힌 것처럼 보였다. 그리고 수학의 역사와 오늘날의 우리가 수학을 사용하는 방식을 이해하는 데 광명을 비춰줄 것 같았다. 그러나 모든 수학자가 열광의 대열에 합류한 것은 아니었다. 에벌린 램Evelyn Lamb이라는 수학자는 맨스필드와 와일드버거의 주장이 "완전히 터무니없는 소리"라고 말했다. 그녀는 맨스필드와 와일드버거의 대학교에서 제작한 홍보 영상이 잘못된 정보를 팔아먹는다고 비난했다.

맨스필드와 와일드버거는 수학사학계에 심각한 드라마를 펼쳐놓았다. 당신이 만약 모든 삼각법은 본질적으로 지루하다고 생각했다면, 이제 생각을 바꿀 때가 됐다. 삼각법을 둘러싼 격렬한 논쟁이 벌어졌다.

대체 무슨 일이 벌어진 것일까? 플림프톤 322의 어떤 점이 그렇게 논란거리가 된 걸까?

흥미롭게도 플림프톤 322에 새겨진 내용에 대해서는 수학자들의 의견이 일치했다. 점토판에 있는 기호들이 수를 나타낸다는 점에는 모두가 동의한 것이다. 플림프톤 322는 수학이다. 그러나 플림프톤 322가 무엇을 의미하는지에 대해서는 수학자들의 의견이 갈렸다.

맨스필드와 와일드버거의 주장이 옳다면, 플림프톤 322는 가장 오래된 삼각법의 예이며 오늘날 우리가 사용하는 삼각법의 중요한 전신이 된다. 역사학자들이 이제까지 생각했던 삼각법의 기원보다 상당히 앞서게 되는 셈이다. 하지만 두 사람의 주장이 틀렸다면 플림프톤 322는 그저 고대 바빌로니아인의 대수학 숙제 답안지에 불과하다. 재미없는 일이다. 자, 어느 쪽일까?

플림프톤 322에는 특별한 점이 없어 보인다. 그저 고대 바빌로니아의 점토판에 불과하다. 바빌로니아인들이 살았던 중동 전역에서

비슷한 점토판들이 출토되었는데, 고대 바빌로니아의 문자였던 설형 문자가 기록되어 있다. 플림프톤 322는 아마도 기원전 1800년경 오늘날 이라크 지역에 있었던 고대 도시 라르사Larsa에서 제작되었을 것이다. 1920년대에 누군가가 발굴한 이 점토판은 조지 아서 플림프톤George Arthur Plimpton이라는 언론인의 손에 들어갔으며, 그의 이름을 따서 플림프톤 322라고 불리게 되었다.

플림프톤 322를 조사하기 시작한 서구의 학자들은 이 점토판이 고대 바빌로니아에서 나온 또 하나의 스프레드시트일 뿐이라고 생각했다. 바빌로니아인들은 제국을 효율적으로 운영했다. 그들은 흠잡을 데 없는 기록 관리를 통해 광대한 영토의 질서를 유지했다. 플림프톤 322에 기록된 내용은 표로 정리되어 있는데, 회계 정보를 기록한 것으로 알려진 다수의 바빌로니아 점토판과 비슷한 형태였다. 그러니 학자들이 그런 결론을 내릴 만도 했다.

그러나 1940년대 초, 수학사학자인 오토 노이게바우어Otto Neugebauer와 에이브러햄 작스Abraham Sachs는 휴대용 계산기만 한 크기의 점토판에 주의 깊게 새겨진 내용 중에 수학적으로 흥미로운 패턴을 형성하는 숫자들이 있음을 깨달았다. 그리하여 플림프톤 322를 둘러싼 논쟁이 시작되었다.

몇몇 숫자는 수학자들이 피타고라스 수라고 부르는 숫자와 비슷해 보였다. 당신은 고등학교 기하학 시간에 피타고라스 수를 배웠을 것이다. 피타고라스 수는 방정식 $a^2+b^2=c^2$을 만족하는 숫자들을 말한다. 처음으로 이 방정식을 제시했다고 추정되는 고대 그리스 수학자 피타고라스에게서 이름을 따왔다. 직각삼각형의 세 변의 길이 사이의 관계를 말해주는 방정식으로, 직각삼각형의 짧은 두 변의 길이를 제곱하여 더하면 직각과 마주 보는 빗변의 길이의 제곱과 같은 숫자가 나온다.

이 정리에서 유도된 방정식을 만족하는 숫자들은 많지만 그중 많은 수가 소수점 아래의 자릿수가 끔찍하도록 긴 숫자들이다. 하지만 3, 4, 5나 5, 12, 13과 같이 방정식을 만족하는 정수도 있는데, 이들이 바로 피타고라스 수다.

피타고라스는 플림프톤 322가 만들어진 것으로 추정되는 시기보다 1,000년 뒤에 살았던 사람이었다. 플림프톤 322에서 피타고라스 수를 찾아낸 수학사학자들의 충격이 클 수밖에 없었다. 점토판에 새겨진 숫자들은 단순한 물건 목록이 아니라 고등수학일까? 플림프톤 322는 피타고라스 정리를 창안한 사람이 피타고라스가 아니라는 증거가 될 수 있을까?

더욱 놀라운 것은 수학자들이 점토판의 첫 번째 열에서 찾아낸 숫자들이었다. 고대 바빌로니아의 서기가 제목을 썼을만한 자리의 조각이 떨어져 나갔기 때문에 그 숫자들이 무슨 의미인지 안다고 확신할 수 있는 사람은 아무도 없었다. 그러나 점토판을 조사한 수학자들의 생각이 옳다면 이 숫자들은 수학의 역사상 최초의 삼각법일 가능성이 있었다. 그 숫자들은 오늘날의 수학자들이 '탄젠트'라고 부르는 것과 비슷해 보였다.

간단히 복습을 해보자. 탄젠트는 삼각함수의 하나다. 삼각법의 가

장 기본적인 도구인 삼각함수는 직각삼각형의 변의 길이와 각의 크기 사이의 관계를 다룬다. 삼각함수의 구성은 단순하다. 아마 우리에게 가장 익숙한 3가지 삼각함수는 사인, 코사인, 그리고 탄젠트일 텐데, 이는 직각삼각형에서 직각이 아닌 두 각도 중 하나를 선택한 다음 그 주위에 있는 변의 길이의 비를 구함으로써 풀 수 있다. 예를 들어, 각을 마주 보는 변과 각에 접한 변의 길이의 비를 취하여 그 각에 대한 탄젠트를 구할 수 있다.

삼각함수는 길이의 비로 계산되므로 특정한 각도의 탄젠트 값은 직각삼각형이 크든 작든 관계없이 항상 동일하다. 그렇기 때문에 삼각함수는 대단히 유용하다. 주어진 각도에 대한 정확한 삼각함수 값을 안다면 직각삼각형에 관하여 알고 싶은 거의 모든 것을 알 수 있다.

그러나 모든 각도에 대하여 정확한 삼각함수 값을 구하는 것은 쉽지 않다. 계산기로 삼각함수를 계산하면 각도는 자릿수가 끝없이 이어지는 숫자로 나온다. 계산기는 어떻게든 탄젠트 42도가 0.90040404429…인 것을 안다. 탄젠트의 정확한 계산값은 사람의 손으로 계산하려면 엄청난 시간이 걸릴 정도로 자릿수가 긴 숫자가 되는 것이 보통이다. 삼각함수를 사용하려면 계산기가 있어야 한다. 하지만 계산기를 사용하는 사람 대부분은 계산기가 어떻게 삼각함수를 구하는지 모른다. 대부분의 각도에서 삼각함수를 계산하려면 상당히 높은 수준의 수학 기법이 필요하다.

플림프톤 322를 기록한 사람이 누구였든 간에, 놀랍게도 그는 지저분한 숫자를 사용하지 않고도 탄젠트 또는 그 비슷한 것을 계산하는 방법을 알았던 것 같다. 수학의 기적이라 할만한 일이다.

탄젠트를 떠올리는 플림프톤 322의 숫자들은 표의 아래쪽으로 내려가면서 값이 커지도록 정렬되어 있다. 현대의 삼각함수표도 같은 방식으로 숫자를 정리할 것이다. 하지만 오늘날의 삼각함수표에 있는 탄젠트 값은 1도씩 증가하는 각도에 해당하는 값이다. 이는 1도, 2도, 3도로 계속되어 처음으로 돌아가게 되는 360도까지의 각도에 대한 탄젠트 값을 보여준다.

하지만 플림프톤 322의 숫자들은 1도씩 늘어나는 각도에 따라 순차적으로 증가하는 것 같지 않다. 플림프톤 322의 숫자들은 각도를 완전히 무시하는 것처럼 보인다. 대부분의 각도에 대한 삼각함수 값은 지저분하다. 길고 복잡하므로 계산기 같은 도구가 있어야만 효율적으로 계산할 수 있다. 수학자들이 무리수라고 부르는, 자릿수가 끝없이 계속되고 분수의 형태로 나타낼 수 없는 숫자들이 나온다. 이런 이유로 삼각함수 값에 해당하는 숫자를 모두 쓰는 것은 불가능하다. 수학자들은 특정한 자릿수까지만 삼각함수 값을 산출하고 나서 "이 정도면 충분해"라고 말한다.

각도를 사용하지 않고 변의 길이만을 사용해서 탄젠트를 계산하는 것도 가능하다. 그렇게 하면 무리수를 완전히 배제할 수 있다. 모든 삼각함수 값이 깔끔한 분수가 되므로 계산기도 필요 없을 것이다. 애당초 그런 방식으로 구했으니까. 우리는 간단한 삼각법 비율을 이루는 변의 길이를 선택할 수 있다. 예를 들어, 삼각형의 변의 길이가 3, 4, 5라면 우리가 만들어낼 삼각법 비율은 $\frac{3}{5}$, $\frac{4}{5}$ 등 3개의 숫자로 구성

되는 깔끔한 분수가 될 것이다. 그 삼각형의 각도가 어떤 크기인지는 신경 쓰지 말자. 변의 길이만 있으면 충분하다. 맨스필드와 와일드버거에 따르면 이것이 플림프톤 322에서 탄젠트를 계산한 방법이다. 그들이 플림프톤 322에 '정확한' 삼각법이 기록되어 있다고 주장한 근거이기도 하다. 각도에 기초한 삼각함수표를 만들려면 엄청난 분량의 계산이 필요하며, 그 값도 절대 정확할 수 없다. 무한히 긴 자릿수의 숫자를 기록할만할 공간이 없기 때문이다. 하지만 각도와 무관하게 삼각형의 변의 길이만을 사용하여 만든 삼각함수표는 항상 정확하다.

당신이 노이게바우어, 작스, 맨스필드, 그리고 와일드버거를 믿는다면 플림프톤 322는 역사적인 폭탄선언이다. 플림프톤 322에 기록을 남긴 고대 바빌로니아인은 그리스인보다 1,000년 앞서서 피타고라스 정리를 알았고, 흠잡을 데 없이 정확한 삼각법을 사용했다. 맨스필드와 와일드버거는 플림프톤 322가 "세계 유일의 완벽하게 정확한 삼각함수표"라고 주장했다. 그들은 수학의 역사를 다시 쓰고 우리 문화의 위상을 고대 바빌로니아 문화와 비교하여 재평가할 때라고 말했다.

흥분할만하다. 그렇지 않은가? 하지만 잠깐 기다리라고 말하는 수학자들도 있다. 그러니 벌써부터 피타고라스를 깎아내리지는 말자. 맨스필드와 와일드버거의 주장이 허튼소리라고 했던 에벌린 램을 기억하라. 반대쪽 의견을 들어보자.

플림프톤 322에 삼각법이 있다는 주장은 전통적인 역사의 흐름에 상충한다. 그러나 동시에 수학의 발전에 관한 몇몇 대중적인 가설과 부합된다. 사실, 플림프톤 322에서 삼각법을 찾을 수 있다는 결론은 수학에 관한 대중적인 내러티브를 뒷받침한다.

수학사학자들은 종종 현대 서구 수학 발전의 뿌리를 고대 문화의 업적에서 추적하려 한다. 이들은 고대 문화가 예술, 건축, 과학 분야에서 위대하고 경이로운 업적을 남겼다면 분명 우리의 문화와 비슷할 것이라고 생각하는 경향이 있는데, 바빌로니아의 문화도 여기 해당한다. 역사가들은 흔히 바빌로니아인들을 비롯하여 중동 지역에 정착했던 무리가 바로 현대 서구 문명을 꽃피운 씨앗이라고 말한다. 이슬람 시대 이전의 중동을 두고 '인간이 야만에서 문명으로 가는 거대한 발걸음을 내디딘' 곳이라고 일컫기도 한다. 이런 이야기는 나쁠 뿐만 아니라 외국인 혐오적인 논리로 이어진다. 이러한 관점에서는 오늘의 우리처럼 사고하지 않는 사람들은 모두 야만인이며, 우리처럼 사고하는 사람들만을 문명화된 사람들로 본다. 이 논리에 따르면 바빌로니아인들이 문명을 이룩한 것은 명백한 사실이므로 그들도 우리와 같은 방식으로 사고했을 것이 틀림없다는 결론이 난다. 그래서 그들이 삼각법을 개발할 수 있었다는 것이다.

플림프톤 322에 삼각법이 기록되어 있다는 노이게바우어, 작스, 맨스필드, 그리고 와일드버거의 결론은 이러한 논리와 직접적으로 닿아 있다. 오래전 사라진 문화가 남긴 자료를 검토할 때는 열린 마음을 유지하도록 주의를 기울여야 한다. 낭만적인 선입견이 사실 관계에 끼어들어서는 안 된다. 런던 유니버시티대학교의 고대 중동 역사학자 엘리너 롭슨Eleanor Robson은 앞에 언급한 학자들이 이미 짜여 있는

이야기에 플림프톤 322를 퍼즐 조각처럼 끼워 맞추고 있다고 비난한다. 그녀는 그들이 영국의 고전 추리소설에 나오는 유명한 탐정 에르퀼 푸아로처럼 행동한다고 말하면서, '설형 문자 점토판의 미스터리'에 나오는 푸아로들은 이미 누가 범인인지 알고 있다고 비꼬았다. 학자들은 그저 지역 경찰을 설득하기만 하면 된다. 그들은 원하는 대로 이야기를 꾸며내기 위해 약간의 설득력 있는 증거를 제시했을 뿐이다. 플림프톤 322는 수학의 역사에 관한, 많은 사람이 사실이기를 원하지만 그렇지 않을 수도 있는 이야기의 편리한 증거품이다.

고대 유물을 해석하는 일은 결코 깔끔할 수 없다. 유물은 실제로 존재했던 인간이 만든 것이며, 복잡하고 끊임없이 변화하는 문화의 산물이다. 여러 세기 동안 묻혀 있던 유물은 만든 사람들의 노력, 목표, 꿈 같은 지금은 알 수 없는 정보가 모두 사라진 뒤에도 남아 있다. 그러한 노력, 목표, 꿈에 관한 정보가 부재한 상태에서 고대인이 남긴 물건에 대해 확실한 결론을 내릴 수 있는 학자는 없다. 천재 탐정 푸아로처럼 추리로 풀 수 있는 일이 아니며, 단서 게임game of Clue을 하는 아이들처럼 추측하는 수밖에 없다. 바빌로니아의 수학자는 정말 삼각법을 창안했을까? 아니면 그저 바빌로니아의 어떤 대수학 교사가 채점하던 숙제였을 뿐일까? 우리가 확실하게 아는 것은 점토판에 새겨진 내용이 수학과 관련이 있다는 것뿐이다.

롭슨은 우리와 다른 문화가 남긴 수학적 자료를 해석할 때 그것을 창조한 문화를 염두에 두어야 한다고 주장한다. 따라서 바빌로니아인들이 플림프톤 322로 무슨 일을 했는지 아는 일은 중요하다. 롭슨에 따르면 플림프톤 322를 연구한 학자들이 놓친 것은 고대 바빌로니아의 수학자들이 오늘의 우리가 말하는 '삼각함수표'의 의미를 이해하지 못했을 것이라는 점이다. 우리가 그들과 같은 숫자 패턴을 사용하고 같은 계산을 수행하는데도 불구하고 바빌로니아의 수학은 근본적으로 우리와 달랐다. 플림프톤 322에 있는 숫자들을 완벽하게 이해하려면 바빌로니아 사람들이 그 숫자를 사용해 무슨 문제를 풀려고 했는지를 면밀하게 살펴보아야 한다.

롭슨은 아마도 바빌로니아인들이 기록한 내용이 삼각법이 아닐 것이라고 본다. 롭슨에 따르면 고대 바빌로니아인들은 각도를 사용하지 않았는데, 삼각법에서 각도는 대단히 중요한 요소다. 설사 맨스필드와 와일드버거가 플림프톤 322에 기록되었다고 주장한 방식을 사용해서 삼각함수를 계산한다고 하더라도 각도 개념을 아예 사용하지 않을 수는 없다. 삼각법의 힘은 직각삼각형에서 비율과 각도를 연결할 수 있다는 데서 나오기 때문이다. 그렇지 않다면 삼각법을 쓸 이유가 없다. 쓸모없는 수고에 불과하다.

그러나 바빌로니아인들에게는 각도 개념이 없었다. 그들은 각도를 측정하거나 심지어 각도에 대한 이야기를 한 적도 없었다. 그들이 눈앞에 있는 각도를 보지 못했다는 말은 아니다. 그저 그들이 어떤 작업에서도 각도를 다루지 않았다는 것이다. 그리고 각도의 개념이 없다면 바빌로니아인이 삼각법을 사용했을 가능성은 낮다.

바빌로니아인들의 수학이 어떤 것이었든 간에, 각도에 상관없이 수학을 사용할 수 있었다는 것은 놀랍게 들릴 수도 있다. 하지만 각도는 까다로운 수학적 대상이다. 한번 '각도'가 무엇인지 정의해보라. 쉽지 않을 것이다. "그 있잖아, 삼각형의 뾰족한 부분 말이야…" 같은 모호한 말을 하면서 손을 들 수는 없다. 각도는 순전히 추상적인 개념이기 때문에 어렵다. 길이, 넓이, 부피 등 우리가 측정할 수 있는 수학적 대상들은 들어 올려 무게를 달거나 자를 이용하여 길이를 재는 등 도구를 이용해서 측정할 수 있다. 하지만 각도는 그렇게 할 수 없다. 작은 삼각형이든 거대한 삼각형이든 30도의 각도는 동일하다. 각도는 뾰족한 부분에서 멀어질수록 넓어지는 것처럼 느껴지다가, 뾰족한 부분 끝에서는 또 크기가 전혀 없는 것처럼 보인다. 이런 이유로, 각도는 우리가 당연하게 여기는 다른 기하학적 대상들보다 더 추상적인 대상이다. 바빌로니아 사람들이 수학을 사용하면서도 각도는 측정할 가치가 없다고 여겨 생각하지 않은 것도 있을 수 있는 일이다.

롭슨은 플림프톤 322에 삼각함수 값과 피타고라스 수처럼 보이는 숫자들이 기록되었음을 부인하지 않는다. 하지만 그녀는 고대 바빌로니아의 수학자들이 그 숫자들을 우리가 오늘날의 관점에서 기대하는 방식, 즉 삼각법으로 사용했을지에 대해서는 의문을 제기한다. 그녀의 가설은 플림프톤 322가 대수 숙제를 확인하는 데 사용된 일종의 답안지라는 것이다. 학자들은 고대 바빌로니아인들이 학교에 다녔다는 것을 안다. 그들이 대수 문제를 푸는 데 사용한 방법은 플림프톤 322에 기록된 숫자 같은 것을 필요로 했을 것이다. 하지만 그들이 삼각법을 사용했다는 증거는 없다.

플림프톤 322에 대한 롭슨의 가설은 그 점토판이 지금껏 알아왔던 수학의 역사를 산산조각 내는 이야기보다 훨씬 덜 흥미로우며 어느 쪽을 믿어야 할지도 알기 어렵다. 바빌로니아인들이 플림프톤 322를 가지고 무슨 문제를 풀었는지 확실히 알지 못하기 때문이다. 플림프톤 322를 둘러싼 논쟁은 비슷해 보이는 2가지 대상이 동일한 목적을 위하여 사용된다고 볼 수 있는지가 핵심이다. 점토판에 있는 숫자가 삼각법처럼 보이는 것은 사실이다. 그러나 바빌로니아인들에게 삼각법이 아무런 쓸모가 없었다면, 점토판에 있는 숫자는 아주 다른 내용일 수도 있다.

따라서 점토판에 기록된 숫자의 진정한 의미를 알려면 수학을 해독하는 일 이상을 해야 한다. 바빌로니아의 문화를 알아야 한다. 그 문화에서 가장 중요한 문제를 풀기 위하여 어떤 종류의 수학을 필요로 했는지를 알아야 한다. 바빌로니아인들이 풀었던 문제 중 일부는 오늘날의 우리가 푸는 문제와 비슷했다. 그러나 상당히 다른 문제도 많았다. 우리는 바빌로니아인들에게는 없었던 문제에 직면하고, 그것을 해결하기 위하여 삼각법 같은 수학을 사용한다.

서로 다른 문제는 수학의 가장 기본적 요소에 대해서조차도 서로 다른 접근법으로 이어진다. 각도와 피타고라스 수처럼 오늘날의 우리가 고정된 수학적 의미가 있다고 생각하는 형태와 패턴들도 수천 년 전의 수학자들에게는 무언가 다른 것을 의미했을지도 모른다.

매듭 끈의 수수께끼

헝클어진 키푸는 뜨개질을 하다가
잘못되어 쓸모없어진 쓰레기에 더 가까워 보인다.
하지만 색깔, 길이, 그리고 매듭의 상호 작용을 보여주는 방식으로
적절하게 전시된 키푸는 놀랄만한 물건이다.

안데스 산맥의 외진 마을 산후안데콜라타San Juan de Collata의 관리들은 수백 년 동안 그 문서들을 지켜왔다. 그들은 외부인, 특히 유럽에서 온 사람에게 문서를 보여준 적이 한 번도 없었다. 하지만 이제 그들은 믿을 수 있는 사람, 문서가 무엇을 말하는지 알려줄 수 있는 사람을 찾았는지도 모른다.

"우리가 여기 있는 내용을 읽을 수 있다면," 마을의 장로가 그 특별한 사람에게 말했다. "우리가 진정 누구인지를 처음으로 알게 될 것입니다." 문서의 주제는 수백 년 동안 구전 설화로 전해져 내려왔지만, 살아 있는 사람 중에는 그 문서들이 무엇을 말하는지 확인할 수 있는 이가 없었다. 문서를 읽을 줄 아는 사람이 아무도 없었기 때문이다.

어쩌면 인류학자인 서빈 하일랜드Sabine Hyland가 도움을 줄 수 있을지도 몰랐다.

하일랜드는 수학자가 아니다. 하지만 산후안데콜라타를 방문한 그녀와 이 귀중한 문서의 만남은 100년도 더 전에 한 수학자가 발전시킨 잉카에 대한 이론의 관에 마지막 못을 박았다.

수학자들은 '키푸khipu'라 불리는 이들 문서가 잉카 수학의 기록이라고 생각했다. 그들 대부분은 키푸가 숫자와 단순한 산술에 지나지 않는다고 믿었다. 그러나 이제 하일랜드를 비롯한 인류학자들은 키푸의 내용이 그렇게 단순하지 않다는 것을 밝힐 참이었다. 사실 키푸는 이야기일 수도 있다. 캐릭터와 드라마가 있고, 오래전 그 이야기를 만들었을 잉카인에게 심오한 역사적 의미가 있는 이야기 말이다.

수학자들은 왜 키푸를 그토록 잘못 이해했을까? 아무리 낯선 언어로 쓰였더라도 산술과 이야기를 구별하는 일은 어렵지 않다. 하지만 플림프톤 322를 둘러싼 논쟁에서도 보았듯이, 고대의 수학 기록을 해석하는 일은 우리 생각보다 훨씬 더 난해하다. 우리에게는 단지 수학으로만 보이는 내용이 다른 문화권의 사람들에게는 수학 이상의 무언가일 수 있다. 언어와 문화만큼이나 수학도 사회마다 다르다. 수학자들은 오랫동안 다른 문화에서 우리의 수학을 보고자 하는 유혹을 받아왔다. 즉, 우리에게는 우리의 방식을 최선으로 여기고, 우리와 비슷한 문화의 가치만 인정하려는 경향이 있다. 다른 문화권 사람들의 역사를 단순히 우리 문화의 프롤로그 정도로 생각하는 경향도 있다.

그러나 이런 유혹이 우리를 잘못된 길로 이끈다. 때로 이런 유혹은 점토판의 중요성에 대한 학문적 논쟁으로 이어진다. 때로는 다른 문화권의 문화를 폄하하고 그들의 수백 년 역사를 말살하는 것 같은, 훨씬 더 나쁜 일로 이어질 때도 있다.

▲ 라르코 박물관에 전시된 키푸

하일랜드가 연구하는 문서인 키푸의 형태는 오랫동안 잉카의 후예와 인류학자들을 당혹스럽게 했다. 우선 키푸는 문서라고 하기에는 기묘해 보인다. 플림프톤 322는 최소한 기록과 표의 구조가 명백하기 때문에 쉽사리 문서라고 식별할 수 있다. 그러나 키푸는 매듭을 지은 여러 가닥의 끈으로 구성된다. 잉카 이외에는 이와 비슷한 것을 만들어낸 문명이 없다. 하지만 고고학자들이 잉카 문명의 잔해를 찾아낸 거의 모든 곳에서 대규모의 매듭지은 끈 무더기를 발견한 것을 보면, 키푸는 잉카의 세계에서는 흔히 쓰였던 듯하다.

페루의 높은 산악 지역에 고대 잉카 유적지 푸루추코Puruchuco가 있다. 푸루추코는 한때 잉카 제국의 중요한 행정 중심지였다. 조롱박과 조개껍질, 옥수수와 콩, 직물, 도자기, 금속 등 고대 도시에서 발견될 것이라고 예상되는 모든 것이 500년 된 잔해 속에 있었다. 이들 중에 우리의 현대적 관점에서 볼 때 특별히 놀라운 것은 전혀 없었다. 하지만 고고학자들은 복잡하게 매듭을 지은 끈이 가득 찬 항아리도 함께 발견했다. 밧줄도 아니고 옷을 만들기 위한 실도 아니었다. 그저 다양한 패턴으로 매듭을 지은 끈이었다.

키푸에는 뼈대를 이루는 중심 끈이 있다. 거기에 더 가는 끈들이 많이 매달린다. 이 가는 끈들은 매듭으로 묶여 있다. 단색이나 줄무늬의 색깔이 있는 끈도 있다. 때로는 가는 끈에 다른 끈들이 추가되어 머리가 여럿인 뱀처럼 가지를 치기도 한다.

헝클어진 키푸는 뜨개질을 하다가 잘못되어 쓸모없어진 쓰레기에 더 가까워 보인다. 하지만 색깔, 길이, 그리고 매듭의 상호 작용을 보여주는 방식으로 적절하게 전시된 키푸는 놀랄만한 물건이다. 키푸를 면밀하게 살펴보면 매듭에 패턴들이 있음을 알 수 있을 것이다. 이 패턴들은 키푸가 무언가를 전달하기 위해서 만들어졌음이 분명하다는 생각을 불러일으킨다.

하지만 대체 무엇을?

키푸는 잉카의 역사에 관한 당혹스러운 질문에 답하려는 인류학자들을 유혹했다. 잉카인은 글을 썼을까? 잉카 제국은 당시에 가장 조직적이고 진보한 국가에 속했다. 그와 비슷한 수준의 사회 대부분에서는 어느 시점에선가 글쓰기 문화가 발달했다. 예컨대 바빌로니아인들에게는 설형 문자가 있었다. 글쓰기는 제국의 광대한 영역에 걸쳐서 소통하고 미래의 후손들을 위하여 문명이 이룩한 것들을 기록하는 데 유용하다. 그러나 인류학자들은 잉카인의 글쓰기에 관련된 유물을 아무것도 찾아내지 못했다. 대신 그들은 매듭지은 기묘한 끈들로 이루어진 키푸를 발견했다.

1912년에 수학자 레슬리 릴런드 로크Leslie Leland Locke는 키푸의 암호를 해독했다고 주장했다. 키푸가 수학이라는 것이었다. 그는 키푸에서 볼 수 있는 매듭이 우리와 비슷한 십진수 시스템으로 표기된 숫자를 나타낸다고 주장했다. 잉카인에게는 1, 10, 100, 1000을 나타내는 매듭이 있었다. 로크는 키푸에 수를 나타내려는 의도로 묶인 서로 다른 10가지 유형의 매듭이 있다고 주장했다. 키푸의 모든 매듭이 그가 식별한 수치적 의미를 갖는 것으로 보이지는 않았지만 로크는 그런 것들을 그냥 무시했다. 그는 키푸에서 자신이 식별한 숫자 패턴을 따르지 않는 매듭은 무엇이든 장식용이며 암호화된 수학적 메시지의 의미와는 무관하다고 생각했다. 로크는 잉카인이 실제로 글을 쓰지는 않았지만 수학적인 내용을 기록했다는 결론을 내렸다.

로크의 주장은, 그와 비슷하게 수학적 논증을 중요하게 여기지만 잉카 제국의 삶에 관해서는 아는 것이 거의 없는 사람들에게 설득력이 있었다. 로크의 결론은 검증을 위한 맥락이 거의 필요 없었다. 단지 패턴을 식별함으로써 그 결론을 정당화할 수 있었다. 로크는 바로 그런 일을 했다. 그는 잉카의 문화에 관하여 폭넓은 연구를 수행하지 않았다. 잉카 문화를 더 깊게 이해하는 데 키푸가 어떤 역할을 할 수 있는지 조사하지 않은 상태에서 오늘날의 우리에게 낯익은 수학에 의존한 잉카 문서의 해석을 반박하기는 어려운 일이었다. 로크가 속했고 그의 아이디어가 널리 알려진 학계에서는 잉카의 역사와 기억에 대한 고려 없이 키푸에 관한 결론을 내리는 일이 허용되었다.

이는 부분적으로 잉카의 문화가 스페인의 정복 과정에서 거의 살아남지 못한 때문이기도 했다. 키푸를 끼워 맞출 문화적 맥락을 찾기가 어려웠다. 스페인 정복군은 안데스 지역을 휩쓸며 잉카 제국에서 가치가 있었던 것들을 거의 모두 파괴했다. 시에자 데 레온Cieza de Leon이라는 스페인군의 병사는 이렇게 기록했다. "스페인군이 발견하고 정복하면서 지나갈 때마다 마치 불길이 휩쓴 것처럼 모든 것이 파괴되었다." 키푸는 스페인 사람들의 특별한 표적이었다. 가톨릭교회는 키푸를 악마의 소행이라고 주장하면서 모두 불태울 것을 명령했다. 로크가 살았던 시대에는 불과 400개 정도의 키푸만이 남아 있었다. 잉카 문화에서 극히 중요한 역할을 한 것으로 보이는 유물이 겨우 400개 남은 것이다.

그러나 전부를 잃은 것은 아니었다. 로크를 비롯한 연구자들이 의지만 있었다면 키푸에 관해 얻을 수 있었던 정보가 있었다. 이 정보들 대부분은 로크의 결론이 틀렸음을 입증했다. 스페인 정복 당시의 연대기에는 이야기를 담은 키푸에 관한 언급이 있다. 한 예수회 선교사는 고해소에 키푸를 가지고 온 잉카 여인의 이야기를 기록했다. 그녀는 키푸가 자신의 인생 이야기를 담고 있다고 주장했다. 1600년대 초

에는 일단의 스페인 사람들이 스페인 정복군이 도착한 이래로 잉카 제국에 행한 모든 일을 기록했다는 키푸를 가진 남자를 만나기도 했다. 잉카 여인의 인생 이야기와 남자가 기록한 역사가 모두 산술 문제가 아니었다면, 그들의 키푸에는 단지 숫자만이 아닌 내용이 기록되었을 것이 틀림없다.

키푸가 그저 수학일 뿐이라는 로크의 결론은 거의 100년 동안 받아들여졌다. 로크가 키푸를 번역하면서 직면한 문제가 이해할만하다고 생각할 수도 있다. 잉카 문화에 대한 기억이 희미해져가는 가운데, 고고학자와 인류학자들이 키푸가 무엇인지를 이해하는 것은 어려운 일이었다. 그러한 어려움을 과소평가할 수는 없다. 잉카의 후손들조차 키푸를 읽는 방법을 알지 못했다. 게다가 로크와 그의 동료들에게는 키푸를 해독하는 데 도움이 되는 문화적 공통분모도 없었다. 그에 비해, 푸루추코에서 건물의 벽을 발굴한 고고학자들은 발굴된 벽을 식별하고 신속하게 그 목적을 판단하는 데 어려움이 없었다. 벽이 고고학자들에게 낯설지 않았기 때문이다. 그러나 로크에게는 키푸와 연결할 수 있는 실마리가 전혀 없었다. 즉, 십진수 셈법과 서구의 수학에 관한 지식 외에는 아무것도 없었다.

그러나 이러한 문화적 무지조차도 키푸에 관한 로크의 다른 헛소리들에 대한 충분한 변명이 되지는 못할 것 같다. 로크는 그의 결론이 불완전함을 시사하는 바로 눈앞의 증거를 무시했다. 예를 들어 고고학자들이 발견한 키푸의 대략 3분의 1 정도는 로크의 규칙을 따르지 않았다. 무시하기에는 너무 많은 증거다. 로크는 수학적 통찰력을 지녔지만 그다지 훌륭한 역사가는 아니었다. 그는 다양한 역사 기록을 무시하고 자신의 의견과 맞지 않는 증거를 합리화했다.

수학자와 인류학자 들은 결국 로크가 틀렸음을 어떻게 입증했을까? 그들에게는 수학적 역량 이상의 능력이 필요했다. 실제로 그들은 수학 지식과 문화적 지식을 종합해야 했다.

알고 보니 로크가 장식용으로 치부했던 세부 사항은 그가 발견한 단순한 산술보다 훨씬 복잡한 의사소통 시스템을 이해하는 열쇠였다. 로크보다 80년 뒤에 수학자인 마샤 애셔Marcia Ascher와 그녀의 남편인 인류학자 로버트Robert가 이런 사실을 밝혀냈다. 더 깊은 수학적 이해와 아울러 잉카인의 삶에 관한 더 나아간 이해가 열쇠였다. 애셔 부부는 로크가 전혀 하지 않았던 일을 했다. 그들은 잉카 사람들이 '왜' 키푸에 있는 수학을 필요로 했을지를 생각했다.

애셔 부부는 키푸가 수학이라면, 모종의 문제를 해결하기 위해 만들어졌음이 분명하다고 생각했다. 수학의 목적은 대개 문제를 해결하는 것이다. 잉카인이 키푸를 가지고 무슨 문제를 풀었는지 아는 것은 키푸를 번역하는 데 대단히 중요하다.

상거래와 인구 통제에 관련된 문제는 잉카인에게 매우 중요했을 것이다. 잉카 제국의 다른 도시에서 늦어지는 추수를 보충하기 위해 푸루추코에서 몇 부셸(약 35리터에 해당하는 용량 단위-옮긴이)의 옥수수를 보내야 할까? 수집된 인구조사 정보를 기록함으로써 시간에 따른 인구 변동을 알 수 있는 최선의 방법은 무엇일까? 푸루추코를 비롯한 잉카 제국의 키푸카마유크(키푸 제작자를 지칭하는 잉카어)들이 연

구한 이들 문제의 해답에는 숫자가 포함되었을 것이 확실한데, 그런 숫자가 무엇을 나타냈을까? 그리고 잉카인들은 어떻게 서로 그런 표현을 전달했을까?

애셔 부부는 오늘의 우리가 상거래와 인구조사 데이터를 기록하는 방식을 생각했다. 우리의 기록은 절대로 단순한 숫자 목록이 아니다. 오히려 우리는 숫자의 목적을 기록에 포함시킨다. 우리는 숫자에 라벨을 붙이고, 문제 해결의 필요성에 따라 기록을 구조화한다. 애셔 부부는 잉카인들도 우리와 마찬가지로 핵심적인 정보를 키푸에 담았을 가능성이 크다고 생각했다.

정보를 정리하는 데는 다양한 방법이 있다. 예를 들어 목록을 작성하는 것은 구매 영수증에 기록된 것처럼 당신이 상점에서 무엇을 샀는지 기록하는 데 유용하다. 그러나 목록 작성이 모든 유형의 정보를 정리하는 최선의 방법은 아니다. 매장 관리자가 상점에서 취급하는 모든 품목을 기록하기 위해 목록을 작성할까? 그럴 수도 있다. 하지만 표가 더 나을지도 모른다. 표를 사용하면 여러 가지 정보를 한꺼번에 기록할 수 있다. 서로 다른 다양한 범주에 속한 정보를 빠르게 찾을 수 있다. 예컨대, 매장에서 취급하는 모든 의류(셔츠, 바지, 드레스, 양말 등)와 각각의 브랜드, 그리고 각 품목의 사이즈와 가격까지를 기록하는 데는 표가 유용하다.

하지만 매장 관리자가 갑돌이 브랜드와 갑순이 브랜드 신발의 시간에 따른 매출 추이를 비교하기 원한다면, 표가 정보를 정리하는 최선의 방법이 아닐 수 있다. 표 대신 도표를 사용할 수도 있다. 목록이나 표에서도 모든 정보를 얻을 수 있지만, 도표는 그런 정보와 함께 타임라인을 제공할 수 있다. 타임라인이 없다면 추세와 시간의 경과를 기록하기가 어려울 것이다. 도표는 만들기가 더 어려울 수 있지만, 더욱 복잡한 정보의 개요를 제공한다.

목록, 표, 도표와 매장에서 이들을 사용하여 정보를 기록하는 방법은 획기적인 수학의 역사가 아니라 중학교에서 배우는 수학처럼 보일 수도 있다. 그러나 수치 정보를 구조화하는 방식은 우리가 숫자를 이해하는 방식에 엄청난 영향을 미친다. 그 반대도 마찬가지다.

잉카 제국처럼 복잡한 사회에서 키푸카마유크들이 중요한 정보를 정리하고 전달하는 복잡한 방법을 개발할 필요성의 압력을 받지 않았다면 놀라운 일일 것이다. 그들이 사용한 수치 표현의 형태는 그들이 속한 사회에 특화된 기능을 수행했을 것이 분명하다. 그들이 키푸를 사용해 정보를 모으고 전달한 방식은 오늘의 우리와 달랐을 수도 있다. 그러나 우리와 달랐다는 것이 그들의 방식이 정교하지 못하고 비효율적이었음을 의미하지는 않는다. 우리가 키푸를 완벽하게 해독할 수 없었다면, 이는 잉카 사회를 충분히 이해하지 못했기 때문일 것이다.

애셔 부부는 바로 이런 일을 시도했다. 잉카인이 키푸를 만든 이유를 생각함으로써 추가된 문화적 정보에 따라 마샤와 로버트 애셔는 로크의 결론이 부분적으로는 정확하지만 불완전함을 알아냈다. 키푸는 단지 숫자만을 기록한 것은 아님이 분명했다. 잉카인이 수학을 사용하여 해결하려 했던 사회적 문제에 관해 더 많이 알게 된 것은 로크가 장식적 요소로 치부해 대수롭지 않게 여겼던 패턴들을 해석하는 데 도움이 되었다.

예를 들어, 애셔 부부는 키푸 제작자들이 키푸에 기록된 숫자들을 여러 범주로 분류하기 위해 색깔, 그룹화, 계층화를 사용했음을 알아차렸다. 그 범주들이 정확히 무엇인지는 알지 못했지만, 여러 범주에 걸쳐서 숫자를 추가하는 데 색깔과 구조가 사용되었음을 알 수 있었다. 그리고 숫자를 표로 정리하는 데도 색깔과 구조가 사용되었음을 알아냈다. 실제로 잉카인은 매듭을 이용해 표를 만들었다. 로크는 단지 벌거벗은 숫자만을 보았지만, 애셔 부부는 기록을 유지하기 위한 복잡한 시스템을 보았다. 그러한 시스템은, 글쓰기만큼이나 잉카인이 문명을 유지하고 발전시키는 데 도움이 되었다.

애셔 부부는 로크처럼 익숙한 숫자 시스템에서 시작하여 잉카의 시스템과 일치하는 방식을 찾는 대신 잉카의 문화에서부터 시작했다. 그리고 잉카인의 사회적 문제를 해결하는 데 도움이 되었던 숫자 시스템을 키푸로 나타내는 방식을 찾았다. 애셔 부부는 키푸를 해석하는 중요한 맥락으로 문화를 사용함으로써 이전에는 닫혔던 연구 분야의 문을 열어젖혔다. 키푸를 연구한 학자들은, 키푸의 색깔과 구조가 단순한 장식이 아니고 정보의 관리를 위한 표지의 역할을 했다면 키푸에 이제까지 생각했던 것보다 훨씬 더 많은 정보가 있을 수 있다고 생각했다.

예를 들어, 키푸에 라벨을 붙이는 것이 잉카인에게 유용하지 않았을까? 키푸에 라벨의 역할을 한 패턴이 있었을지도 모른다. 어쩌면 키푸가 헤아린 항목이 문서 어딘가에 설명되었을 수도 있다. 숫자에 관한 설명이 있었을지도 모른다. 한 행정센터에서 다른 센터로 보낸 메시지의 역할을 한 키푸의 끝에는 아마도 발신자의 서명이 있어서 누가 보냈는지를 수신자가 알 수 있게 했을 것이다. 애셔 부부의 발견은 연구의 열풍으로 이어졌다. 학자들은 이전에 불가능해 보였던 것, 즉 단어를 찾으려고 달려들었다.

그리고 거의 20년이 흐른 뒤에, 그들은 매듭에서 첫 단어를 해독했다. 게리 어턴Gary Urton과 캐리 브레진Carrie Brezine은 푸루추코에서 발견된 키푸에서 그들이 이미 번역한 그 어떤 숫자 매듭과도 비슷하지 않은 매듭의 패턴을 찾아냈다. 로크였다면 기존의 도식에 맞지 않기 때문에 이 패턴을 무시했을 것이다. 그러나 애셔 부부의 연구에서 영감을 얻은 어턴과 브레진은 번역 작업을 계속했다. 그들은 이 매듭 패턴이 '푸루추코'를 말한다고 생각한다.

어턴과 브레진의 발견은 잉카의 후예들이 수백 년 동안 주장해온 사실을 입증했다. 키푸에는 숫자뿐만 아니라 단어도 있었다. 로크의 결론은 잉카의 역사적 기억을 학계의 일반적인 견해 밖으로 쓸어내 버렸다. 이제 오랫동안 잃어버렸던 기록을 해석하는 데 필요한 도구를 갖게 된 학자들은 기꺼이 귀를 기울일 수 있을 것이다.

아마도 이런 변화가 산후안데콜라타의 잉카 장로들이 마침내 그들의 키푸를 서빈 하일랜드와 공유하게 된 동기를 부여했을 것이다. 산후안데콜라타의 주민들은 그들의 키푸가 스페인 식민 통치 당국에 맞선 잉카의 반란을 말해준다고 주장했다. 이런 이야기에 숫자가 포함되었을 것은 분명하지만, 이야기의 대부분은 수학이 아니었다.

콜라타 주민들은 자신들의 키푸를 하일랜드와 공유하는 데서 오는 위험을 감수했다. 로크를 비롯한 학자들이 한 세기 동안 그랬듯이, 그녀가 그들의 주장을 일축하면 어떻게 할 것인가? 하지만 하일랜드는 그들과 함께 작업했다. 하일랜드는 로크를 비롯한 수학자들과 마찬가지로 패턴을 이용해 수수께끼의 문서를 해독하는 전문가일 수 있었다. 하지만 콜라타의 주민들은 키푸를 번역하는 일 못지않게 중요한 것, 잉카의 문화에 관한 전문가였다.

이들 키푸에 기록된 정보는 대부분 수수께끼로 남아 있다. 하지만 하일랜드와 콜라타 장로들의 분석을 통해 콜라타 키푸에는 이전에 연구된 키푸들에 비해 훨씬 더 다양한 색깔, 매듭, 그리고 구조가 있음을 알 수 있다. 콜라타 키푸에는 95가지의 서로 다른 기호가 있다. 이는 서로 다른 기호가 단어에서 서로 다른 음절을 나타내는 쓰기 시스템이 되기에 충분하다.

하일랜드는 이들 키푸에 실제로 로고음절법이라 불리는 쓰기 시스템이 사용된 기록이 있다고 주장했다. 그녀와 콜라타의 장로들은 키푸에 있는 끈 다발의 일부를 번역했다. 하일랜드는 첫 번째 키푸의 마지막 끈 다발이 한 콜라타 가문의 성씨인 '알루카Alluka'를 표기한 것이라고 주장했다. 두 번째 키푸의 마지막 끈 다발은, 인근 마을에서 흔한 성씨인 '야카파르Yakapar'를 나타냈다. 하일랜드의 가설에 따르면, 그 다발들은 100년 전에 이들 키푸를 만든 사람들의 서명이었다. 수학이 아니고 이름이었다.

하일랜드, 어턴, 브레진, 그리고 콜라타의 장로들은 푸루추코와 콜라타의 키푸에서 키푸가 로크가 주장한 것처럼 단지 숫자 정보만을 기록한 것이 아니라는 몇몇 증거를 최초로 찾아냈다. 콜라타 키푸에서 찾아낸 것처럼 이례적인 패턴이 있는 다른 키푸도 있다. 실제로 이들 키푸의 다수는 발견되었을 때 수학이 기록된 것으로 알려진 키푸와 매우 달랐기 때문에 위조품으로 여겨졌다.

이제 키푸에 수학 이상의 내용이 있을 수 있음을 알게 된 인류학자와 수학자 들은 새로운 관점을 갖추고 예전에 퇴짜 놓았던 키푸로 돌아갈 수 있을 것이다. 무해한 것처럼 보였던 로크의 수학적 결론이 잉카 문화의 상당 부분을 우리의 시야 밖으로 쓸어냈을지도 모른다. 그러나 이제 수학자와 문화 전문가 들은 각자의 역량을 합쳐 가장 불가사의한 문서까지 해독할 수 있다. 잉카 역사의 보고가 기다리고 있다.

2. 수학은 다음 수를 예측할 수 있을까?

수학과 이기기(또는 최소한 지지 않기)의 문제

수학적으로 불가능한 평화
수학이 망쳐놓은 게임들
신뢰의 진화
수학적으로 가능한 평화?

SUPER
MATH
슈퍼매스

수학적으로 불가능한 평화

1914년의 크리스마스 휴전은 전쟁의 역사에서
가장 당혹스러운 사건 중 하나로 여겨진다.
직관적으로 볼 때 이해하기 어려운 사건이다.
수학적 관점으로도 이해하기 어렵다.
수학도 이 크리스마스 휴전에 대해 할 말이 있다.

1914년 겨울, 유럽에서는 인류 역사상 가장 피비린내 나는 전쟁 중 하나였던 제1차 세계대전이 여섯 달째 이어지고 있었다. 병사들은 악명 높은 참호를 깊이 파고 숨었다. 진흙을 뒤집어쓴 그들은 중간 지대를 사이에 두고 서로를 겨냥했다. 무모함, 영웅심, 또는 그저 지루함 때문에 흙 방어벽 위로 머리라도 내밀라치면 너무 멀어서 보이지 않는 누군가가 쏜 총알이 빠르게 날아왔다.

하지만 1914년 성탄절 전야에 사격이 멈췄다. 서부전선에서 대치하던 병사들이 서로에게 성탄 인사를 외치기 시작했다. 그러고는 크리스마스 캐럴을 불렀다. 크리스마스트리도 세워졌다. 마지막으로 병사들은 참호에서 나와 악수를 나눴다. 함께 성탄절을 즐기는 것 같은 분위기였다. 한 영국 병사는 동료가 마주친 독일군 순찰대가 "위스키 한 잔과 시가 몇 개를 주면서, 우리가 그들을 쏘지 않는다면 그들도 우리를 쏘지 않겠다는 메시지를 전했다"는 이야기를 일기에 기록했다.

어떻게 이런 일이 일어났을까? 대체 무엇이 양측의 대군이 자발적으로 휴전을 선언하도록 이끌었을까? 장군들이 휴전을 협상한 것은 아니었다. 개별 병사들이 어떤 까닭인지 합리적인 공포감을 무시하고 적군과 함께 성탄절을 즐기기 위해 참호 밖으로 나왔다. 성탄절 정신을 공유하기 위해 생명의 위험을 감수한 그 첫 번째 미친 병사는 누구였을까? 그리고 그에게 총을 쏘지 않은 상대편의 정신 나간 병사는 또 누구였을까?

1914년의 크리스마스 휴전은 전쟁의 역사에서 가장 당혹스러운 사건 중 하나로 여겨진다. 직관적으로 이해하기 어려운 사건이며, 수학적 관점으로도 이해하기 어렵다. 수학도 이 크리스마스 휴전에 대해 할 말이 있다. 수학자들은 사람들이 분쟁 중에 어떻게 행동하는지 이해하기 위해서 수학을 이용하고, 수학의 법칙은 이러한 휴전이 일어나서는 안 된다고 말한다.

수학이 망쳐놓은 게임들

게임이론가에게 있어 체커와 삼목 두기는 게임이다.
그리고 제1차 세계대전, 핵무기 확산, 세계 무역 역시 게임이다.
수학적인 의미에서 게임이란 단지 같은 상황을 공유하는 최소 둘 이상의 편이
최선의 결과를 얻기 위해 벌이는 경쟁이다.

분쟁 중인 인간의 행동을 예측하는 데 전념하는 수학 분야가 있다. 게임이론이라고 불리는 분야다. 게임이론을 연구하는 수학자들은 경쟁이 벌어지는 상황이나 게임에서 사람들이 어떻게 상호 작용하는지에 대한 논리적 설명을 제시하려 한다. 그리고 그러한 상황에서 최선의 결과를 보장받으려면 어떻게 행동해야 하는지를 알아낸다. 이것을 문제의 '해결'이라고 부른다. 따라서 이미 해결된 게임을 할 때는 생각할 필요가 없다. 수학적으로 결정된 규칙을 따르기만 하면 확실히 이길 수 있다. 아니면 적어도 지지는 않는 것이 보장된다.

그렇다고 어떤 게임을 해결하기 위해 전문적 게임이론가가 될 필요는 없다. 사실 여러분도 게임 하나 정도는 스스로 해결해본 적이 있

을 것이다.

삼목 두기가 재미없어진 때를 기억하는가? 나에게는 12살 되던 해의 여름이 그때였다. 유치원 행사에서 게임 운영을 맡았던 나는 어린 시절 우리 집 지하실에 있는 흑판에서 친구들과 삼목 두기를 했던 기억을 떠올렸다. 그래서 휴대용 흑판에 사각형 9개를 그려놓고, 싸구려 경품 바구니와 함께 앉아 있었다. 나는 아이들 대부분이 삼목 두기를 할 줄 알 것이라고 생각했다. 질 때도 있고 이길 때도 있을 것이므로 준비한 경품이 너무 빨리 떨어지지는 않을 것이다. 그러면서 아이들은 즐거운 시간을 보낼 것이다. 삼목 두기는 재미있는 게임이니까.

다섯 번째 아이가 경품을 받지 못하고 슬퍼하면서 가버린 뒤에야 나는 잘못 생각했음을 깨달았다. 나는 4~5살배기들과 게임을 계속하면서 매번 이겼다. 가끔 비길 때도 있었지만 대개는 내가 이겼다.

나는 게임을 할 때마다 기본적으로 같은 방식의 수를 두었다. 다음과 같은 전략이었다. 동전을 던져서 내가 먼저 두기로 결정되면, 모서리 사각형 한 곳을 차지했다(여기 제시된 예시에서는 늘 X가 선수, O가 후수다—편집자).

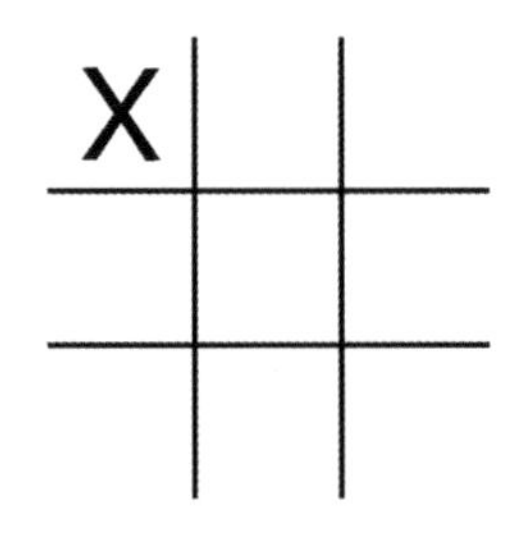

상대방이 어디에 두든 상관없이, 다음번 차례에도 또 하나의 모서리를 차지했다. 그래서 그 사이의 사각형에 둘 수만 있다면 삼목이 되는 상황을 만들었다.

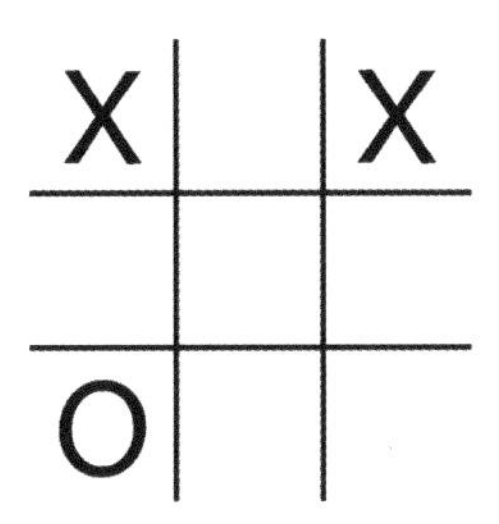

5살배기라도 이렇게 명백한 수는 차단할 수 있는 것이 보통이다. 하지만 상관없었다. 나는 세 번째 수로 또 하나의 모서리를 차지했다. 세 번째 모서리는 항상 쓸모있기 마련이었다. 상대편은 두 번째 수로 나의 삼목을 방어하기 전에 기껏해야 하나의 모서리밖에 차지할 수 없다.

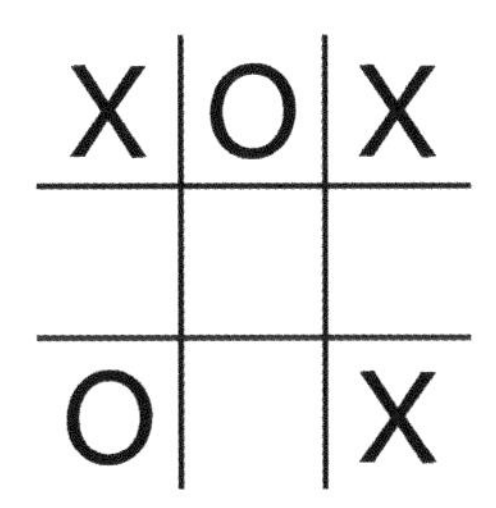

이쯤 되면 게임이 끝난 것이나 다름없다. 무슨 일이 일어나는지 확인하려면, 필연적인 결론에 이르기까지 이 전략을 따라가보라. 세 군데 모서리를 차지한 나는 항상 2가지 유리한 위치를 확보했다. 다음 번 수에서 2가지 방법 중 하나로 삼목을 만들 수 있었고, 마주 앉은 불쌍한 아이는 그중 하나만을 막을 수 있었다. 우리의 게임은 무승부로 끝날 수도 있었을 것이다. 나의 확실한 승리 또는 무승부, 그리고 경품을 받지 못해서 눈물을 글썽이는 유치원생에 이르는 경로는 여기에 제시한 예시 게임에서 분명하게 볼 수 있다.

동전을 던진 결과 내가 두 번째로 두어야 할 때는 가운데 사각형을 차지했다. 가운데 사각형으로 시작한 첫 수 다음에 가장자리의 가운데에 있는 사각형을 차지하면 아래 그림과 같은 상황이 되었다.

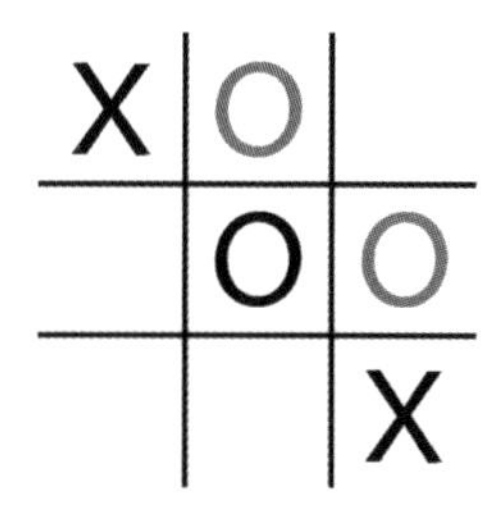

이 수는 상대방에게 나의 삼목을 차단하도록 강요한다. 여기서부터 게임은, 예상할 수 있는 대로 각자가 상대방의 승리를 방어하면서 무승부를 향한다.

삼목 두기로 아이들을 골탕 먹이면서 보낸 하루는 나에게 2가지

를 가르쳐주었다. 첫째, 눈물이 글썽해서 달아나는 아이들의 수를 줄이려면 가끔씩 게임에 져주는 것도 괜찮다. 둘째, 삼목 두기는 재미없다. 게임의 결말이 정해져 있기 때문이다. 내가 항상 이기거나 최소한 무승부가 될 수 있는데, 이렇게 결말이 확실한 게임에 무슨 재미가 있을까?

삼목 두기가 형편없는 게임이라는 사실을 발견한 당신의 경험에 휘말린 불행한 아이들이 내 경우보다 적었기를 바란다. 하지만 우리 모두 언젠가는 삼목 두기를 사랑하는 아이에서 삼목 두기에 싫증 난 어른으로의 변화를 겪는다. 일종의 통과의례다. 당신에게 삼목 두기와 비슷한 범주의 게임에 이름을 붙여달라고 청한다면 '지루한 게임'이라고 할지도 모른다. 수학자들에게는 그런 게임을 부르는 다른 이름이 있다. 그들은 삼목 두기 같은 게임을 '해결된 게임'이라고 부른다.

해결된 게임은 수학자들이 이기는 방법, 또는 최소한 지지 않는 방법을 찾아낸 게임이다. 성인이라면 대부분은 삼목 두기를 해결했다. 내가 불쌍한 유치원생들을 상대로 플레이한 방식은 삼목 두기를 해결하는 한 가지 형태다. 두 선수 모두 서로에게 해결책을 사용하면 게임이 무승부로 끝난다. 한 선수가 사용하고 다른 선수는 사용하지 않는다면 해결책을 사용한 선수가 승리한다.

삼목 두기를 해결하는 일은 별로 어렵지 않으며, 게임을 망쳐놓기도 한다. 하지만 게임이론이 항상 게임을 망쳐놓는 것은 아니다. 때로는 게임을 해결할 수 없는 경우가 있다. 또는 해결책이 너무 복잡해서 아무도 사용할 수 없을 때도 있다. 그리고 게임에 걸려 있는 이해관계가 너무 커서 해결책이 간절히 필요할 때도 있다.

해결할 수 없는 게임의 첫 번째 경우를 살펴보자. 모든 게임을 해결할 수 있는 것은 아니다. 하지만 그렇지 않다고 믿게 만들려는 사람들이 많이 있다. 그들이 노리는 것은 당신의 돈이다.

"내일 이 시간, 운 좋은 누군가는 재산을 3억 6,300만 달러(약 4,102억 원) 더 늘릴 수 있습니다. 그렇다면 그 당첨 복권을 어떻게 뽑을까요? 말하자면, 행운과 전략의 조합이 해답입니다." 「굿모닝 아메리카」의 활기찬 리포터가 그녀의 말을 진지하게 듣고 있는 로빈 로버츠Robin Roberts 캐스터에게 말했다. 그들은 2012년 어느 봄날 아침, 사상 최고 금액에 도달한 메가밀리언스 복권에 관해 이야기하고 있었다. 리포터에 따르면 3억 6,300만 달러는 엘튼 존이나 브리트니 스피어스의 재산보다도 많은, 엄청난 금액이었다. 여성 리포터는 이 방송을 듣는 모두가 당첨될 복권을 낚아채기 위하여 동네 편의점으로 달려갈 것이라고 예언했다.

하지만 당첨금이 그렇게 엄청나다는 건 이미 많은 사람이 복권을 사고 돈을 잃었다는 뜻이다. 우리도 그렇게 될 가능성이 매우 크다. 뉴스 화면에 나온 브리트니 스피어스가 히트송 「럭키Lucky」를 부르는 영상이 때마침 "하지만 그녀의 외로운 마음은 울고, 울고, 또 운다"라는 가사와 함께 사라져갈 때 리포터가 물었다. "어떻게 하면 우리의 당첨 가능성을 높일 수 있을까요?" 달리 말하자면, 어떻게 복권을 '해결'할 것인가?

다행히도 우리는 복권의 해결책을 스스로 찾을 필요가 없다. 리처

드 러스틱Richard Lustig은 이미 해결책을 찾았다고 주장했다. 그리고 자신의 해결책을 『복권 당첨 가능성을 높이는 방법Learn How to Increase Your Chances of Winning the Lottery』이라는 투명한 제목을 붙인 책뿐만 아니라 이 텔레비전 뉴스에서도 너그럽게 공유했다. 하지만 삼목 두기의 해결책과는 달리 러스틱의 전략은 효과가 없다.

러스틱은 단지 수학을 이용하여 가능성의 법칙을 깨뜨리고 확률의 안개 속을 꿰뚫어 보았다고 주장하면서 논리를 휘둘러대는 수많은 전문가 중 한 사람일 뿐이다. 이들이 정말로 승산을 높일 수 있는 수학적 방법을 찾아냈을까? 러스틱은 수학자일까, 아니면 그저 수학마술사일까? 수학마술에 대한 최선의 방어책은 수학이다. 그렇다면 수학을 이용하여 러스틱의 주장을 검토해보자.

러스틱은 복권 용지가 많다고 당첨 가능성이 높아지는 것은 아니라고 주장하면서 복권을 너무 많이 사지 말라고 조언한다. 이 말은 사실에 가깝다. 여러분이 복권에 당첨될 가능성은 너무도 미약해서 한 장 대신 열 장을 사더라도 현실적 관점에서 당첨 가능성을 높이는 효과가 거의 없다.

그러나 수학적으로는 잘못된 주장이다. 그 이유를 살펴보기 위해서 정육면체 주사위를 굴려 복권 당첨을 결정하는 것으로 상황을 단순화해보자. 복권 한 장을 샀을 때의 당첨 확률은 실제 복권보다 엄청나게 높은 6분의 1이다. 한 장 대신 네 장을 산다면, 당첨 확률은 6분의 4로 대폭 증가한다. 당신의 복권에 있는 어느 숫자든 나온다면 당첨될 것이다. 6분의 4는 6분의 1보다 훨씬 나은 확률이다.

그러나 복권은 주사위 굴리기가 아니다. 복권의 숫자를 뱉어내는 기계는 그보다 훨씬 더 복잡하다. 단지 한 장의 복권을 살 때 당첨될 확률은 6분의 1보다 훨씬 작다. 실제로 수억 분의 1 정도다. 복권 열 장을 산다면, 당첨 확률은 수억 분의 10이다. 대단한 차이는 아니다. 당신의 복권 당첨 확률이 50퍼센트를 넘으려면, 마지막 빙하기 이래로 매주 300장씩 복권을 사야 했을 것이다. 따라서 지금 복권을 몇 장 더 사면 당첨 확률이 증가하지만, 그 증가량은 대단히 미미하다. 복권을 많이 사지 말라는 조언은 수학적으로는 잘못되었을지라도 문제가 없다. 아무런 해도 끼치지 않는다.

유감스럽게도 러스틱은 수학적으로 결함이 있고 도움이 되지 않는 조언도 내놓는다. 프로그램 중간쯤에서 러스틱은 카메라 쪽으로 몸을 기울이고 시청자를 질책한다.

"자동 선택은 금물입니다!"

'자동'은 복권 기계가 숫자를 선택하도록 허용할 때 기계가 제공하는 숫자를 말한다. 복권 기계가 숫자를 선택하도록 하지 않는 데는 대부분 수학적이기보다 미신적인 다양한 이유가 있다. 당신에게 행운의 숫자가 있다고 생각할 수도 있고, 포춘 쿠키에서 나온 숫자가 마음에 들 수도 있다. 아니면 복권 기계가 정말로 무작위로 숫자를 뽑는다는 것을 믿지 않을 수도 있다.

하지만 러스틱이 자동을 선택하지 말라고 조언하는 이유는 그 때문이 아니다. 그에게는 수학적인(아니면 수학마술적인) 이유가 있다.

러스틱은 당신이 복권 번호를 선택할 때 복권 전략가들이 '저(低)빈

도수 전략'이라고 부르는 방법을 사용하기를 권한다. 이는 과거에 당첨된 복권에서 나오지 않았던 숫자를 고르면 당첨 가능성이 높아진다는 주장이다. 당첨되는 복권의 숫자는 무작위로 선택되므로, 궁극적으로 당첨 번호가 될 확률은 모든 숫자에 대하여 동일하다. 이런 전략을 옹호하는 사람들은 근래에 당첨된 복권에서 나오지 않았던 숫자들이 나왔던 숫자보다 당첨 확률이 높다고 주장한다. 아마도 이런 식으로 서로 다른 숫자들이 당첨되는 빈도수가 '고르게' 분포될 것이라는 것이다.

「굿모닝 아메리카」의 리포터는 이 '저빈도수 전략'을 사용하여 모두가 12, 13, 41, 55, 그리고 56이 들어간 복권을 사라고 조언했다. 이들 숫자가 25년 동안 메가밀리언스 복권의 당첨 번호로 나온 적이 없다는 것이었다. 로빈 로버츠는 리포터가 말하는 숫자를 진지하게 받아 적었다. 하지만 당신도 그래야 할까?

우선, 「굿모닝 아메리카」를 시청한 사람 모두가 이들 숫자를 이용하여 복권에 당첨된다면, 당첨금을 나눠야 하는 사람이 거의 500만 명에 달할 것이다. 그럴 경우 한 사람이 약 70달러(약 8만 원)의 당첨금을 받게 된다. 따라서 당신이 다른 숫자를 선택할 때 거액의 당첨금을 받을 가능성이 더 높다.

그렇지만 근래 당첨된 복권에 나오지 않았던 숫자를 고르면 정말로 당첨 확률이 높아질까? 당첨 번호의 빈도수가 실제로 시간이 흐르면서 고르게 분포될까?

그렇지 않다. 확률의 법칙은 복권 기계가 공을 뱉어낼 때마다 각 숫자가 나올 확률이 동일하다고 말해준다. 공은 과거에 어떤 숫자가 당첨되었는지 전혀 알지 못한다. 기계가 켜지고 공들이 다시 구르기 시작했다는 것이 그들이 아는 전부다. 어떤 공이든 기계가 켜질 때마다 튀어나올 수 있는 새로운 기회가 생기므로, 같은 숫자가 두 번, 열 번, 심지어 백 번 연속으로 나올 수도 있다. 다음번에 같은 숫자가 나올 확률은 다른 숫자들과 같다. 공들은 출구를 통하여 더 자주 나오는 것을 주저하지 않는다.

무슨 이유로든—아마도 정부가 복권을 조작한다고 생각하거나, 아니면 어떤 음모 이론이든 입맛에 맞는 것을 믿기 때문에—당신이 여기에 적용되는 확률 법칙을 믿지 않는다면 토리파인스 고등학교 학생인 앨버트 첸Albert Chen의 통계적 분석이 의구심을 풀어줄 것이다. 그는 샌디에이고 주립대 교수와 공동으로 발표한 논문에서 저빈도수 전략이 캘리포니아주 복권을 사는 사람들에게 도움을 주는지를 조사했다. 결과는 부정적이었다. 복권은 조작되지 않았다.

고등학교 동창회 대표이기도 했던 첸은 "복권은 단순한 확률 게임이다. 무슨 전략을 사용하든, 거액에 당첨되는 확률은 극도로 낮다. 우리는 즐기기 위해서나 교육을 지원하기 위해서가 아니라면 아무도 복권을 사지 말 것을 권한다"라고 충고한다. 다재다능한 청년의 균형 잡힌 조언이다.

「굿모닝 아메리카」의 리포터도 나름의 주의 사항을 제시했다. 그녀는 시청자들이 러스틱의 전략을 사용하더라도 어느 정도 손실을 예상할 것을 경고했다. 그러나 절대 실망해서는 안 된다고 덧붙였다. 러스틱이 실망하지 않은 것은 확실하다. 리포터의 말대로 그는 많은 돈을 땄지만, 잃기도 했다. 하지만 결코 복권 구입을 멈추지 않았다. 그렇게 암시적으로 그녀는 언젠가 당첨될 수 있으므로 계속해서 복권을 사라고 우리를 격려했다. 이런 조언은 세 번째 범주에 속한다. 수학적으로는 정확하지만 도움이 되지 않는 해결책이다. 복권을 사지 않는다면 복권에 당첨될 수 없다는 것은 분명한 사실이다. 그러나 계속해서 복권을 사면 결국 당첨되리라는 것은 사실이 아니다.

복권은 수학으로 해결할 수 있는 게임이 아니다. 당신에게 필요한 것은 행운이 전부다. 당첨 확률을 생각하면, 엄청난 행운이 필요하다. 그러나 수학은 당신이 복권에 당첨될 가능성이 매우 낮고, 복권 살 돈을 저축하거나 초코바를 사 먹는 편이 더 나을 수 있다는 것을 아는 데 도움이 된다. 복권에 당첨되기 위해 수학을 이용하는 전략의 문제점은 복권이 전적으로 무작위한 게임이라는 것이다. 복권과 달리 수학자들이 해결할 수 있는 게임은 순전한 우연에 의존하지 않는다. 게임의 구조와 상대방의 행동에 대응하여 논리적으로 행동하는 선수들을 포함한다.

수학이 논리를 포함하는 모든 게임을 망치는 것은 아니다. 때로 수학자들은 인간이 사용할 수 없는 해결책을 만들어낸다. 게임이론가들이 처음부터 인간 선수에게 실질적으로 쓸모가 없는 해결책을 만들려 하지는 않았을 것이다. 하지만 그들은 종종 강력한 컴퓨터를 사용해 그런 결과를 얻는다.

조너선 셰퍼Jonathan Schaeffer는 체커(서양 장기—옮긴이) 게임을 해결함으로써 역사상 최고의 체커 선수인 매리언 틴슬리Marion Tinsley를 이기고 싶었다. 틴슬리는 체커 세계선수권대회에서 처음으로 우승한 1955년부터 1994년까지 딱 아홉 번밖에 지지 않았다. 틴슬리는 착수의 결과를 그 어떤 선수보다 더 멀리 내다볼 수 있었다. 셰퍼의 계산에 따르면, 자신이 둔 수가 좋은 수임을 알기 위해서 무려 이후의 64수까지를 예측해야 했을 게임도 있었다. 이러한 믿을 수 없는 능력은 행운이었을까, 아니면 다른 무엇이었을까? 틴슬리에 따르면 그런 능력은 신성한 영감을 받은 자신에게 신이 내린 특별한 선물이었다. 그는 "신이 나에게 논리적인 정신을 주었다"고 말한 적이 있다.

셰퍼는 틴슬리를 꺾는 일에 집착했다. 그는 1995년 「뉴욕타임스」에 실린 틴슬리의 사망 기사에서 "틴슬리는 우리가 오르기를 원했던 에베레스트산이었다"라고 말했다. 셰퍼 자신의 체커 실력으로는 절대로 틴슬리를 이길 수 없었다. 하지만 그는 틴슬리가 못 하는 것, 즉 컴퓨터 프로그래밍을 할 수 있었다. 그래서 셰퍼는 체커 프로그램을 만들어 틴슬리에게 도전했다.

대결은 1994년에 이루어졌다. 첫 번째 게임은 결론을 내지 못하고 무승부로 끝났다. 재대결이 이어졌다. 게임은 다시 한 번 무승부였다. 그들은 다시 대결했다. 결국 인간과 기계는 총 여섯 번을 대결했다. 여섯 번 모두 무승부였다. 일곱 번째 시합이 거론되었지만… 틴슬리는 가장 인간적이고 슬픈 이유로 기권할 수밖에 없었다. 그는 병에 걸렸고 결국 췌장암으로 사망했다.

틴슬리가 사망했음에도 불구하고 셰퍼는 그를 이기려는 집착을 버리지 않았다. 컴퓨터와 틴슬리의 여섯 번에 걸친 대결에서 결판을 내지 못한 셰퍼는, 실제로 이기지는 못했지만 자신의 컴퓨터가 틴슬리를 '이길 수 있었음'을 입증하려 했다. 컴퓨터가 틴슬리를 패배시킬 수 있었음을 입증하는 확실한 방법은 게임이론에 의존하는 것뿐이었다. 셰퍼는 체커 게임을 해결해야 했다.

체스의 고수인 컴퓨터 딥블루Deep Blue나, '제퍼디Jeopardy' 퀴즈쇼의 챔피언 켄 제닝스Ken Jennings를 이긴 컴퓨터 왓슨Watson에 대해 들어보았을 것이다. 이 컴퓨터들은 인상적이다. 하지만 셰퍼가 최종적으로 만들어내고 치누크Chinook라는 이름을 붙인 기계는 이 유명한 컴퓨터들을 능가했다. 치누크는 체커밖에 할 줄 몰랐지만, 완벽한 플레이를 했다. 반면에 딥블루와 왓슨은 체스와 제퍼디 퀴즈쇼에서 참으로, 정말로 훌륭하게 플레이했을 뿐이었다. 이는 치누크 프로그램에 수학적인 해결책이 사용되었기 때문이다. 체커는 삼목 두기와 마찬가지로 해결된 게임이 되었다. 체스와 제퍼디는 그렇지 않다. 셰퍼의 집착은 충족되었다.

여러분은 체커가 삼목 두기와 비슷한, 아이들을 위한 변변치 않은 게임이라고 생각할지도 모른다. 그러나 삼목 두기와 달리 체커에는 상당한 수준의 전략이 있다. 체커는 실제로 복잡한 게임이다. 여러분에게는 아마도 무엇이 게임을 복잡하게 만드는가에 대한 직관적 감각이 있을 것이다. 게임에 사용되는 말의 수가 많은가? 선수들이 서로 얼마나 많은 정보를 감출 수 있는가? 7살 먹은 아이가 게임의 실제 규칙을 이해하지 못하고 지루해져서 우스꽝스러운 규칙을 만들어내기 시작할 가능성은 얼마나 되는가? 이들 척도로 보면, 체커는 좌절스러울 정도로 복잡한 게임은 아니다. 그러나 쉬운 게임도 아니다.

수학자들이 게임의 복잡성을 생각하는 방식은 비전문가들이 생각할 수 있는 방식과 비슷하다. 그러나 그들은 게임을 하는 일반인이 절대로 생각하지 않을 방식으로 복잡성을 측정한다. 수학자들은 게임에서 가능한 결과의 수를 정확하게 계산하고, 게임을 하는 사람이 승리로 이어지는 일련의 수를 선택하기가 얼마나 어려운지를 결정하려 한다.

체커 게임에서 가능한 결과의 수를 계산하는 일은 엄청난 작업이다. 동일한 게임이 두 번 진행될 가능성이 대단히 희박할 정도로 어마어마한 수다. 게임에서 일어나는 일은 선수의 기분에 달려 있다. 그렇지만 펼칠 수 있는 작전의 수는 유한하다. 체커 선수는 무엇이든 가능하다고 생각할지도 모르지만, 그들의 선택에는 한계가 있다. 물론, 그 한계 안에 너무도 많은 선택지가 있어서 인간 선수에게는 한계가 존재하지 않는 것이나 마찬가지다. 그러나 게임을 해결하려는 수학자들에게는 정확한 게임 결과의 수가 중요하다. 모든 가능한 상황에 대한 승리 계획을 만들어내기 위해서는 일어날 수 있는 모든 결과를 알아야 한다.

수학자들은 이같이 엄청난 작업을 관리하기 위해서 게임 트리game tree, 즉 선수에게 가능한 선택지와 그 결과를 보여주는 나무 모양의 지도를 만든다. 수학자들은 다음 수의 결과를 상상하면서 머리에 쥐가 나는 선수들의 경험을 나무로 파악한다.

나무의 몸통은 게임의 시작을 나타낸다. 선수들이 수를 선택하면 나무에는 가지가 자라난다. 가지 하나는 첫 번째 선수가 왼쪽 끝에 있는 말을 두 칸 앞으로 움직인 것을 나타낸다. 인접한 다른 가지는 그 대신에 왼쪽 끝에서 두 번째 말을 움직였음을 보여준다. 이런 식으로 선수가 말을 움직일 때마다 가지가 다시 가지를 친다. 서로 다른 가지는 서로 다른 결과로 이어진다. 좋은 수는 승리를 이끌고, 나쁜 수는 패배로 이어진다. 게임 트리에는 여러분이 게임에 대해 알고 싶어 할 모든 정보가 있다. 진행될 수 있는 모든 게임이 포함된다. 대부분 게임의 게임 트리는 수많은 가지가 있는 거대한 나무다.

그렇다면 수학자의 관점에서 체커는 얼마나 복잡할까? 수학자들은 체커가 적당히 복잡한 게임이라고 말한다. 여러분은 그들이 500,995,484,682,338,672,639가지의 서로 다른 상황이 가능한 체커를 매우 복잡한 게임으로 간주하리라고 예상할 것이다. 하지만 믿거나 말거나, 체스나 바둑 같은 게임들에 비하면 체커는 가능한 상황의 수가 적당한 정도다.

완벽한 게임 트리가 만들어지면 게임이 해결된 것이다. 이기기 위해서 여러분이 할 일은 승리로 이끄는 가지들을 따라 수를 선택하는 것이 전부다. 게임 트리를 상대방이 말을 움직인 후에 다른 방식으로 대응하면 어떤 일이 일어날지를 보기 위한 지도처럼 사용할 수 있다.

그러나 500퀸틸리언(1퀸틸리언: 100경) 가지의 서로 다른 선택이 있는 지도를 만드는 것은 결코 작은 일이 아니다. 초자연적인 예지력을 가진 틴슬리조차도 지도를 만드는 것은 고사하고, 마음속에 그런 지도가 있지도 않았을 것이다. 체커에 대한 결함이 없는 지도를 만드는 일(게임을 해결하는 것)은 지구상 그 어떤 인간이 갖춘 것보다 많은 정신력과 지구상 그 어떤 인간의 두뇌에 가용한 것보다 많은 시간을 요구한다.

실제로 그 일을 하는 데 200개 정도의 컴퓨터 프로세서를 사용하여 18년이 걸렸다. 그것이 셰퍼의 컴퓨터 군대에게 필요했던 최소한의 시간이었다. 셰퍼는 1989년 치누크라 명명한 체커 해결 프로그램 제작에 착수하여 2007년 최종적으로 체커 게임을 해결했다. 수학자들에 따르면, 체커는 이제 삼목 두기만큼이나 지루한 게임이다. 당신이 컴퓨터라면 그렇다는 말이다.

그리고 셰퍼는 무엇을 알게 되었을까? 치누크가 틴슬리를 이길 수 있었을까?

결론은 실망스러웠다. '어쩌면' 컴퓨터가 이길 수도 있었다. 양편 모두 완벽한 수를 둔다면, 체커 게임은 항상 무승부로 끝나기 때문이다.

틴슬리가 그의 주장대로 신에 의해 프로그래밍되었다면, 틴슬리는 여전히 신에게 영감을 받은 수를 찾아내어 치누크를 물리칠 수 있었을 것이다. 치누크는 인간에 불과한 셰퍼에 의해 프로그래밍되었기 때문이다. 신이 두는 체커가 완벽하게 두는 체커보다 나을 것은 확실하다.

2007년 셰퍼가 체커 게임을 해결하자 전 세계 수학자들이 주목했다. 체커는 단연코 그때까지 해결된 것 중 가장 복잡한 게임이었다.

체커에 대한 셰퍼의 해결책은 획기적인 이정표였다.

그러나 만들어내는 데 소요된 엄청난 작업량은 차치하고, 셰퍼의 해결책의 중요성은 무엇이었을까? 그의 해결책은 체커 선수들에게 무엇을 의미했을까? 전체 인류에게는?

어떤 면에서 보면, 그의 해결책은 체커 선수들에게 별로 의미가 없었다. 틴슬리와 그의 초인적 두뇌라면 예외가 되었을지도 모르지만, 치누크 프로그램을 따를 수 있는 인간 선수는 아무도 없었다. 너무도 복잡한 해결책이며 전략을 설명하는 책자가 제공되지도 않는다. 따라서 셰퍼의 해결책으로 프로그래밍된 컴퓨터를 상대로 체커 게임을 하지 않는 한(그런 경우에는 일찌감치 항복하는 편이 나을 것이다), 당신의 체커 게임이 셰퍼의 업적에 영향을 받을 것이라고 예상하지는 말라. 치누크의 프로세서 깊은 곳에는 체커 게임의 해결책이 존재하지만, 인간의 체커는 어느 때와 다름없이 계속된다.

그러나 수학자들은 단순히 세계 챔피언을 이길 수도 있는 컴퓨터를 만들려고 게임을 해결하는 것은 아니다. 그들은 사람들이 분쟁 중에 어떻게 행동하는지를 이해하려는 수학 분야인 게임이론을 발전시키기 위해서 게임을 해결한다. 게임이론가에게 있어 체커와 삼목 두기는 게임이다. 그리고 제1차 세계대전, 핵무기 확산, 세계 무역 역시 게임이다. 수학적인 의미에서 게임이란 단지 같은 상황을 공유하는 최소 둘 이상의 편이 최선의 결과를 얻기 위해 벌이는 경쟁이다. 여기서 경쟁은 선택의 결정, 또는 게임에서 두는 수의 형태를 띤다. 어느 편이 보상을 얻고 어느 편이 대가를 지불할지는 각자 선택의 결과가 승리인지, 패배인지, 아니면 그 중간쯤 어딘가인지에 달려 있다.

체커가 게임이라는 것이 명백한 이유는 최소한 3가지다. 첫째, 두 사람이 겨루지만 한 사람만이 이길 수 있다. 둘째, 차례가 될 때마다 선수들은 여러 수 중에서 하나의 수, 즉 자신의 빨강이나 파랑 말을 움직일 장소를 선택한다. 마지막으로, 어떤 수를 두는가에 따라 게임에서 이길 수도 질 수도 있다.

제1차 세계대전도 게임이었다. 그러나 참여자들에게는 체커보다 훨씬 더 재미없는 게임이었다. 체커의 말에 해당하는 일선의 병사들에게는 특히 그랬다. 국가들은 영토를 정복하고 귀중한 자원을 확보하려고 경쟁한다. 한 나라는 언제든지 '수'를 둘 수 있다. 다른 나라로 군대를 진출시키고, 신무기를 만들고, 또는 사태를 진정시킨다는 명목으로 당당하게 휴전을 제의한다. 각국이 어떤 행동을 했는가에 따라 세계는 더 깊은 분쟁 속으로 빠져들거나 평화를 향하여 다가간다. 승리하는 국가도 있고 패배하는 국가도 있었다. 대개의 국가는 이기기도 하고 지기도 했다. 가공할만한 힘을 발휘해 보상을 얻은 국가도 수많은 군인과 민간인의 죽음이라는 대가를 치렀다.

게임을 해결하는 수학자들은 체커 대회 같은 곳에서 세계 챔피언에 도전하게 된다. 그들은 또한 국가가 전시 전략의 기초로 삼는 이론을 개발하게 된다. 이렇듯 수학자들은 더욱 중요한 게임에 관한 통찰을 얻기 위해 체커 같은 게임을 해결한다. 게임이론의 주요 목표 중 하나는, 생과 사의 선택을 책임지는 사람들이 현명한 선택을 할 수 있도록 갈등의 혼돈 내부에 있는 수학적 구조를 밝히는 것이다.

체커에 관한 섀퍼의 해법이 이렇게 중요한 과제에 도움이 될까? 어떤 면에서는 그렇다. 치누크는 컴퓨팅의 중요한 돌파구를 열었다. 어떤 분야든 강력한 컴퓨터에 의존하여 문제를 해결하려는 사람들은 섀퍼의 업적에서 도움을 얻는 셈이다.

하지만 국제 분쟁의 해결에 대한 치누크의 유용성은 그 정도에서 그친다. 체커와 제1차 세계대전은 근본적으로 다르기 때문이다. 체커는 재미있고 제1차 세계대전은 재미없다는 차원의 문제가 아니다. 체커 같은 게임과 전쟁 같은 현실 세계 속 게임의 근본적 차이는, 체커를 해결하는 데는 강력한 컴퓨터만 있으면 된다는 것이다. 하지만 전쟁에는 그 어떤 컴퓨터라도 다룰 수 없는 복잡성이 추가된다.

여러 면에서 전쟁은 체커보다 복권과 비슷하다. 세계 지도자들의 행동에는 논리가 지배하는 측면도 있지만, 전쟁에서 일어나는 많은 일이 우연에 의존한다. 수학자들은 이러한 우연성 측면을 포착하기 위해서 게임을 '완전 정보'와 '불완전 정보'라 불리는 두 주요 범주로 분류한다.

체커와 삼목 두기는 완전 정보 게임이다. 이들 게임에서는 선수가 완벽한 결정을 내리는 데 필요한 모든 정보가 가용 상태에 놓인다. 우연에 맡겨지는 것은 아무것도 없다. 선수들은 정보를 감추거나 비밀리에 결정을 내릴 수 없다. 한 선수가 교활하게 보인다면, 게임의 진행에 관한 상대편 선수의 관찰력이 충분치 못하기 때문이다. 체커에서 완벽한 결정을 내리는 것은 기본적으로 게임 트리에서 완벽한 가지를 선택하기 위하여 500퀸틸리언에 달하는 서로 다른 게임 상황 전부를 검토하는 일이다. 당신에게 처리할 능력이 있다면 모든 정보를 이용할 수 있다.

하지만 체커도 우리 인간의 미약한 두뇌로는 숨겨진 정보가 있는 것이나 마찬가지일 정도로 복잡하다. 수학자들에게는 완전 정보가 있는 게임이 불완전 정보의 게임보다 훨씬 더 해결하기 쉽다. 강력한 컴퓨터는 거대한 체커 게임 트리를 다룰 수 있다. 따라서 완전 정보 게임을 해결하는 일은 충분히 강력한 컴퓨터를 만드는 일에 달렸다. 이것도 쉬운 일은 아니지만, 상대적으로 간단하다.

하지만 여기에는 대가가 따른다. 완전 정보 게임은 비현실적이다. 실제로 인간 세계에서 일어나는 분쟁의 가능한 결과는 대부분 완벽한 지도로 표현될 수 없다. 대부분의 분쟁에 선수들이 접근할 수 없는 정보가 포함되기 때문이다.

실제 분쟁에서는 선택에 필수적인 정보가 선수들에 의해 감추어지거나 우연의 문제가 된다. 이러한 분쟁은 불완전 정보 게임이라 불린다. 불완전 정보 게임을 해결하기 위해서는 완벽한 기억력을 갖는 것으로 충분치 않다. 포커는 불완전 정보 게임의 훌륭한 예시다. 전쟁도 그렇다.

포커에서 불완전 정보는 2가지 형태로 나타날 수 있다. 첫째로, 선수들은 무작위적으로 카드를 받는다. 아무도, 심지어 컴퓨터라도 선수가 어떤 카드를 받게 될지 확실하게 결정할 수 없다.

둘째로, 선수는 자기 카드 중 일부를 숨길 수 있다. 예를 들어, 텍사스 홀덤Texas hold'em 포커에서 선수들은 처음에 앞면을 감춘 카드 두

장씩을 받는다. 그리고 딜러는 커뮤니티 카드(모든 선수가 공유하는 카드) 다섯 장을 펼쳐놓는다. 자신의 패가 게임을 계속할 정도로 강력한 패인지를 가늠하려는 선수들에게 유용한 정보를 제공하는 커뮤니티 카드는 누구든지 볼 수 있다. 그러나 각자가 숨기고 있는 두 장의 카드 때문에 필요한 모든 정보를 가진 사람은 아무도 없다. 선수들은 자신의 패를 상대방의 패와 비교할 수 없으며, 따라서 가장 심사숙고한 결정조차도 추측에서 벗어나지 못한다.

정보가 불완전할 때, 선수들은 허세를 부리거나 가식적인 행동을 하면서 서로를 조종할 수 있다. 비밀과 우연성에 따라 도입된 복잡성에 그렇게 감정적인 요소가 더해진다. 따라서 체커의 게임 트리에는 명확하게 정의된 가지들이 있는 반면, 포커의 게임 트리는 흐릿하다. 선수들이 볼 수 있는 것은 근시인 사람이 안경을 쓰지 않고 멀리 있는 나무를 바라볼 때와 비슷하다. 가장 눈에 띄는 특징에 따라 모인 흐릿한 가지들의 무리다. 공용의 카드는 같지만 서로 다른 카드를 숨기고 있는 선수들이 보는 게임의 상황도 이와 같다. 게임의 실제 상황을 확실하게 알 수 없다. 다른 선수들이 무슨 카드를 숨기고 있는지에 따라 수많은 가능성이 존재하기 때문이다. 모든 가능한 게임 상황이 나무 위에서 뭉쳐져 분간할 수 없는 덩어리로 뒤섞인다.

그래서 체커의 게임 트리에 몇몇 유형의 포커보다 1,000배나 많은 가지가 있음에도 불구하고, 가장 단순한 형태의 포커 게임만이 해결되었다. 2015년 셰퍼의 동료들은 두 명의 선수만이 승부를 겨루고 판돈을 올리는 횟수가 제한되는 방식의 포커 게임인 헤즈업 리미트 텍사스 홀덤heads-up limit Texas hold'em을 해결했다.

하지만 완벽하게 플레이한 게임이 항상 무승부로 끝난다는 이유로 체커에 대한 셰퍼의 해결책이 만족스럽지 못했다면, 헤즈업 리미트 텍사스 홀덤의 해결책은 더욱 실망스러울 것이다. 완벽한 포커를 하는 컴퓨터 케페우스Cepheus는 무승부를 낼 뿐만 아니라 종종 지기도 한다. 적어도 단기적으로는.

여러분이 케페우스를 상대로 제한된 횟수의 포커 게임을 벌인다면 이길 가능성이 상당하다. 전문 포커 선수인 마이클 신자키Michael Shinzaki가 케페우스를 상대로 200회의 포커 게임을 한 후에 이긴 채로 물러난 것이 좋은 예다. 실제로 100번의 게임을 한 시점에서 인간이 케페우스를 앞설 확률은 50퍼센트에 가깝다.

케페우스가 때로 진다는 것은 이해가 간다. 컴퓨터라 할지라도 카드를 꿰뚫어 보거나 상대방의 마음을 읽거나 무작위하게 나눠지는 카드를 예측하거나 미래를 알 수는 없다. 그러나 결국에는 케페우스가 앞서기 시작한다. 포커에 대한 케페우스의 해법은 포커 게임에서 승리가 누적적이라는 사실에 기초한다. 개별 게임에서 이기는 것보다 장기적으로 승리를 축적하는 것이 중요하다. 우리 대부분에게 '장기적'이란 열 번이나 스무 번 정도의 게임을 의미한다. 인간은 지치지만 케페우스는 그렇지 않다.

당신이 케페우스를 상대로 3만 번의 포커 게임을 감당할 수 있더라도, 이길 확률은 5퍼센트로 떨어진다. 승리할 확률이 계속 감소한다. 100만 번, 10억 번, 그리고 한 인간의 일생이 걸려도 감당할 수 없는 퀸틸리언 번의 게임 후에 케페우스를 앞설 확률은 사실상 0일 정도로 작다. 이것이 헤즈업 리미트 텍사스 홀덤을 해결했다고 수학자들이 말하는 의미다. 그들의 컴퓨터는 개별 게임에서 질 수도 있다. 그러나 소모전에 돌입하면 결국 이기게 된다.

케페우스는 인간보다 실수를 적게 함으로써 이런 일을 해낸다. 케페우스는 인간과 비교될 수 없는 엄청난 용량의 기억장치를 이용하여 후회 최소화 알고리즘이라고 불리는 프로그램을 돌린다. 이 알고리즘은 이름이 시사하는 것과 정확하게 같은 일을 한다. 케페우스는 후회하게 되는 플레이를 할 때마다 같은 플레이를 되풀이하지 않을 것을 배운다. 미래의 후회는 최소화되지만, 완전히 제거되지는 않는다. 인상적인 기억장치에도 불구하고 케페우스가 결코 실수를 멈출 수는 없을 것이기 때문이다. 하지만 케페우스와 달리 인간 선수는 같은 실수를 되풀이할 수 있고 종종 그렇게 한다. 그래서 궁극적으로는 케페우스가 이기게 된다.

헤즈업 리미트 텍사스 홀덤의 해법은 체커의 해법보다 만족스럽지 못하다. 서서히 조금씩 앞서 나가는 케페우스의 방식은 우리가 통상적으로 생각하는 '해법'이 아니다. 우리는 해법이 항상 효과가 있다고 생각한다. '거의 다 왔다'나 '항상 조금씩'이 아니다. 인간의 이성과 혼돈이 맞서는 전투에서는 현재 인간이 보유한 최종 병기인 논리 정연한 컴퓨터가 결정적인 승리를 제공하지 못한다. 패배할 가능성은 아무리 작더라도 여전히 패배할 가능성이다.

좋든 싫든 케페우스는 우리가 전쟁 같은 현실 세계의 게임에서 예상해야 하는 유형의 해법에 더 가깝다. 포커와 같은 불완전 정보 게임은 체커나 삼목 두기보다 인간이 서로 우세의 확보와 생존을 위하여 벌이는 현실 세계의 '게임'을 더 정확하게 반영한다. 1919년 연합국과 동맹국이 제1차 세계대전을 끝내기 위한 베르사유 조약을 협상할 때, 양측은 자신이 쥐고 있는 카드, 빨강 말과 검정 말, 또는 X와 O를 협상 테이블에 전부 펼쳐놓지 않았다. 자기만 아는 정보를 남겨놓았다. 그래서 나중에 우연과 당사자들의 편의에 맡겨진 일들이 일어났다. 예를 들어, 1919년에 발발한 독감이 전쟁을 벌인 양측의 군인과 민간인에 엄청난 피해를 초래할 것을 누가 예측할 수 있었을까? 대부분 강대국이 근시안적인 '근린궁핍화정책'을 채택하고, 그런 정책들이 결국 1930년대의 대공황으로 이어질 것을 누가 예상할 수 있었을까?

결과적으로 우리는 수학자들이 전쟁과 같은 게임을 삼목 두기와 체커를 해결한 것처럼 완벽하게 해결하리라고 기대할 수 없다. 그들의 해법은 항상 불완전할 것이다. 그들이 다뤄야 하는 정보와 사람들만큼이나 불완전할 것이다.

신뢰의 진화

상대편을 신뢰하는 것은 항상 비논리적이다.
하지만 어떤 수학자는 그렇지 않다고 말할 것이다.
이들은 상대방을 신뢰하는 것이 가장 논리적인 행동이 될 때도 있다고 주장했다.
때로는 평화가 전쟁 게임의 해답이 될 수 있다.

현실 세계에서 벌어지는 게임에 대한 수학자들의 해법은 불완전할 수 있다. 하지만 그런 해법들이 범세계적인 정책을 형성한다. 정책의 입안자들은 성공적인 정책을 형성하는 데 도움이 되는 객관적(또는 최소한 객관적으로 보이는) 규칙을 찾고 있다. 사람들이 분쟁 중에 어떻게 행동할지에 대한 수학자들의 예측은 병사들에게는 생과 사를 의미할 수 있다. 그렇다면 수학자들은 인간적 갈등에 내재하는 불완전한 정보를 어떻게 다룰까?

이 문제를 들여다보는 창문으로 삼기 위해서 수학자들이 죄수의 딜레마라는 인간적 갈등에 관한 가장 단순한 유형의 문제를 어떻게 다루는지 살펴보자. 게임이론가들에게 죄수의 딜레마와 전쟁의 관계는 삼목 두기와 체커 또는 포커의 관계와 같다. 죄수의 딜레마는 매우 단순한 게임이다. 하지만 게임이론가들이 어떻게 훨씬 더 복잡한 인간적 갈등의 해결을 시도하는지에 대한 통찰을 제공한다. 실제로 게임이론가들은 죄수의 딜레마와 그 해법을 이용하여 전쟁 중에 있는 인간의 행동을 모델링한다.

죄수의 딜레마는 다음과 같다. 당신과 친구 하나가 같이 은행을 털었다는 혐의로 체포된다. 당신이 실제로 은행을 털었는지는 상관이 없다. 당신의 친구가 은행을 털었는지, 또는 당신이 그 사실 여부를 아는지 역시 중요하지 않다. 중요한 것은 경찰이 당신과 친구를 서로 다른 취조실에 격리시켰다는 것이다. 사건을 빨리 종결하고 싶어 하는 경찰과 검사는 당신과 친구에게 동일한 거래를 제안한다.

당신이 친구와 함께 은행을 털었다고 자백하고 친구는 입을 다물 경우, 당신은 석방된다. 검사는 당신의 증언을 이용하여 친구가 감옥에서 10년을 보내도록 할 것이다. 친구도 마찬가지다. 그가 자백하고 당신은 입을 다물 경우, 친구가 풀려나는 대신에 당신이 감옥에서 10년을 보내야 한다.

하지만 여기에는 함정이 있다. 당신과 친구 모두 자백하지 않을 경우, 둘 다 감옥에 가게 될 것이다. 검사에게는 더 가벼운 혐의로 당신과 친구를 1년 동안 감옥에 가두기에 충분한 증거가 있다. 그리고 둘 다 자백할 경우 은행 강도에 대한 처벌로 함께 감옥에 가게 된다. 하지만 자백을 통하여 검사에게 협조했으므로, 5년 동안만 감옥에 갇히게 될 것이다.

당신과 친구는 다른 방에 있으므로 서로 간에 어떻게 행동할지 알 방법이 없다. 당신은 어떻게 해야 할까? 표 1에 모든 가능성을 요약했다.

표 1. 죄수의 딜레마

	당신이 침묵한다	당신이 자백한다
친구가 침묵한다	• 당신: 1년 징역 • 친구: 1년 징역	• 당신: 자유! • 친구: 10년 징역
친구가 자백한다	• 당신: 10년 징역 • 친구: 자유!	• 당신: 5년 징역 • 친구: 5년 징역

당신과 친구가 받을 징역형은 자백하느냐 아니면 침묵을 지키느냐에 달려 있다. 두 사람 모두 입을 다물면 형기를 최소화할 수 있지만, 상대의 선택을 알 수 없으므로 가장 긴 형기인 10년 동안 감옥에서 보내게 될 위험성도 있다.

당신이 고민하는 동안 이것이 왜 게임인지 입증하려 한다. 죄수의 딜레마는 앞에서 설명한 게임의 3가지 기준에 부합한다. 2명의 선수가 있다. 각자의 선택이 어떤 보상을 받을지를 결정한다. 이 게임에서 '승리'란 감옥에 가지 않는 것이다. '패배'는 최고형인 10년 징역형을 받는 것이다. 1년 또는 5년의 더 짧은 기간 동안 감옥에 갇히는 것은 승리와 패배 사이의 어딘가에 해당한다.

죄수의 딜레마는 완전 정보 게임이 아니다. 친구가 어떤 행동을 할지 당신이 알지 못하기 때문이다. 하지만 이 게임은 당신과 친구에 대하여 가능한 모든 시나리오를 생각해볼 수 있을 정도로 단순하다. 삼목 두기와 마찬가지로 이 게임을 해결하는 데는 거대한 컴퓨터가 필요 없다.

우리가 죄수의 딜레마 게임을 해결할 수 있을지 살펴보자. 당신이 '승리'하는, 즉 감옥에 가지 않는 유일한 방법은 친구가 입을 다물 때 자백하는 것이다. 게다가 '패배'를 면하는, 즉 10년 징역형을 받지 않는 유일한 방법도 친구가 자백할 때 당신도 자백하는 것이다. 침묵을 지키면 패배할 가능성이 있다. 그리고 침묵을 지킨다면, 승리할 수 없다는 것이 확실하다. 따라서 자백해야 한다는 것이 해답이다.

그러나 당신이 게임에서 확실하게 이길 수 있다는 뜻은 아니다. 당신의 친구 역시 승리로 이어질 가능성이 가장 큰 수, 즉 자백을 선택할 것이기 때문이다. 친구도 완전한 패배로 이어질 수 있는 행동을 하지는 않을 것이다. 그러므로 당신은 친구가 침묵을 지킬 것이라고 신뢰할 수 없다.

이 비비 꼬인 게임에 대한 최선의 해결책에 따르면 당신과 친구 모두 자백해야 한다. 그 결과는 신통치 않다. 아마도 당신과 친구 모두 5년 동안 감옥에 갇히게 될 것이다. 하지만 최소한 10년형을 받지는 않는다. 당신이 가능한 최선의 해법에 따라 게임을 한다면, 완전한 승리를 거두지는 못하겠지만 적어도 패배는 면할 수 있다. 삼목 두기와 체커의 해법과 마찬가지로 죄수의 딜레마의 해법은 완전한 패배의 가능성을 제거하고 승리할 기회를 남겨둔다. 이 해결책은 친구가 어떤 행동을 하든 간에 당신이 해야 할 일을 말해준다.

게임에 대한 이런 유형의 해법은 내시Nash 균형이라고 불린다. 내시 균형은 두 선수 모두 상대편이 무슨 행동을 할지 모르는 게임에서 가장 논리적인 선택을 제공하는 해법이다. 다른 선수가 실제로 어떤 행동을 하는지와 관계없는 가장 논리적인 선택이다.

내시 균형은 게임이론가들이 실제 인간적 갈등에 관해 생각하는 방식에서 대단히 중요한 역할을 하며, 창안자인 존 포브스 내시 주니어John Forbes Nash Jr.는 내시 균형을 개발한 업적으로 노벨상을 받았다. 내시 균형은 사람들이 실제 갈등 상황에서 어떻게 행동해야 하는지를 단순하고 논리적으로 설명하기 때문에 강력하다. 내시 균형이 없다면 죄수의 딜레마에는 무시무시한 미지수만이 가득하게 된다. 내시 균형은 당신에게 통제력을 부여한다. 친구가 무슨 행동을 할지 모른다는 사실은 중요하지 않다. 당신은 완벽한 정보가 없을 때조차도 자신의 결정을 확신할 수 있다. 내시 균형은 당신이 패배하지 않을 것을 보장한다. 또한 적지 않은 승리의 기회도 제공한다.

죄수의 딜레마는 전쟁 중인 적대국들이 처하는 상황과 매우 비슷하다. 국가의 지도자는 결정을 내려야 한다. 어떤 대가를 치르더라도 승리를 얻기 위해 싸워야 할까, 아니면 현상을 유지하고 평화 협상을 해야 할까? 경찰서에 있는 당신과 친구처럼 전쟁을 치르는 두 나라는 상대국이 어떤 행동을 할지 모르는 상태에서 결정을 내려야 한다. 하지만 각국은 가능한 시나리오들을 검토하고 가장 타당해 보이는 선택을 할 수 있다.

전쟁이라는 게임에서 '승리'는 한편의 완전한 승리와 다른 편의 완전한 패배를 의미한다. 하지만 양쪽이 끝까지 싸운다면, 보통 완전한 승리는 불가능하다. 승리한 국가도 대가를 치른다. 총력전 끝에 손에 넣은 승리가 전쟁으로 잃어버린 것만큼의 가치가 없을 수도 있다. 하지만 죄수의 딜레마와 마찬가지로, 전쟁은 종종 교전 당사국들에게 손실을 최소화하는 선택, 즉 평화를 요청하는 선택지를 제공한다. 그러나 평화에 합의하기 위해서는 타협이 필요하다. 다소간의 위험도 따른다. 협상하는 동안에 상대국이 신뢰를 깨뜨리고, 지도자들이 예상하지 못할 때 공격을 가한다면 어떻게 될까? 또는 상대편이 단지 전쟁을 준비할 시간을 벌기 위해 평화를 이용하고 있다면? 신뢰를 지킨 국가가 모든 것을 잃을 수 있다. 전쟁에 대한 가능성을 요약한 표 2는 우리가 죄수의 딜레마에 대하여 그린 표와 비슷하다.

표 2. 전쟁에서 가능한 결과

	당신이 평화를 제의한다	당신이 끝까지 싸운다
적국이 평화를 제의한다	• 당신: 부분적으로 양보한다 • 적국: 부분적으로 양보한다	• 당신: 승리! • 적국: 완전한 패배
적국이 끝까지 싸운다	• 당신: 완전한 패배 • 적국: 승리!	• 당신: 전쟁으로 고통을 겪은 뒤에 부분적으로 양보한다 • 적국: 전쟁으로 고통을 겪은 뒤에 부분적으로 양보한다

죄수의 딜레마에서와 마찬가지로, 교전 당사국들은 자국의 위험을 감수한다.

양측에 가장 안정적인 결과는 협상이 불가피할 때까지 싸우는 것이다.

여기서도 내시 균형의 해법은 마찬가지다. 어느 나라든 평화를 제의한다면 모든 것을 잃고 완전한 승리의 기회를 놓칠 위험이 있기 때문에 두 나라 모두 더 버틸 수 없을 때까지 싸울 것이다. 그리고 아마도 결국 한 나라가 항복함으로써, 무엇을 위해서 싸웠든 당초의 목적을 달성하지 못할 것이다. 상대 나라는 승리를 선언하겠지만, 그 역시 싸우는 과정에서 많은 것을 잃을 것이다. 슬프게도 전쟁 중 흔히 일어나는 일이다. 전쟁을 벌이는 국가들은 소모전이 끝날 때까지 끊임없이 상대편 병사를 죽이고, 경제를 파괴하고, 민간인에게 폭격을 가한다. 이 모두가 평화를 제의하는 데 따르는 위험이 너무 크다고 보기 때문이다.

내시 균형에 기초한 게임의 해법은 신뢰할만하지만, 한편으로는 암울하다.

당신이 내시 균형에 기반을 두고 의사를 결정한다면 1914년의 크리스마스 휴전 같은 사건은 단지 놀랍기만 한 것이 아니다. 수학적으로는 비합리적이기까지 하다. 전면전이 벌어지기 전에 자발적으로 평화를 제의하면서 영국군과 독일군은 수학이 게임에서 절대 하지 말아야 한다고 말하는 행동을 했다. 즉, 서로를 '신뢰'했다.

그럼에도 모든 일이 잘 풀려나갔다. 양측은 최소한 성탄절을 축하하기에 충분한 시간만큼은 전투를 중지했다. 이것이 양측 모두 비논리적이고 순진했음을 의미할까? 내시라면 그렇다고 할 것이다. 상대편을 신뢰하는 것은 항상 비논리적이다. 하지만 두 수학자, 로버트 액슬로드Robert Axelrod와 니키 케이스Nicky Case는 그렇지 않다고 말할 것이다. 이들은 상대방을 신뢰하는 것이 가장 논리적인 행동이 될 때도 있다고 주장했다. 때로는 평화가 전쟁 게임의 해답이 될 수 있다. 어쩌면 평화에도 기회를 줄 방법(단지 감상적이 아니라 논리적인)이 있을지도 모른다.

신뢰가 어떻게 작동하는지 이해하기 위해 다시 죄수의 딜레마 문제로 돌아가보자. 이 문제에서 우리는 전쟁 게임에서와 마찬가지로 신뢰가 비논리적이라고 가정했다. 하지만 죄수의 딜레마 게임은 죄수들이 적이 아니고 친구라는 점에서 전쟁 게임과 다르다. 죄수의 딜레마에 대해 내시 균형이 내리는 해법은 본질적으로 당신과 친구를 적으로 만든다. 당신은 자유를 얻는 대신에 친구를 10년 동안 감옥으로 보낼 준비가 되어야 한다. 그리고 친구도 당신에게 똑같은 행동을 할 것이라고 가정해야 한다.

하지만 이게 말이 될까? 잊지 말라, 두 사람은 '친구'다. 서로를 잘 아는 사이다. 표면적으로는 서로를 좋아한다. 그리고 아마도 서로를 신뢰하고 그 신뢰를 보답받은 적도 있을 것이다. 그렇지 않다면 어떻게 친구가 될 수 있었을까? 이런 상황에서, 당신이 신뢰하는 친구가 애당초 그렇게 대단한 친구가 아니었다면 당신은 분명 10년 동안 감옥에 갇히게 될 것이다. 그렇게나 쉽사리 속아 넘어간 것과, 살벌한 세상 물정을 몰랐던 것을 괴로워하면서 10년을 보내게 될 것이다. 잘못된 신뢰의 결과는 심각하다. 하지만 당신들의 오래된 우정을 돌이켜보라. 당신은 정말 얻을지도 모르는 이익을 위하여 친구를 배신할 수 있을까? 친구도 당신에게 같은 행동을 할까?

나는 이런 상황에 처한 두 사람이 진정한 친구라면 자백하지 않을 것이라고 확신한다. 그리고 실제로 내시의 시대 이후로 발전한 수학은 그것이 올바른 결정임을 보여준다.

게임이론가 로버트 액슬로드는 윌리엄 해밀턴William Hamilton이라는 진화생물학자와의 공동 연구에서, 경쟁이 벌어지는 상황에서 신뢰가 논리적인 선택일 수도 있다는 아이디어를 처음으로 탐구했다. 생물학자들은 오랫동안 진화를 정상에 오르기 위한 적자생존의 싸움으로 생각해왔으며, 협력은 나약하다는 표지에 불과하다고 생각했다. 그리고 그런 점에서 진화가 내시 버전의 전쟁과 공통점이 많다고 여겼다. 그러나 해밀턴과 액슬로드는 자연계에도 크리스마스 휴전과 비슷한 상황이 나타난다는 사실에 주목했다. 경쟁해야 할 종(種)들이 협력하는 것처럼 보였고, 신뢰가 그들을 진화의 측면에서 더욱 강한 종으로 만들었다.

예를 들어 나무의 표면에서 흔히 볼 수 있는 지의류를 생각해보자. 지의류는 사실 곰팡이와 조류라는 두 종이 공생하는 복합 유기체다. 논리적으로 곰팡이와 조류는 가용 자원을 두고 경쟁해야 한다. 곰팡이와 조류는 빛, 물, 그리고 영양물이 부족한 작은 나뭇가지에 같이 산다. 하지만 지의류에 있는 두 생물 종은 상대 없이는 생존할 수 없다. 그들은 그런 방식으로 진화했다. 신뢰와 협력이 그들을 강하게 만든 것이다.

액슬로드는 곰팡이와 조류가 서로 간 경쟁자임을 가리키는 모든 징후에도 불구하고 오랜 역사를 함께했기 때문에 협력할 수 있다고 가정했다. 당신과 당신의 친구처럼, 곰팡이와 조류는 오랫동안 관계를 지속하면서 각자가 신뢰할만하다는 것을 입증했다. 액슬로드는 게임에 임하는 쌍방이 서로 아는 사이이고 동일한 게임을 되풀이할 가능성이 있을 때는 상대를 배신하는 것보다 서로 신뢰하는 것이 더 합리적이라는 이론을 세웠다. 그들은 공동의 이익을 위해 행동하며 상호 작용을 여러 차례 경험했다. 따라서 곰팡이도 조류도 이후 상호 작용이 일어날 때마다 상대편이 배신할 것이라고는 생각하지 않는다. 그런 행동은 비논리적일 것이다. 이들에게는 신뢰가 가장 합리적이다.

액슬로드의 이론은 죄수의 딜레마를 어떻게 바꿀까? 게임을 하면서 알아보자.

수학자 니키 케이스는 죄수의 딜레마를 실제 해볼 수 있는 게임으로 바꾸었다. 그는 이 게임을 '신뢰의 진화'라 불렀다. 케이스는 신뢰의 진화 게임에서 신뢰에 대한 가정이 달라지면 무슨 일이 일어나는지를 탐구했다. 컴퓨터가 있으면 당신도 직접 게임을 해볼 수 있다. 나는 여기서 몇 가지 시나리오를 살펴보려 한다.

신뢰의 진화는 두 사람이 하는 도박 게임이다. 참가자는 게임을 할 때마다 동전을 한 개씩 받는다. 받은 동전을 기계에 집어넣으면 상대방이 동전 3개를 따고 당신은 동전을 잃게 된다. 상대방이 동전을 집어넣으면 그와 반대되는 결과가 된다. 당신은 동전 3개를 따지만 상대방은 자기 동전을 잃게 된다. 그리고 두 사람이 모두 동전을 집어넣는다면, 결과적으로 각자 동전 2개를 따게 된다. 게임을 할 때마다 당신은 케이스가 '협력'이라 부르는 행동, 즉 동전을 넣을 수 있다. 아니면 동전을 넣지 않는 '속임'을 선택할 수도 있다. 표 3은 모든 경우의 수를 보여준다.

표 3. 신뢰의 진화 게임에서 가능한 결과

	당신이 동전을 넣는다 (협력)	당신이 동전을 넣지 않는다 (속임)
상대가 동전을 넣는다(협력)	• 당신: 동전 2개를 딴다 • 상대: 동전 2개를 딴다	• 당신: 동전 3개를 딴다 • 상대: 동전을 잃는다
상대가 동전을 넣지 않는다(속임)	• 당신: 동전을 잃는다 • 상대: 동전 3개를 딴다	• 당신: 득도 실도 없다 • 상대: 득도 실도 없다

동전을 따게 될지, 딴다면 몇 개를 따게 될지는 당신과 상대가 서로 속이는지 협력하는지에 달려 있다. 한 번의 게임에서 최대의 이득을 얻고 손실은 최소화하려면 상대를 신뢰하지 않거나, 상대가 당신을 신뢰할 수 있도록 행동해야 한다.

죄수의 딜레마에서와 마찬가지로, 이 게임은 처음에 상대를 신뢰하지 말 것을 권장한다. 상대가 어떤 행동을 하든 간에 당신은 동전을 넣지 말아야 한다. 동전을 갖고 있으면 잃을 일이 없다. 그리고 상대가 자기 동전을 집어넣을 정도로 순진하다면 대승을 거둘 수 있다.

하지만 케이스의 게임에서는 게임을 여러 번 하게 된다. 전통적인 죄수의 딜레마 시나리오와 달리 한 번의 게임에서 손실을 최소화하고 크게 이길 가능성을 최대화하는 것이 게임의 목표가 아니다. 우리는 같은 상대와 여러 번 게임을 하면서 매번 효과가 있는 전략을 찾아내기를 원한다. 게임을 몇 번 하느냐에 따라 게임의 해법도 달라질까?

케이스는 당신이 이러한 의문을 탐구하도록 한다. 케이스의 게임에서는 서로 다른 상대와 여러 차례 게임하는데, 각각의 상대는 모두 다른 방식으로 행동한다. 첫 게임에서 상대의 전략을 알기는 어렵다. 하지만 충분한 횟수의 게임을 한다면, 상대의 행동을 파악할 수 있다. 그러면 최선의 결과를 얻기 위해 전략을 수정할 수 있다.

어떤 상대방은 내시처럼 행동한다. 절대로 동전을 넣지 않고 항상 당신을 속인다. 두 번째 상대는 순진하게도 항상 동전을 넣으면서 협력한다. 이들에게 맞서는 당신은 내시가 권고한 대로 항상 속이는 행동을 해야 한다. 당신이 '사기꾼(항상 속이는 상대)'에 맞서 속이기로 선택한다면 양측 모두 아무것도 잃지 않는다. '협력자(항상 협력하는 상대)'를 속인다면 큰 승리를 거둔다. 그러나 대부분 게임의 상황은 그와 같이 안정적이지 않다. 상대 역시 당신의 행동을 관찰해 이어지는 게임에서 전략을 조정하기 때문이다. 액슬로드의 표현대로, 쌍방의 전략은 서로의 행동을 배워나가면서 진화한다. 상대방의 행동 변화에 어떻게 대응해야 할지는 당신과 마주한 상대의 유형에 따라 달라진다.

예컨대, '원망자'라고 불리는 상대는 대개 당신에게 협력한다. 그러나 당신이 원망자를 속이는 순간 다시는 당신을 신뢰하지 않는다. 원망자는 그때부터 당신이 무슨 행동을 하든 간에 항상 속이기를 선택한다. 그는 이용당하는 것을 원치 않는다. 이런 상황에서는 협력이 최

선의 전략이다. 비록 느리더라도 쌍방 모두 동전을 따게 될 것이기 때문이다. 당신이 한 번 크게 이기려는 탐욕을 부려서 속이기를 선택한다면 다시는 게임에서 이기지 못할 것이다. 그 후로는 계속해서 속임수를 써서 잃지 않는 것이 당신이 할 수 있는 최선의 행동일 것이다.

'모방자'라고 불리는 상대도 있다. 모방자도 항상 상대에게 협력하는 것으로 게임을 시작한다. 하지만 그는 원망자와 달리 그리 빠르게 신뢰를 거두지 않는다. 당신이 첫 게임에서 어떤 행동을 하든지 모방자는 다음 게임에서 그대로 따라 한다. 따라서 당신이 첫 게임에서 모방자를 속인다면 모방자도 두 번째 게임에서 당신을 속일 것이다. 하지만 당신이 두 번째 게임에서 모방자에게 협력한다면, 모방자도 세 번째 게임에서 당신에게 협력한다. 이어지는 게임도 마찬가지다. 모방자는 당신에게 같은 방식으로 되갚아 주고 싶어하지만, 또한 믿을 만할 때는 당신을 신뢰할 것이다. 원망자의 경우와 마찬가지로, 모방자를 상대할 때도 당신에게 최선의 전략은 협력일 것이다. 쌍방 모두 천천히 동전을 따게 된다.

따라서 항상 속이는 것이 합리적이라는 내시의 해법은 상대가 원망자나 모방자일 경우 한 번은 승리할 수 있게 해준다. 하지만 계속해서 속이기를 선택할 경우, 결과적으로는 쌍방 모두 상대를 속이는 것을 반복하게 된다. 내시의 해법을 따른다면 당신에게 가능한 최선의 결과는 첫 게임에서 동전 3개를 따고 그 후로는 따지도 잃지도 않는 것이다. 원망자와 모방자를 상대할 때는 내시의 해법을 따르는 대신 상대에게 협력하는 것이 당신에게 가장 유익한 선택이 된다. 협력을 통하여 당신과 상대방 모두 게임을 할 때마다 동전 2개씩을 딴다. 신뢰 관계를 유지하는 한, 원하는 만큼 얼마든지 돈을 딸 수 있다. 이러한 상황에서 협력이 속임보다 낫다는 것은 명백하다. 당신과 상대방은 지의류 같은 조화로운 환경에서 영원히 공생하는 곰팡이와 조류처럼 될 수 있다.

처음부터 상대방이 어떤 행동을 할지 알 방법은 없다. 어쨌든 이 게임은 불완전 정보 게임이다. 우연히 항상 속이는 상대를 만나 첫 게임에서 협력을 선택했다면 당신은 동전 한 개를 잃을 것이다. 그때부터 계속해서 속임을 선택하더라도 이미 잃은 동전을 되찾을 수는 없다. 여기서 의문이 제기된다. 당신이 마주한 상대가 누구인지, 사기꾼, 협력자, 원망자, 아니면 모방자인지 모를 때는 어떻게 행동해야 할까?

케이스는 이 질문에 답하기 위해서 우리가 설명한 선수 모두가 출전하는 시합을 개최한다. 사기꾼, 협력자, 원망자, 모방자, 그리고 '탐정'이라는 선수가 서로 간에 열 번씩 게임을 한다. 탐정의 전략은 처음 네 번의 게임에서 상대의 행동을 파악하는 것이다. 처음 네 게임을 하는 동안 탐정의 전략은 협력, 속임, 협력, 협력이다. 상대가 속임을 선택한다면, 탐정은 나머지 게임에서 모방자처럼 행동한다. 상대가 속이지 않는다면, 탐정은 그의 약점을 이용하여 나머지 게임 전부에서 속임을 선택한다.

케이스는 열 번씩의 게임이 모두 끝난 뒤에 각자가 딴 돈을 합산한다. 누가 제일 많이 땄을까?

여러분이 내시처럼 생각한다면, 신뢰성이 떨어지고 자기 잇속만 차리는 선수 중 하나가 선두를 차지할 것으로 생각할지도 모른다. 원망자의 전략은 신중하다. 어쩌면 그런 전략이 유리할지도 모른다. 탐정의 전략은 모방자의 학습 성향과 사기꾼의 무자비함이 혼합된 전략이다. 어쩌면 그런 전략이 현명할 수도 있다. 사기꾼의 전략은 죄수의 딜레마에서 이미 최선임이 입증되었다. 어쩌면 우리는 훌륭한 전략에 함부로 손대지 말아야 할지도 모른다. 협력자의 신뢰 전략은 순진하다. 모방자의 전략도 그렇다. 사기꾼이나 탐정 같은 선수는 이들의 성향을 이용할 수 있어야 한다.

하지만 이 중 월등하게 뛰어난 성적을 거두는 선수는 하나다. 시합이 끝나면 모방자가 57개의 동전을 가지며 선두를 차지한다. 다른 선수는 모두 모방자에 비해 최소한 동전 10개가 뒤처진다.

이 이야기의 교훈은 상대와 관계를 구축할 시간이 있다면 신뢰가 승리한다는 것이다. 경쟁하는 상황으로 보일 때조차도, 다른 선수들과 경쟁하는 방법으로는 이길 수 없다. 당신이 이기려면 다른 선수들과 힘을 합쳐 게임에 맞서야 한다. 양측 모두 협력하면 함께 동전을 딴다. 게임을 운영하는 사람이 누구이든 양측에게 반복하여 동전을 줘야 한다. 그러므로 게임을 하는 두 선수에게 가장 논리적인 해결책은 신뢰성을 유지하는 것이다. 수학은 상대가 협력한다면 당신도 그래야 한다고 말해준다. 신뢰는 진화할 수 있다.

나는 이런 해법이 내시 균형보다 마음에 든다. 단지 낙관적으로 느껴지기 때문만은 아니다. 보다 현실적인 해법이라고 생각한다. 현실 세계에서 갈등을 겪을 때 아무런 관계가 없는 상태에서 갈등 상황에 처하게 되는 일은 매우 드물다. 이는 개인에게만 해당되는 것이 아니라 집단, 심지어 국가의 경우에도 해당된다. 상대방이 어떤 행동을 할지 전혀 알 수 없는 것은 분명한 사실이다. 그러나 현실 세계의 갈등이 진정한 불완전 정보 게임인 경우 또한 매우 드물다. 대부분의 경우 당신에게는 갈등을 겪는 사람과의 과거사가 있을 것이다. 적어도 상대방이 과거에 어떻게 행동했는지는 어느 정도 알 수 있다. 그런 정보는 소중하다. 상대가 과거에 신뢰할 수 없는 사람이었다면 당신은 상대를 속이는 선택을 고려해야 한다. 순진하게 행동하지 말라. 그러나 상대방이 신뢰할 수 있는 사람이라면 신뢰할 기회를 선택하지 않을 이유가 있을까? 당신과 상대 사이에 신뢰의 역사가 있다면, 그 역사를 기초로 행동함이 옳지 않을까?

표면상으로는 적수인 사람을 신뢰하는 것이 때로는 더 논리적이라는 액슬로드와 케이스의 깨달음에는 우리가 세계를 더 좋은 곳으로 느끼도록 해주는 것을 넘어서는 시사점이 있다. 수학자들은 사람들이 현실 세계의 심각한 갈등 상황에서 어떻게 행동할지를 모델링하기 위해서 게임이론을 사용한다는 것을 기억하자. 그들은 관련된 사람들의 생사를 결정할 수 있는 중요한 결정을 내리기 위해 그러한 모델을 사용한다. 잘못된 모델의 사용은 잘못된 결정으로 이어질 수 있다.

예측할 수 없고 빠르게 진화하는 긴급 사태, 즉 전염병처럼 훌륭한 모델이 중요해지는 상황은 없다. 역학자들은 의료 인력과 귀중한 물품을 어디로 보낼지와 같은 중요한 결정을 내리기 위해 전염병이 퍼지는 동안의 인간 행동에 관한 수학적 모델에 의존한다. 그렇다면 전염병이 유행할 때 사람들은 어떻게 행동할까? 다른 사람들보다 자신을 돌보면서 내시가 예측할법한 행동을 할까? 아니면 신뢰와 관계가 작동하게 될까? 사람들은 서로를 부족한 자원을 두고 다투는 경쟁자로 볼까? 아니면 상호 이해관계를 가지고 공동의 선을 추구하는 동료로 볼까?

전염병 발생 시 인간 행동에 관한 수학자들의 모델은 2005년 역사상 최대 규모의 역병이었던 '오염된 피 전염병'이 발발했을 때 시험대에 올랐다. 약 400만 명이 전염병에 감염되었다. 관리자들이 허둥지둥 전염병 차단에 나서면서 사회는 복잡한 혼돈에 빠졌다. 결국 전염병을 차단하는 데 성공했지만, 많은 사람이 죽었고 인간 행동에 관한 게임이론가들의 발상이 돌이킬 수 없는 도전을 받았다.

오염된 피 전염병을 들어본 적이 없다면 그건 아마도 당신이 수많은 상상의 생물체가 등장하는 컴퓨터 게임인 월드 오브 워크래프트 World of Warcraft를 하지 않기 때문일 것이다. 이 게임에서는 전 세계 플레이어들이 가상의 생물체가 되어 대결을 벌인다. 오염된 피는 실제의 전염병이 아니라, 소프트웨어 업데이트가 잘못되면서 우연히 사이버 세계로 퍼진 전염병이었다. 최소한 그 게임과 관련된 사람들이 생각하기에는 전적으로 우연한 사건이었다. 따라서 이 전염병은 사람들이 위기 상황에서 행동하는 방식에 대한 수학자와 전염병학자들의 이해를 시험하는 가장 안전한 무대가 되었다.

2005년 9월 13일에 약 400만 명의 월드 오브 워크래프트 플레이어들이 본격적으로 확산되기 시작한 전염병에 노출되었다. 오염된 피는 모든 생물 종을 감염시켰다. 오크, 드워프, 나이트엘프, 그리고 인간의 머리칼을 가진 판다 종족 판다렌까지 모두가 전염병에 무릎을 꿇었다. 컴퓨터 화면에 들러붙어 있던 전 세계의 플레이어들은 무슨 일이 일어나고 있는지 이해할 수 없었다. 월드 오브 워크래프트에서 이런 일이 일어난 적은 없었다. 어떤 캐릭터는 회복되기도 했지만 어떤 캐릭터는 죽었으며, 다수의 캐릭터가 월드 오브 워크래프트 구석구석에 질병을 퍼뜨렸다. 게임 개발자까지도 이 병이 이 정도로 확산될 것이라고는 예상하지 못했다. 자판을 몇 번 두드려서 멈출 수 있는 일이 아니었다.

월드 오브 워크래프트를 하지 않는 사람들은 게임 개발자가 해결책을 찾는 동안 게임을 하지 않으면 될 일이라고 생각할지도 모른다. 그러나 월드 오브 워크래프트 플레이어의 대부분은 이 게임의 열렬한 애호가였다. 그들은 그런 휴식을 참을 수 없었다. 너무 늦기 전에 자신들의 캐릭터를 치료해야 했다. 그들에게는 월드 오브 워크래프트 전염병이 현실 세계의 전염병만큼이나 심각한 문제였다.

만약 오염된 피 같은 전염병이 현실 세계를 휩쓴다면 어떻게 하겠는가? 문을 잠그고 창문을 막겠는가? 물품을 비축하고, 친구와 친척들은 가라앉든 헤엄을 치든 내버려두고, 직계 가족만을 감염된 대중으로부터 보호하겠는가? 아니면 병에 걸린 사람들을 도우려고 생명의 위험을 무릅쓰겠는가? 도움이 필요한 사람 중 마을 저편에 사는 가까운 친척이 있다면 어떨까?

두 수학자 니나 페퍼먼Nina Fefferman과 에릭 로프그린Eric Lofgren은 오염된 피 전염병에 대한 플레이어들의 반응을 연구함으로써 이런 질문들에 답하려 했다. 그들은 연구 결과를 저명한 의학 저널 『랜싯The Lancet』에 발표했다. 대부분의 의학 저널들은 소프트웨어 업데이트 과정에서 발생한 게임 버그 문제를 다루지 않을 것이다. 가상의 오크와 엘프에게 전염되는 질병을 다룰 이유가 없다. 그러나 페퍼먼과 로프그린의 연구 결과는 저널의 주된 관심사인 인간의 건강과 관련이 있었다. 동떨어진 세계처럼 보이는 의학과 온라인 게임 사이를 연결한 다리는 다름 아닌 수학이었다.

수학자들에게 있어 전염병이 퍼질 때 인간이 행동하는 방식은 게임이다. 전염병은 그 자체로 경쟁이 벌어지는 상황이다. 상반된 욕구를 가진 두 집단—병에 걸린 사람들과 건강한 사람들—이 관련되기 때문이다. 두 집단에게는 동일한 기본적 목표, 즉 전염병의 종료와 그 때까지 살아남아야 한다는 목표가 있다. 하지만 목표를 달성하기 위한 두 집단의 수단은 서로 충돌할 수 있다.

전염병이 유행하는 동안 건강한 사람은 병에 걸린 사람에게서 멀리 떨어지는 것이 가장 유리하다. 건강한 사람들이 환자와 거리를 두어 질병에 걸리지 않는다면, 환자와 교류를 계속하는 것에 비해 전염병이 수그러들 가능성이 커질 것이다. 그러나 환자들의 입장에서는 자신을 돌봐줄 건강한 사람을 찾는 것이 가장 유리하다. 병에 걸린 사람이 도움을 받지 못한다면 죽을 가능성이 커질 것이다. 그러므로 한 집단에 속한 사람들의 '승리'가 다른 집단의 사람들에게는 '패배'가 될 수 있다.

전염병이 유행하는 동안 사람들의 행동을 예측하는 다수의 수학 모델은 사람들이 이기적으로 행동할 것이라고 가정한다. 죄수의 딜레마에서 살펴보았던 내시 균형의 해법도 동일한 가정을 한다. 건강한 사람들과 병에 걸린 사람들이 질병에 의한 죽음을 피하려고 경쟁한다면, 주변 사람들에게 무슨 일이 일어나든 상관없이 모두가 자신에게 가장 유리한 행동을 하지 않을까? 이는 사람들이 경쟁 상대를 배려하지 않으리라는 것, 즉 각자가 자신만을 위해서 행동할 것이라는 가정이다.

하지만 전염병에서 살아남으려는 노력 같은 경쟁적 요소가 있는 상황에서 훨씬 더 복잡한 행동 방식이 나타나기도 한다. 고전적인 게임이론 모델로는 건강한 사람들이 때때로 환자들을 돌보기 위해서 자신의 생명을 위험에 빠뜨리는 이유를 설명하지 못한다. 이들 모델로는 병에 걸린 사람들이 질병의 확산을 막기 위해 타인들에게서 스스로를 격리하는 이유도 설명하지 못한다. 알고 보면 현실 세계의 사람들이 항상 이기려고만 하는 것은 아니다. 현실의 전염병 상황에서는 죄수의 딜레마와 마찬가지로 사람들이 어떻게 행동할지를 결정할 때 관계가 중요해진다.

그리고 수학자와 전염병학자들이 사전에 사람들의 행동을 예측하는 것이 중요하다. 전염병은 사람 간의 접촉으로 확산되기 때문이다. 공중 보건 관계자들은 전염병을 막기 위해서 선제적으로 대처해야 한다. 따라서 그들은 누가 누구에게 손을 뻗을지를 알아야 한다. 만약 내시가 예측한 대로 건강한 사람은 스스로를 격리하고 환자는 도움을 구하려 한다면, 전염병의 확산은 단일한 궤적을 따를 것이다. 그러나 사람들이, 소중히 여기는 사람들뿐만 아니라 어쩌면 낯선 사람들까지도 돕거나 보호하려 노력한다면, 질병이 완전히 다른 방식으로 확산될 수도 있다.

그렇다면 사람들은 전염병이 유행할 때 어떻게 행동할까? 이타적인 행동과 이기적인 행동에 영향을 미치는 요소는 무엇일까? 아마도 얼마나 두려운 질병인지가 영향을 미칠 것이다. 어쩌면 질병이 확산되는 지역사회에서 사람들의 관계가 얼마나 긴밀한지, 또는 의료 인프라가 어떤 수준인지에 따라 다를 수도 있다. 이런 요소들은 수학자들이 전염병 확산에 관한 정확한 수학적 모델을 만들고자 한다면 답해야 할 중요한 문제다. 하지만 실제로 그런 상황에 처한 사람들을 연구하기는 쉽지 않다. 그래서 페퍼먼은 월드 오브 워크래프트와 오염된 피 전염병으로 눈을 돌려 답을 찾으려 했다.

테네시대 생물학과 및 수학과 교수인 페퍼먼은 수학을 이용하여 전염병이 퍼질 때 사람들이 어떻게 행동하는지를 모델링한다. 그녀는 보통 전염병이 발생하는 동안 데이터를 수집하고, 컴퓨터 모델을 사용하여 인간의 행동과 질병의 확산 사이의 관계를 조사한다. 때로는 실제 전염병 상황에서 일어날 수 있는 일에 대한 주장을 검증하기 위해서 다른 사람들이 개발한 모델을 사용하기도 한다. 하지만 그녀의 가장 획기적인 연구는 그녀가 직접 모델을 창안한 것이다.

월드 오브 워크래프트는 페퍼먼의 행동 연구에 적합한 무대였다.

게임의 캐릭터들은 실제 인간에게 그 어떤 피해도 주지 않고 병에 걸리거나 죽을 수 있지만, 캐릭터의 행동을 통제하는 사람은 자신의 캐릭터의 건강에 관심을 갖는 플레이어다.

물론 월드 오브 워크래프트는 단지 컴퓨터 게임에 불과하다. 게임에서 일어나는 일은 현실의 삶과 직접적인 관련이 없다. 플레이어들에게는 다행스럽게도, 게임을 만든 회사는 결국 질병의 확산을 차단하고 피해의 대부분을 복구할 수 있었다. 하지만 대다수 플레이어에게 그 사건은 현실적인 경험으로 다가왔다.

월드 오브 워크래프트의 플레이어들은 극도로 진지한 자세로 게임에 임했다. 그들은 매주 여러 시간씩 게임을 하면서 캐릭터와 함께 게임의 주요 이야기에 참여하고 업적을 세우며 정교한 세계를 탐험한다. 그러면서 플레이어들 간의 관계가 발전되고, 게임 속에서 일종의 공동체 의식이 자라난다. 오염된 피 전염병이 발발했을 때도 공동체에 대한 애착에서 우러난 이타주의가 질병이 확산되는 양상을 크게 바꾼 것처럼 보인다.

플레이어가 조종하는 병에 걸린 캐릭터들은 돌아다니면서 다른 캐릭터들을 감염시켰다. 때로는 전염의 위험성을 몰라서, 때로는 도움을 얻기 위해서였다. 페퍼먼은 치유 능력을 가진 캐릭터들이 도움을 주기 위해 질병에 걸린 캐릭터들이 많은 지역으로 모여드는 것을 관찰했다. 남들보다 전염병에 걸릴 가능성이 낮은 사람이 있는 것처럼 월드 오브 워크래프트의 캐릭터 중에도 오염된 피 전염병에 덜 민감한 캐릭터들이 있었다. 그러나 사람의 경우와 마찬가지로, 전염병으

로 죽을 가능성이 덜하지만 병균을 보유하고 있는 캐릭터들은 의도치 않게, 특히 도움이 필요한 캐릭터들을 구하려고 달려들면서 더 약한 캐릭터들에게 계속해서 질병을 확산시켰다.

결과적으로 이타주의가 항상 도움이 된 것은 아니었다. 친구를 도우려는 플레이어에게는 논리적으로 여겨졌을 행동이 아무도 예상하지 못한 결과를 불러오기도 했다. 이로써 페퍼먼은 고전적인 게임이론 모델이 정확하지 않다는 결론을 내렸다. 이타주의는 상황을 호전시킬 때도 있고, 악화시킬 때도 있었다. 어쨌든 게임이론가들은 이타주의를 모델에 포함시킬 필요가 있었다. 페퍼먼은 오염된 피 전염병에서 배운 것을 반영하여 새로운 모델을 만들었다. 이제 그녀의 새로운 모델은 전 세계적으로 사용되면서, 실제로 전염병이 발발할 때를 대비하는 데 도움을 주고 있다.

하지만 페퍼먼의 작업은 무엇보다도 죄수의 딜레마보다 훨씬 더 복잡한 '현실'의 불완전 정보 게임에 대하여 수학자들이 배워야 할 것이 아직도 많이 있음을 보여준다. 인간의 행동이 수학자들을 놀라게 할 때, 그 행동은 비논리적일 수도 있다. 어쩌면 이해하지 못한 사람들은 수학자들일지도 모른다.

수학적으로 가능한 평화?

게임이론은 우리에게 단지 경쟁을 벌이는 상황에서
어떻게 할 것인지만을 알려주는 것이 아니다.
때로는 경쟁적일 수 있는 상황을 협력적인 상황으로 바꾸는 방법을 보여준다.
즉, 우리에게 선택권을 준다.

1914년 겨울에 병사들은 총을 드는 대신 적군과 함께 축배를 들었다. 크리스마스 휴전은 오래가지 않았다. 병사들은 결국 참호로 돌아가 무기를 들고 다시 전쟁을 시작했다. 하지만 그 크리스마스 휴전이 정말로 일어남직하지 않은 사건이었을까?

액슬로드, 케이스, 그리고 페퍼먼의 관점에서 크리스마스 휴전을 생각해보자. 처음에는 알기 어렵지만 진실은 이들 병사가, 심지어 전선을 사이에 두고서도 관계를 형성했다는 것이다. 첫째로, 그들 대부분은 전쟁이 시작되기 전에 비슷한 삶을 영위했던 노동자 계층 출신의 징집병이었다. 집에서 안전하게 머무르고 있는 지도자들에 의해 시작된 전쟁에서 총알받이가 되기로 선택한 사람은 그들 중 아무도 없었다. 둘째로, 그들은 서로에 맞서서 여섯 달 동안 전쟁을 해왔다. 서로의 행동과 반응에 익숙했다. 상대가 이쪽으로 총을 쏜다면, 이쪽도 상대에게 총을 쏠 것임을 알았다. 하지만 그들은 또한 한쪽이 쏘지 않는다면 다른 쪽도 평화를 지킬 수 있다는 것도 알았다. 병사들 사이에는 불신과 함께 신뢰도 자라났다.

신뢰의 진화 게임에 관한 논의의 끝에서 케이스가 말한 것처럼, "게임이론은 우리 각자가 타인의 환경이기도 하다는 사실을 상기시킨다. 단기적으로는 게임이 플레이어를 정의한다. 그러나 장기적으로는 플레이어인 우리가 게임을 정의한다." 게임이론은 우리에게 단지 경쟁을 벌이는 상황에서 어떻게 할 것인지만을 알려주는 것이 아니다. 때로는 경쟁적일 수 있는 상황을 협력의 상황으로 바꾸는 방법도 보여준다. 즉, 우리에게 선택권을 준다. 그리고 1914년의 그 겨울에, 제1차 세계대전이라는 잔인한 게임에서 병사들에게는 선택권이 있었다.

병사들은 '사기꾼'처럼 전쟁 게임을 하여 일시적 휴전을 제의한 적군 병사에게 총을 쏠 수도 있었다. 아니면 '모방자'처럼 게임을 하여 제의된 휴전을 받아들일 수도 있었다. 그들에게는 공격을 계속하거나 아니면 평화를 모방한다는 선택권이 있었다. 크리스마스에 그들은 평화를 모방하기로 선택했다. 케이스의 모방자 모델을 염두에 두면, 크리스마스 휴전이 애당초 수학적으로 그렇게 불가능한 사건은 아니었다는 생각이 갑자기 든다.

3. 수학은 편견을 없앨 수 있을까?

수학과 공정성의 문제

불공정한 알고리즘

37퍼센트 확률의 결혼

수학이 만든 게리맨더링

SUPER
MATH
슈퍼매스

불공정한 알고리즘

알고리즘은 수학을 기반으로 하지만
알고리즘을 만드는 것은 편견을 가지는 인간이다.
알고리즘은 때로 불공정한 결정을 내린다.
영향을 받는 사람들에게 심각한 결과를 초래할 수 있는 결정들이다.

뉴저지주의 법정에 한 남자가 끌려 들어온다. 그는 마약을 소지한 혐의로 구금되어 유치장의 회색 죄수복을 입고 있다. 남자는 전에도 유죄 판결을 받은 적이 있으며, 보석금을 내고 석방된 뒤 법정에 다시 출석하지 않은 전력도 있다. 그러나 이제 그에게는 네 아이가 있다. 일자리가 없으면 아이들을 돌볼 수 없다. 그리고 감옥에 갇힌다면 일자리를 지킬 수 없다.

이 사건이 2016년 이전에 벌어졌다면 판사에게는 보석금 설정에 대한 재량권이 거의 없었을 것이다. 피고인은 보석금을 치를 능력의 유무와 관계없이 수천 달러의 보석금을 선고받고 법정을 떠났을 것이다. 그리고 보석금을 낼 수 없다면 여러 달, 어쩌면 더 오랜 기간 동안 감옥에서 재판을 기다리게 될 것이었다. 두려움에 잠긴 채 보석금을 결정할 어니스트 M. 카포셀라Ernest M. Caposela 판사의 손에 달린 자신의 운명을 기다리는 남자의 눈에 고인 눈물로 보아, 피고인에게는 아마도 거액의 보석금을 낼 여유가 없는 것 같다. 감옥에 간다면 일자리를 잃게 될 것이고 그의 가족은 궁핍한 처지에 몰릴 것이다. 설사 결국 무죄로 밝혀지더라도 남자와 가족은 극심한 고통을 겪게 될 것이다. 이 모든 고통이 그가 범하지 않았을지도 모르는 범죄에 대한 재판을 기다린 결과일 것이다.

이는 처벌을 유죄 판결보다 앞세우는 것으로 생각될 수도 있다. 단지 혐의만으로 가난한 사람들을 벌주는 것은 공정하지 않은 것 같다. 뉴저지주를 비롯한 미국 여러 주(州)의 의원들이 이 의견에 동의했다. 이들 주에서 이 남자의 삶은 매우 다르게 풀릴 수 있다. 재판을 기다리는 동안에 일자리를 유지하고 집에서 가족을 돌볼 수 있는 더 나은 기회를 얻을 수 있다. 수학 덕분에.

카포셀라 판사의 손에 달린 자신의 운명을 기다리고 있는 남자는 최근 비폭력 범죄 혐의자의 보석금을 설정하기 위한 새로운 방법을 개척한 뉴저지의 주민이다. 뉴저지주에서는 2016년 이후로 그런 피고인들이 보석금 없이 석방된다. 그들은 정기적으로 법정에 출석해야 한다. 하지만 피고인이 도주할 염려가 없거나 공공의 안전에 위협이 되지 않는다고 판단되면 재판에 임하기 전까지 집에 머물며 일자리를 지키고, 아이들을 돌볼 수 있다.

새로운 보석 제도는 피고인이 석방되고 나서 재판을 받기 전에 도주하거나 범죄를 저지를 가능성이 높은지를 확실하게 평가하는 카포셀라 판사의 능력에 달려 있다. 후자의 우려는 형사 사법 용어로 재범률이라 불린다. 재범률은 피고인이나 범죄의 혐의를 받는 사람이 미래에 범죄를 저지를 가능성이다.

뉴저지주의 많은 경찰관과 시민 들은 비폭력 범죄로 기소된 사람들이라도 재판을 받기 전에 보석금 없이 풀어준다면 범죄율이 증가할 것을 우려했다. 아니 땐 굴뚝에 연기가 나겠냐는 것이다. 아마도 기소된 사람 중 일부는 실제로 범죄를 저지르지 않았을까? 보석금 없이 그런 사람들을 풀어주는 것은 위험할 수 있다. 재판을 진행하기 전에 어떻게 그런 위험성을 판단할 수 있을까?

새로운 보석법을 지지하는 사람들은 비폭력 범죄 사건 피고인 대부분에게 보석금을 면제해주는 것은 여러 장점이 있으며, 새로운 제도의 장점이 잠재적 피해를 능가한다고 반박했다. 피고인이 보석금을 낼 수 있는지는 그가 얼마나 부유한지에 따라 결정된다. 부자들은 보석금을 내고 석방된다. 가난한 사람들은 감옥에 갇힌다. 하지만 부(富)와 무죄, 또는 가난과 유죄 사이에는 아무런 상관관계가 없다. 뉴저지주의 국선변호인 조지프 E. 크라코라Joseph E. Krakora는 "백만장자는 연쇄살인범이 될 수 없다고 말할 근거는 아무것도 없다"고 말했다. 한편, 하루 벌어 하루 먹고사는 사람이라 해서 기소된 혐의에 대하여 유죄라고 말할 근거도 없다. 이런 사람들은 이전의 보석 제도가 재범의 위험성과 관계없이 불공평하게 부자들을 풀어주고 가난한 사람들을 감옥으로 보낸다고 생각한다.

뉴저지 주의원들은 가난한 피고인은 보석금을 감당할 수 없어 갇히고 부유한 피고인은 보석금을 내고 풀려나는 과거의 보석 제도가 무죄 추정의 원칙에 위배된다고 생각했다. 보석금을 낼 형편이 못되어 감옥에서 재판을 기다리는 가난한 피고인은 저지르지도 않은 범죄의 처벌을 받는 것일 수도 있다는 논리다. 과거의 제도는 또한 소수집단에 속한 피고인, 특히 흑인 피고인에게 형평성에 어긋난 영향을 미쳤다. 뉴저지주 공무원, 국선변호인, 그리고 카포셀라 판사 같은 법관들 모두 새로운 제도가 더 공정하다고 환영했다. 그들은 새로운 제도가 특히, 보석금을 감당할 능력이 없을 가능성이 큰 소수집단 피고인들을 위하여 운동장을 평평하게 만든다고 믿었다.

하지만 재범에 대한 우려는 여전히 남아 있다. 보석금을 낼 수 있는 능력으로 피고인이 집에서 재판을 기다리도록 하는 것이 위험한지를 결정하는 것은 '공정한' 방법이 아닐 수 있지만, 그렇다고 보석금을 전면적으로 폐지하는 편이 낫다는 것을 의미하지는 않는다. 뉴저지주는 재범의 위험성을 평가할 수 있는 절차를 필요로 했다. 이 절차는 피고인의 재범 위험성을 계산기 같은 정확성으로 판단해야 했다. 일반 대중을 보호하고 새로운 제도에 대한 대중의 신뢰를 얻기 위하여 컴퓨터처럼 꼬박꼬박 신뢰할만한 결과를 내놓아야 했다.

뉴저지주는 수학에게서 도움을 구했다. 신뢰할만한 결과를 만들어내기에 수학을 이용하여 재범 확률을 계산하는 것보다 더 좋은 방법이 있을까? 뉴저지주는 로라와 존 아널드 협회Laura and John Arnold Foundation의 공공안전성평가Public Safety Assessment를 위한 알고리즘에서

재범의 위험성을 평가할 수 있는 절차를 찾아냈다.

PSA로 불리는 공공안전성평가는 알고리즘을 이용하여 각 피고인에게 위험점수를 부여한다. 그러면 판사가 그 점수를 이용하여 피고인이 집에서 재판을 기다리도록 하는 것이 너무 위험한 일인지 아닌지를 결정한다.

알고리즘은 사람들이 결정 내리는 것을 돕기 위하여 데이터를 사용하는 수학적 절차다. 어디에나 알고리즘이 있다. 알고리즘은 하나씩 처리하려면 많은 시간이 걸리지만 집단으로 표준화할 수 있는 문제를 해결하는 데 가장 적합하다. 레시피와 매우 비슷하다. 당신은 매번 훌륭한 맛이 나는 옥수수빵을 만들고 싶을 것이다. 옥수수빵의 속은 촉촉하고 파삭파삭하며, 겉은 황금색이고 바삭바삭하기를 원한다. 완벽한 옥수수빵을 굽기 위해서 매번 새로운 방식을 시도하지는 않을 것이다. 그렇게 하려면 시간도 많이 들고 신뢰도도 떨어진다. 대신에 당신은 레시피, 수학적으로 말하자면 알고리즘을 사용할 것이다. 당신의 옥수수빵 레시피는 아마도 오랜 데이터 수집 과정을 통하여 개발되었을 것이다. 당신이 지금 사용하는 레시피에 이르기 전에, 당신일 수도 있고 요리책 저자일 수도 있는 누군가가 수많은 옥수수빵을 만들고 먹어보았다. 이와 마찬가지로, 사람들은 많은 데이터를 검토한 뒤에 알고리즘을 만든다. 그리고 자신의 알고리즘이 알고리즘을 만드는 데 사용된 데이터와 일치하는 결과를 내놓기를 기대한다.

알고리즘은 몇몇 자연스럽고 인간적인 실수를 제거함으로써 보다 공정한 결정을 내린다. 인간적 오류를 방지하는 일은 특정한 문제를 해결할 때 더욱 중요해진다. 옥수수빵에 실수로 소금을 두 숟갈 대신 두 컵 넣는다면 얻을 수 있는 가장 나쁜 결과는 입안에서 느껴지는 불쾌한 맛뿐이다. 하지만 알고리즘의 편견 때문에 피고인이 범죄를 저지를 가능성이 크다고 잘못 판단한다면 무죄인 사람이 자유, 생계, 그리고 재판을 받은 뒤에 남부럽지 않은 삶을 살아갈 기회를 잃는 결과를 초래할 수 있다.

PSA에 내재한 알고리즘은 보석금을 결정하는 과정에서 편견을 줄이는 것을 목표로 한다. 알고리즘은 피고인에게 컴퓨터가 수행한 계산에 기초한 위험점수를 부여한다. PSA의 설계자들은 피고인의 재범률을 높이는 요인을 식별하기 위해 150만 건이 넘는 과거 사례의 데이터베이스를 이용했다. 식별된 요인에 따라 일련의 질문이 만들어졌다. 이들 질문에 대한 피고인의 대답은 위험점수를 만들어내는 수학 공식을 사용하여 평가된다. 피고인의 점수가 1점이라면, 알고리즘은 범죄를 저지를 위험성이 낮다고 판단한다. 점수가 6점이라면, PSA는 그 피고인의 재범 위험성이 매우 높을 것으로 예측한다.

PSA는 미국 전역에서 사용되는 여러 가지 '증거 기반 위험 평가 도구'의 하나다. 이들 재범 가능성 검사는 모두 재판을 시작하기 전에 피고인이 사회에 잠재적 위협이 되는지를 결정하는 알고리즘을 사용한다. 그런 알고리즘은 법정이 피고인과 가족의 삶, 경찰관, 그리고 일반 대중에게 영향을 미치는 중요한 결정을 내리는 것을 돕는다. 이제 뉴저지주 전역에서는 비폭력 범죄로 체포된 사람이 보석금 없이

집에서 재판을 기다리도록 해도 될지 가늠하는 판사들에게 추가적 정보를 제공하기 위해 PSA가 사용된다.

하지만 때로 카포셀라 판사 같은 예외도 있는 것 같다. 회색 죄수복을 입은 남자가 카포셀라 판사의 반응을 기다리면서 앉아 있는 법정으로 돌아가자. PSA는 이 남자가 최악의 점수인 6점, 즉 재범 위험성이 최고로 높다고 판단했다. 알고리즘이 전적으로 그의 미래를 결정한다면, 남자의 전망은 암울해 보였다.

카포셀라 판사는 PSA가 판정한 점수를 알고 있다. 하지만 그에게는 또한 눈앞에 앉아 있는 피고인에 대한 나름의 견해가 있다. 판사는 컴퓨터의 예측을 인정하지만, 동시에 보석금을 결정하는 데 형사 사법 체계에서 쌓은 자신의 경험에 의지하기를 고집한다. 카포셀라 판사는 수많은 범죄 혐의자를 보아왔다. 그는 이 사건의 정황이 PSA 점수를 무시할만하다고 생각한다.

"나는 피고인이 일을 하고 있으며 네 아이를 부양한다는 사실에 주목합니다." 카포셀라 판사는 회색 죄수복의 남자와 네 아이의 어머니가 지켜보는 가운데 법정에 모인 방청객에게 말했다. "그래서 만족스럽게 생각합니다." 카포셀라 판사는 고용된 상태를 유지한다는 조건으로 보석금 없이 남자를 석방했다. 긴장이 풀리면서 앉아 있던 의자에서 무너져 내린 남자는 두 눈에 글썽한 눈물을 닦아냈다.

카포셀라 판사가 PSA를 무시한 것이 올바른 결정이었는지는 시간만이 말해줄 수 있을 것이다. PSA는 카포셀라 판사가 평생 접할 수 있었던 것보다 더 많은 데이터를 검토했다. 이렇게 엄청난 양의 데이터와 그것을 정리한 수학 때문에 PSA를 비롯하여 유사한 알고리즘들은 편견이 없을 것으로 여겨진다. 하지만 컴퓨터와 달리 카포셀라 판사에게는 동료 인간과 공감할 수 있는 능력이 있었다. 그는 피고인에게 공감한 자신의 평가가 보석금의 결정에 중요한 역할을 하도록 허용한 것으로 보인다. 카포셀라 판사는 피고인 가족의 유대 관계를 PSA의 판정보다 중시함으로써 자기 자신의 편향을 반영했다.

PSA를 비롯한 알고리즘들은 편견을 제거하는 알고리즘으로 여겨진다. 하지만 PSA 같은 알고리즘이 실제로 카포셀라 판사보다 편견의 영향을 덜 받을까? 알고리즘은 수학을 기반으로 하지만 알고리즘을 만드는 것은 편견을 가지는 인간이다. 알고리즘은 때로 불공정한 결정을 내린다. 영향을 받는 사람들에게 심각한 결과를 초래할 수 있는 결정들이다.

알고리즘이 잠재적 편향성이 있는 방식으로 위력을 발휘하는 예로서, COMPAS라는 재범예측 프로그램이 내린 두 건의 결정을 살펴보자. COMPAS는 '대체 제재를 위한 교정 범죄자 관리 프로파일 Correctional Offender Management Profiling for Alternative Sanctions'의 약자로 노스포인트사가 개발한 알고리즘이다. PSA와 마찬가지로 COMPAS는 일련의 질문, 과거의 답변을 모은 광대한 데이터베이스, 그리고 피고인이 미래에 범죄를 저지를 가능성을 예측하는 컴퓨터를 사용해서 위험점수를 생성한다. 1점은 '최소 위험'을, 10점은 '최고 위험'을 나타낸다.

탐사보도 언론인이자 수학자인 줄리아 앵윈Julia Angwin은 COMPAS

의 도움으로 피고인의 보석금이 설정된 두 건의 사례를 추적했다. 두 피고인은 브리샤 보든이라는 10대의 흑인 여성과 버넌 프레이터라는 중년의 백인 남성이었다. 보든과 그녀의 친구는 80달러(약 9만 원) 정도의 가치가 있는 아동용 자전거와 스쿠터를 훔쳤다. 거리를 따라 몇 구획 타고 간 뒤에 자전거와 스쿠터를 버렸지만, 그 전에 그들을 목격한 이웃이 경찰에 신고했다. 보든에게는 어린 시절부터 저지른 몇몇 비행 기록이 있었다. 하지만 이제 18세가 된 그녀는 법적으로 성인이었다. COMPAS는 그녀에게 8점을 부여하고 미래에 범죄를 저지를 가능성이 매우 높다고 판정했다. 보든의 사건을 담당했던 판사는 앵원과 그녀의 친구들에게 이런 유형의 범죄 사건에서 전과가 경미한 피고인들을 종종 보석금 없이 석방했다고 말했지만, 보든의 보석금을 1,000달러(약 113만 원)로 결정했다.

프레이터도 보든과 비슷하게 80달러 정도 값어치의 물건을 훔친 혐의로 체포되었다. 범행 장소는 철물점이었다. 프레이터 역시 성인으로서 무장강도와 무장강도 미수의 전과가 있었다. 하지만 COMPAS는 그에게 3점을 부여해 재범 위험성이 낮다고 판정했다.

COMPAS 알고리즘은 왜 청소년으로서 경범죄 전과가 있는 사람에게는 높은 위험점수를, 성인으로서 위험한 중범죄와 관련된 전과가 있는 사람에게는 낮은 위험점수를 부여했을까?

COMPAS의 도움을 받아 내려진 결정이 한 인간의 삶을 바꿀 수 있기 때문에 알고리즘의 공정성은 대단히 중요하며 시스템 운영에 필수적이다. 앞의 2가지 사례가 COMPAS에 편향이 있다거나, 그런 편향이 불공정한 결과를 낳는다는 것을 입증하지는 못한다. 그러나 앵윈은 이 사건이 빙산의 일각이며 재범예측 알고리즘에만 국한되는 문제가 아님을 직감했다. 여러 유형의 알고리즘에 편향이 만연할 수 있었다. 따라서 그녀는 조사를 계속했다.

앵윈은 소수집단에 대해 상당히 편향된 결과를 생성한 알고리즘에 관한 이야기들을 밝혀내기 시작했다. 앵윈은 입시 준비 시험 관련 서비스를 제공하는 '프린스턴 리뷰The Princeton Review'의 가격 책정 알고리즘이 다른 인종보다 아시아계 가정에 시험 준비 과정 수수료를 비싸게 부과하는 경향이 있음을 발견했다. 앵윈은 또한 동일한 수준의 위험도에도 불구하고 소수민족 거주 지역에 사는 사람들이 백인이 주로 거주하는 지역의 사람들보다 높은 자동차 보험료를 내는 일이 여러 주에서 흔하다는 것을 밝혀냈다.

이들 알고리즘이 의도적으로 차별을 하도록 설계된 것은 아니다. 하지만 그렇다고 어떤 식으로든 편향이 있을 수 없다는 뜻은 아니다. 알고리즘을 만드는 것은 사람이기 때문이다. 알고리즘에 무엇을 집어넣을지는 사람이 결정해야 하고, 여기에 편향이 개입될 수 있다. 알고리즘을 만드는 사람들은 특정한 목적을 염두에 두며, 이는 흔히 위험의 최소화 및 긍정적 결과의 최대화라는 형태를 취한다. 때로는 한 집단에 긍정적인 결과가 알고리즘의 설계자가 간과한 다른 집단에 대한 공정성을 희생하여 우연히 달성된 것일 때도 있다. 이는 고의적이라기보다는 부주의한 누락에 따른 편향이라 할 수 있다.

예를 들어, 자동차 보험의 알고리즘은 운전자가 내는 보험료가 자동차 손상을 수리하는 비용을 충당하지 못할 가능성을 최소화하는 것을 목표로 한다. 일반적으로 자동차 보험은 교통사고뿐만 아니라 범죄 행위의 결과까지 보상하므로, 보험요율에는 운전자가 사는 지역의 자동차 범죄율 같은 변수가 포함되기 마련이다. 이들 알고리즘이 운전자의 인종을 고려하지는 않을 것이다. 인종과 자동차 사고의 위험성 간에는 상관관계가 없기 때문이다. 하지만 지역에 따른 범죄율을 반영함으로써 의도치 않게 인종적 편견이 보험 알고리즘에 도입될 수 있다. 치안의 관행은 역사적으로 소수인종 거주 지역을 차별해왔기 때문이다.

이와 비슷하게 COMPAS에도 알고리즘이 사용하는 데이터를 통해 의도되지 않은 편향이 도입될 수 있다. COMPAS에서 사용되는 설문은 소수집단에 불리한 알고리즘 데이터로 통합된다. 예컨대, 피고인의 안정성과 지역에 계속 거주할 가능성을 평가하기 위해 설문에는 다음과 같은 질문이 포함된다. "수감되기 전 지난 12개월 동안 얼마나 자주 이사를 했습니까?"와 "혼자 살았습니까(이번에 수감되기 전에)?" 직업의 전망, 가난한 정도, 그리고 미래에 대한 낙관주의에 관한 질문도 있다. "지금 당장 좋은 직업을 구한다면 당신이 성공할 가능성은 어느 정도라고 평가합니까?" 빈곤의 정도, 지리적 안정성, 그리고 실업 상태는 인종과 상관관계가 있는 것으로 알려졌다. 미국에서 소수집단에 속한 사람들은 다른 사람들보다 가난하고, 직업을 자주 바꾸고, 자주 이사하는 경향이 있다. 따라서 이런 기준에 기초한 알고리즘은 소수집단에 부정적인 영향을 미칠 것이다.

그런데 이 척도들은 또한 재범률과도 상관관계가 있는 것으로 알려졌다. 노스포인트사는 신뢰할 수 있는 결과를 얻기 위해 이 데이터들을 COMPAS에 포함할 필요가 있다고 주장한다. 그들은 의도적으로 소수집단을 차별하려는 것이 아니고 데이터를 따르는 것뿐이라고 강변한다. 하지만 앵윈은 노스포인트사가 이 척도들을 사용함으로써 COMPAS에 편향이 도입될 수 있다는 점을 고려할 수 있었고 고려했어야 한다고 주장한다. 그녀는 또한 데이터를 개선함으로써 소수집단에 대한 편견 없이 관련된 요소들을 고려할 수 있을 정도로 정교한 알고리즘을 만들어낼 수 있다고 주장한다. 이를 위해서는 더 많은 데이터의 분석과 함께 COMPAS가 인종차별 가능성이 있는 데이터를 사용하는 방식을 변경할 필요가 있다. 어려운 일일 수 있지만 보든에게 일어났던 일을 더 많은 사람이 겪지 않을 수 있다면, 그럴만한 가치가 있다.

앵윈의 제안은 시도해볼 가치가 있고, COMPAS를 비롯한 재범예측 알고리즘의 문제점 중 일부를 해결할 수 있을 것으로 보인다. 그러나 COMPAS의 문제는 단지 데이터를 재구성하는 것만으로는 충분히 해결될 수 없다. COMPAS, PSA, 그리고 다른 재범예측 알고리즘에는 보다 심층적인 문제가 있다. 앵윈의 보고는 COMPAS에 관해 훨씬 더 사악한 사실을 밝혔다. 어떤 알고리즘이든 공정성은 고사하고 그저 만족스러울 정도로라도 구축하는 일이 가능한가라는 핵심을 건드리는 사실이었다.

앵윈의 보고에 고무된 3명의 수학자 존 클라인버그Jon Kleinberg와 센

딜 멀레이너선Sendhil Mullainathan, 그리고 매니시 라가반Manish Raghavan은 공정한 재범예측 알고리즘을 구축하는 일이 가능한지 조사했고 가능하지 않다는 것을 보여주었다. 3명의 수학자는 우리가 COMPAS와 PSA의 공정성을 정의할 때 관심을 갖는 모든 요소를 생각해보고, 그 모두를 달성할 수는 없음을 증명했다. 우리는 너무 많은 방향으로의 공정성을 원하고, 그 방향들의 일부는 서로 충돌한다.

무언가가 공정할 수 있는지의 여부는 수학자보다는 철학자들이 해결해야 할 문제처럼 보인다. 하지만 수학은 알고리즘을 설계하는 우리를 돕는 것과 마찬가지로 알고리즘의 공정성을 평가하는 데도 도움이 된다.

클라인버그, 멀레이너선, 그리고 라가반은 우리가 COMPAS, PSA 같은 알고리즘에 바랄 수 있는 모든 방향의 공정성을 정의하는 일부터 시작했다. 그들은 3가지 유형의 공정성을 찾아냈다. 완벽하게 공정한 알고리즘이 되려면 3가지 모두를 갖추어야 한다. 그러나 각각의 공정성은 다른 2가지 없이도 알고리즘에 포함될 수 있고, 알고리즘의 공정성을 불완전하게 만들 수 있다.

첫 번째 유형의 공정성은 명백하다. 알고리즘의 예측은 정확해야 한다. 이는 알고리즘이 특정한 집단에 속한 사람들 각자에게 4점의 점수를 부여함으로써 재판을 받기 전에 범죄를 저지를 가능성이 40퍼센트라고 말한다면, 그 집단 구성원의 40퍼센트가 실제로 범죄를 저질러야 한다는 뜻이다. 물론 이런 예측을 완벽하게 해내기는 어렵다. 최고의 알고리즘이라도 나무랄 데 없이 완벽하게 미래를 예측할 수는 없다. 그러나 재범예측 알고리즘이 공정하다고 여겨지려면 상당히 훌륭한 결과를 내놓아야 한다.

두 번째와 세 번째 유형의 공정성은 다소 복잡하다. 2가지 모두 알고리즘이 흑인과 백인처럼 서로 다른 집단에 적용될 때, 충분히 타당한 이유가 없이는 한 집단의 구성원에게 다른 집단보다 높거나 낮은 점수를 부여하지 말 것을 요구한다.

특히, 두 번째 유형의 공정성은 알고리즘이 '실제로' 재범을 저지르는 사람들에게 부여하는 평균 점수가 모든 인종, 민족, 기타 사회 집단에 대하여 동일해야 한다고 말한다. 예를 들어, 알고리즘이 재범을 저지른 모든 백인 피고인에게 8점의 평균 점수를 주었다면, 재범을 저지른 모든 흑인 피고인에게도 같은 점수를 주어야 한다. 세 번째 유형의 공정성은 두 번째 유형과 거의 정반대다. 즉, 알고리즘은 서로 다른 사회 집단에 속한 재범을 저지르지 '않은' 모든 사람에게 동일한 평균 점수를 부여해야 한다고 말한다. 예를 들어, 알고리즘이 재범을 저지르지 않은 모든 백인 피고인에게 2점의 평균 점수를 주었다면, 흑인 피고인에게도 그렇게 해야 한다. 종합해서 말하자면 이 2가지 유형의 공정성은 사회 집단에 대한 편견에 기초한 긍정오류와 부정오류를 방지한다.

정확할 것, 편향된 부정오류가 없을 것, 편향된 긍정오류가 없을 것. 이 3가지가 일반적인 공통 관심사의 핵심으로 보인다. 알고리즘의 예측은 현실 세계에서 일어나는 일에 부합해야 한다. 알고리즘의 보완적인 성격을 고려할 때, 이 목표들을 모두 달성하는 재범예측 알

고리즘이 많이 있을 것으로 기대될 수도 있다.

그러나 클라인버그, 멀레이너선, 라가반은 한 가지 유형의 공정성을 달성하는 데는 거의 변함없이 다른 2가지 유형의 희생이 따른다는 것을 알아냈다. 이는 다음의 비현실적이고 극단적인 두 경우를 제외하면 항상 진실이다. 재범예측 알고리즘은 한 집단의 구성원이 모두 재범을 저지르고 다른 집단의 구성원은 재범을 전혀 저지르지 않는다는 것을 알거나, 재범을 저지르는 사람의 비율이 거의 같은 집단들을 다룰 때만 완벽하게 공정할 수 있다. 클라인버그, 멀레이너선, 라가반은 이 첫 번째 극단적인 경우를 '완벽한 예측'이라 불렀다. 어느 집단에 속했는지로 재범 가능성을 완벽하게 예측하기 때문이다. 그들은 두 번째 극단적인 경우를 모든 집단의 재범률이 같기 때문에 '동일한 기준 비율'이라고 불렀다. 유감스럽게도, 이 두 경우 모두 비현실적이다. 예를 들면, 흑인 피고인은 백인 피고인보다 재범을 저지를 가능성이 크다. 그러나 보편적으로 그런 것은 아니다. 2가지 극단적인 경우 모두 현실에 부합하지 않는다. 따라서 완벽하게 공정한 재범예측 알고리즘은 수학적으로 불가능하다. 그리고 이런 불공정성의 부담은 거의 언제나, 백인 피고인보다 잘못한 일이 아무것도 없는 흑인 피고인 같은 소수집단에 속한 사람들에게 지워진다.

클라인버그, 멀레이너선, 라가반의 논문에서 이러한 결과는 '정리 1.2'로 나타난다. 대단히 수학적인 정리이므로 이해하지 못하더라도 걱정할 필요는 없다. 하지만 알고리즘의 수학적 특성을 느껴볼 수 있도록 그 내용을 소개한다.

x가 0에 가까워지면 $f(x)$도 0에 가까워지는 연속함수 f가 존재할 때 다음이 성립한다. ε<0이고, 위험 할당(risk assignment) 문제의 모든 인스턴스가 공정성 조건 (A), (B), (C)의 근사 버전을 만족하는 모든 경우에 대하여 인스턴스는 완벽한 예측의 $f(\varepsilon)$-근사 버전이나 동일한 기준 비율의 $f(\varepsilon)$-근사 버전을 만족해야 한다.

이 정리는 기본적으로 알고리즘이 3가지 공정성 기준을 모두 만족하는 데 가까워질수록 알고리즘이 다루는 집단이 사실상 서로 사회적, 경제적 차이점이 없는 2가지 비현실적 집단 중 하나가 된다고 말한다. 달리 말하자면 인종, 연령, 성별, 경제적 지위 및 기타 특성들이 인간의 행동을 완벽하게 예측하지는 못하지만, 서로 다른 배경을 가진 사람들이 통계적 측정이 가능한 방식으로 서로 다르게 행동하는 경향이 있는 현실 세계에 가까워질수록 완벽한 공정성에서는 멀어진다는 것이다.

알고리즘이 공정하기를 원한다면, 어떤 유형의 공정성이 가장 중요한지부터 결정해야 할 것으로 보인다. 알고리즘이 정확하기를 바라는가? 물론 정확성은 중요하다. 하지만 정확한 알고리즘에는 소수 집단에 대한 편견이 있을 것이다. 그리고 정치인들이 범죄예측 알고리즘을 만드는 주목적은 편견을 줄이는 것이다.

사회적 편견에 따른 알고리즘의 부정오류가 줄어들기를 바라는가? 편향된 부정오류는 판사들이 일부 사회 집단에 속한 피고인에게

는 보석을 거부하고, 같은 범죄 혐의를 받는 다른 집단의 피고인에게는 보석을 허가하는 결과로 이어질 수 있다. 편향된 긍정오류 또한 판사들이 특정한 사회 집단에 속한 피고인에게 다른 집단에서 동일한 범죄를 저지른 피고인보다 장기형을 선고하도록 할 수 있다. 이런 불공정한 결과를 생각하면, 해당되는 유형의 편향을 제거하기 위해 노력하는 것이 합리적으로 느껴진다. 하지만 그렇게 하면 알고리즘이 부정확해질 수 있다. 그리고 부정확한 알고리즘은 반대 방향의 실수, 즉 특정한 집단을 더 관대하게 다루는 불공정을 초래할 수 있다. 실제로 그들의 재범 위험성이 알고리즘이 예측하는 것보다 높을 수도 있다.

이것은 우리가 원하는 결과가 아니다. 그러나 형사 사법제도에 관한 한, 더 나은 선택과 더 나쁜 선택이 있음은 분명하다. 재판이 열리기도 전에 인종에 기초하여 사람들을 처벌하는 것은 불공정하고 헌법에도 위배된다. 따라서 범죄예측 알고리즘 설계자들은 흑인 피고인이 백인 피고인보다 재범 위험성이 높다고 판단하는 알고리즘을 만들게 되는 선택을 하지 말아야 한다.

앵윈에 따르면 노스포인트사는 잘못된 선택을 했다. 그들이 개발한 COMPAS 알고리즘은 재범을 저지르는 모든 인종의 피고인에게 같은 점수를 부여한다. 그러나 COMPAS는 매우 부정확하며, 더욱 중요하게는 재범을 저지르지 않은 피고인들에게 흑인을 차별하는 방식으로 서로 다른 점수를 부여한다. 이러한 선택은 흑인 피고인들과 알고리즘의 공정성에 심각한 결과를 낳는다.

앵윈은 알고리즘이 재범 가능성이 높은 것으로 판정한 사람 중에 약 60퍼센트만이 실제로 다시 범죄를 저질렀다는 사실에 주목했다. 알고리즘은 거의 40퍼센트를 차지하는 오류를 내면서 정확성이라는 첫 번째 공정성 기준을 위반했다. 더 심각한 문제는, 알고리즘의 부정확성이 흑인 피고인에게 불리한 결과로 이어질 가능성이 높다는 것이었다. 재범 가능성이 높다고 판정된 흑인 피고인의 거의 절반이 다시 범죄를 저지르지 않았다. 그러나 같은 판정을 받고 재범을 저지르지 않은 백인 피고인은 23퍼센트에 불과했다. 이는 세 번째 유형의 공정성에 대한 심각한 위반이다. 결과적으로 흑인 피고인은 재판을 받기도 전에 더 오랫동안 감옥에 갇힐 가능성이 크다.

노스포인트사가 잘못된 선택을 한 것은 명백하다. 하지만 그들은 그렇게 생각하지 않았다. 노스포인트사는 앵윈의 발견이 관련성이 없고 최악의 경우에는 틀렸다고 판단했다. 흑인 피고인의 재범 가능성이 더 높기 때문이다. 노스포인트사는 알고리즘이 흑인 피고인을 더 위험하다고 지목하는 것은 실제로 그들이 더 위험하기 때문이라고 주장한다. 그들의 주장대로 흑인 피고인의 재범 가능성이 '실제로' 백인 피고인보다 높을 수도 있지만, 앵윈은 흑인에 대하여 더 높은 부정오류 비율이 흑인의 재범률이 더 높다는 것과는 관계가 없음을 발견했다. 그녀는 알고리즘이 단지 흑인이라는 이유만으로 흑인 피고인을 더 위험하다고 지목한다는 사실을 알아냈다.

COMPAS와 PSA, 기타 비슷한 재범예측 알고리즘은 그들이 해결하려던 문제를 오히려 영구화하고 있는지도 모른다. 정치인들은 수학

이 사회적 편견을 제거하는 데 도움을 주기를 기대했지만 이 시도는 수학적 한계에 부딪혔다. 그 한계는 알고리즘이 보호해줄 것으로 기대했던 바로 그 대상들에게 해를 끼쳤다.

PSA의 계산에서 벗어난 카포셀라 판사의 결정은 이러한 발견에 비추어 볼 때 더욱 타당하다. 하지만 이것이 중요한 사회적, 정치적 결정을 내릴 때는 절대로 수학의 도움을 받지 말아야 한다는 뜻일까? 다행히도, 그렇지는 않다. 그러나 알고리즘이 제멋대로 행동하도록 방치해서는 안 된다는 뜻이며, 또한 우리가 수학적 문제에서 편견을 발견했을 때는 편견이 제거된 수학적 해답을 찾기 위해서 최선을 다해야 한다는 뜻이다.

37퍼센트 확률의 결혼

비서나 배우자에 관한 가상적인 문제의 해결같이
중요성이 낮은 상황에서조차 성별과 사회 계층에 따른
편견이 나타난다는 것을 생각할 때,
현실 세계에서 사용되는 알고리즘에도 역시 그러한 편견이
더러운 손을 뻗을 것으로 가정함이 타당하다.

계속해서 현실 세계의 알고리즘을 검토하기 전에 잠시 순수수학의 세계로 우회해보자. COMPAS와 PSA는 우리가 사회적 문제를 해결하기 위해 수학의 도움을 얻으려 할 때 수학이 의도치 않게 소수집단에 해를 끼치는 방식으로 사용될 수 있음을 보여준다. 우리는 수학이 중립적이고 객관적인 방법론이라고 생각하기 쉽지만, 그런 방법론은 거의 언제나 주관적인 편견을 포함한다. 그리고 수학에서 편견이 드러나는 것은 사람들의 사회적 견해가 수학적 사고에 영향을 미치리라고 예상할 수 있는 현실 세계의 알고리즘에만 국한된 일이 아니다. 현실 세계에의 응용이 전혀 고려되지 않는 통상적인 수학 문제조차도 기묘한 편향을 포함할 수 있다.

사회문제를 다루는 알고리즘을 설계하고 평가할 때 수반되는 함정에 대한 감을 얻기 위해서 당신이 연애게임dating game을 할 때나, 판타지 스포츠팀을 선택할 때, 또는 제한된 정보에 기초한 선택이 요구되는 상황을 다룰 때 사용할 수 있는 유형의 알고리즘, 즉 비서 문제the Secretary Problem라는 유명한 수학 문제를 해결하는 알고리즘을 살펴보자. 일견 아무런 해가 없어 보이는 이 문제에 대해서 널리 수용되는 해답은 기묘하게 편향된 가정들을 보여준다. 이들 가정은 찾아내기가 쉽지 않다. 그러나 일단 보게 되면 잊어버리기가 더 어렵다.

비서 문제는 다음과 같다. 회사의 사장인 당신이 새 비서를 채용하려고 한다. 당신은 비서직 지원서를 받는다. 실제로 몇 명이 지원했는지는 중요하지 않다. 10명일 수도 있고, 만 명일 수도 있다. 이 문제에 대한 우리의 해답이 비서를 채용하려는 모든 상사에게 적용되기를 원하기 때문에 지원자의 수를 특정하지는 않으려 한다. 대신에 지원자의 수를 그저 A라고 부를 것이다.

그래서 비서직에는 A명이 지원했고, 당신이 면접을 볼 것이다. 당신은 최고의 비서를 선택하고 싶다. 다행히도 당신은 후보 중 하나가 다른 지원자들보다 확실히 낫다는 것을 안다. 실제로 비서를 최고에서 최악까지 순위가 겹치지 않게 줄 세울 수 있음을 안다. 문제는 지원자 중에 최고가 있음은 알지만, 누가 그 사람인지는 모른다는 것이다. 지원자들을 만나 면접을 보기 전에는 알 수 없다.

최고의 비서를 뽑기로 결심한 당신은 지원자를 면담하고 즉석에서 채용 여부를 결정해야 하는 이판사판식 면접 절차를 떠맡게 된다. 이

때 한 번 거부한 후보는 영원히 사라지며, 다시 부를 수 없다. 면접은 무작위 순서로 이루어진다. 최고의 비서를 뽑기 위한 당신의 전략은 무엇일까?

이 문제를 까다롭고 다소 비현실적으로 만드는 요소는 면담을 끝낸 지원자는 다시 부를 수 없다는 것이다. 우리는 탈락한 지원자가 즉시 다른 일자리를 위한 면접에 가버린다고 상상해볼 수도 있다. 면접 과정에서 채용 여부를 결정해야 하기 때문에 당신은 후보자의 진짜 순위를 절대로 알 수 없다. 지원자 모두를 면담하지 않는 한 누가 최고였는지 알 방법이 없다.

이 문제를 해결하는 것은 불가능해 보인다. 어떤 의미에서는 그렇다. '항상' 최고의 지원자를 채용할 것을 보장하는 전략을 개발하는 일은 불가능하다. 하지만 주어진 상황에서 가능한 최선의 결과를 내는 전략은 존재한다. 수학자들이 말하는 식으로 말하자면, 상황을 최적화할 수 있다. 이 전략을 '최적정지 알고리즘'이라 부른다.

최적정지 알고리즘은 다음과 같이 작동한다. 알고리즘은 사장인 당신이 처음에 지원자의 37퍼센트를 면담한 다음 그중에서는 아무도 채용하지 말아야 한다고 알려준다. 그들 모두는 아무리 자질이 우수하더라도 채용되지 않는다. 그리고 당신은 이미 면접을 마친 지원자 모두보다 나은 다음번 지원자가 나타나면 채용해야 한다. 이렇게 하면 지원자 중에서 최고의 비서를 뽑을 가능성이 37퍼센트가 된다. 그리고 이것이 당신에게 가능한 최선이다. 37퍼센트는 최고의 후보를 뽑을 최적 확률이다.

예를 들어 지원자가 10명이라면(A가 10이라 하자) 그들 중 처음 3.7명은 채용될 기회가 없을 것이다. 물론 3.7은 거부되는 후보자의 수로는 불가능한 숫자다. 3.7은 3보다 4에 가까우므로, 실제로는 처음 4명을 거부하게 될 것이다. 그리고 사장은 앞선 후보 4명보다 나은 후보자가 나올 때까지 면접을 계속 진행한다. 다섯 번째 후보가 앞선 네 사람보다 낫다면, 그 후보자가 채용된다. 5번, 6번, 7번, 8번 후보가 모두 앞선 4명보다 못했는데 아홉 번째 후보가 그들보다 낫다면, 그 사람이 채용된다.

이 알고리즘을 사용하면 당신이 최고의 비서를 채용할 가능성(37퍼센트)이 나쁘지 않다. 우리의 보기에서는 다음과 같은 일이 일어날 수 있다. 숫자 1이 지원자 중 최고, 10이 최악의 후보를 나타낸다고 해보자. 그 사이의 모든 숫자는 비서들 간 상대적 우열에 해당한다. 사장은 면접 중 후보자의 순위를 모르지만, 우리는 무슨 일이 일어나는지를 더 잘 이해하기 위해 그들의 순위를 안다고 치자. 처음 네 후보의 순위가 5, 8, 4, 6이고,

5 8 4 6

다섯 번째 후보자가 1위였다면,

5 8 4 6 1

사장은 최고의 비서를 채용하게 될 것이다. 알고리즘에 따르면 1위의 지원자가 채용될 확률은 37퍼센트다. 물론 사장은 지원자 모두를 면담하지 않았기 때문에 이 사람이 최고의 비서라는 사실을 알지 못한다. 사장이 아는 것은 채용된 비서가 앞서 면접을 본 네 사람보다 낫다는 것이 전부다. 우리는 전체 순위를 알기 때문에 사장이 최고의 후보자를 채용했음을 안다. 어쨌든, 사장에게는 이 정도면 충분한 결과다.

하지만 사장이 최고의 비서를 채용하지 못할 가능성도 만만치 않다. 처음 네 후보자의 순위가 5, 8, 4, 6이고, 다섯 번째가 10위, 여섯 번째가 3위였다면,

5 8 4 6 10 3

알고리즘은 사장이 비서 순위 3위인 후보자를 채용하도록 강제한다. 어쩌면 1위 후보자가 일곱 번째에서 면접을 기다렸을 수도 있다. 하지만 사장은 자신이 채용한 후보가 1위가 아니라는 사실을 알 수 없으며, 1위인 후보자가 아직 남아 있다는 것을 예상할 수 없다. 어쨌든, 상관없는 일이다. 1위 후보가 사장과 대면할 일은 없다. 알고리즘은 3위 후보자에게 비서직을 준다. 사장은 적어도 상대적으로 나은 후보 중 하나를 비서로 얻었다.

알고리즘은 최고의 비서를 보장하지는 못할지라도 하위 37퍼센트에 속하는 지원자가 채용되지 않을 것은 보장한다. 사장에게 일어날

수 있는 최악의 상황 중에는 처음에 10, 9, 8, 7위의 후보가 모두 나오고 이어서 6위의 후보자가 나오는 상황이 있다. 비서 순위 6위인 지원자는 후보 중 상위 절반에도 들지 못하지만 운 좋게 채용되는 것이다.

하지만 이것이 일어날 수 있는 최악의 상황은 아니다. 최적정지 알고리즘이 만들어내는 가장 최악의 시나리오는 당신이 아무도 채용하지 못하는 것이다. 그리고 이런 일은 최고의 후보자가 우연히 처음 37퍼센트에 포함된다면 쉽사리 일어날 수 있다.

10명의 후보가 있는 우리의 시나리오에서는 다음과 같이 이런 일이 일어날 수 있다. 처음 네 후보의 순위가 4, 7, 9, 1이었다고 해보자.

4 7 9 1

이들 후보는 모두 채용이 거부된다. 규칙이 그렇기 때문이다. 따라서 아쉽게도, 사장은 최고의 후보자를 채용할 수 없었다.

하지만 이어지는 상황은 더 나쁘다. 나머지 후보들이 나온다.

4 7 9 1 2 6 8 3 10 5

최고의 후보가 처음 4명에 포함되었기 때문에 이후에 나오는 후보 중에는 앞선 후보들보다 나은 사람이 없다. 따라서 사장은 아무도 채용할 수 없다. 모든 후보자가 비서직을 얻지 못하고, 사장은 비서 없이 집으로 돌아간다. 다섯 번째로 나온 2위 후보조차 채용되지 못한다. 2위 후보자도 훌륭한 비서가 될 수 있었을 것이기 때문에 대단히 유감스러운 결과다.

그리고 이런 일이 일어날 가능성이 37퍼센트나 된다! 10명, 20명, 심지어 8만 5,000명의 지원자를 인터뷰하고도 아무도 채용하지 못할 가능성이 37퍼센트다. 가능한 최고의 비서를 채용할 37퍼센트의 확률을 원한다면, 동일한 확률로 채용 과정 전체가 엄청난 시간 낭비로 끝나고 말 위험도 감수해야 한다.

이제 사장인 당신은 스스로에게 2가지 중요한 질문을 던져야 한다. 첫째, 이것이 그럴만한 가치가 있는 일인가? 꽤 높은 확률로 아무도 채용하지 못하게 되는 상황을 동일한 확률로 최고의 비서를 얻는 결과와 맞바꿀 용의가 있는가? 물론 그 답은 당신이 처한 상황에 따라 달라진다. 지금 당장 얼마나 절박하게 '최고의' 비서가 필요한가? 면담이 끝난 지원자를 다시 부를 수 있게 채용 절차를 바꿀 수 있는가? 솔직히 말하자면, 이것이 최선의 조건이다. 다른 사장들도 모두 그렇게 한다.

하지만 여기서 최고의 후보자를 뽑는 일의 중요성이 훨씬 더 커진다면 어떻게 될까? 결혼 상대자를 선택하는 일이 바로 그런 상황이다. 비서 문제의 잘 알려진 변형 중 하나가 결혼 문제다. 실제로, 수학자들이 처음 제시했을 때 위에서 설명한 문제는 비서가 아니라 배우자 선택에 관한 문제였을 수도 있다. 유명한 천문학자이자 수학자인 요하네스 케플러Johannes Kepler가 첫 번째 아내를 콜레라로 잃은 뒤 두 번째 아내를 선택하는 데 최적정지 알고리즘과 비슷한 방법을 사용했다고 상상하는 수학자들도 있다. 첫 번째 아내가 마음에 들지 않았던 케플러가 두 번째 아내를 선택할 때는 보다 신뢰할만한 방법을 찾고 싶었을지도 모른다.

결혼 문제와 비서 문제는, 이제 당신이 비서가 아니고 결혼 상대자를 찾는다는 것 말고는 기본적으로 동일하다. 어떤 면에서 면접을 마친 지원자를 다시 부르는 것을 금지하는 최적정지 알고리즘은 비서 문제보다 결혼 문제에 더 현실적으로 적용된다. 데이트를 결혼을 위한 면접으로 본다면, 아마 당신은 한 번에 한 사람만을 '면담'하고 그 사람과 결혼할지 아니면 그 사람을 차버릴지 결정할 것이다. 일단 누군가를 차버리고 나면 2차전을 위해 다시 전화할 수 없는 것이 보통이다. 그리고 최고의 상대와 결혼하는 일은 당신에게 매우 중요할 것이다. 적절하지 않은 상대와 결혼하는 것은 수준 미달의 비서를 선택한 것보다 훨씬 더 큰 고통을 초래할 것이다.

그래서 이 경우에는 최선의 결혼 상대를 찾을 37퍼센트의 가능성(그런 사람을 찾지 못하고 그보다 못한 상대와 결혼하게 될 63퍼센트의 가능성)이 당신에게는 너무 낮을(높을) 수 있다. 또는 그 누구와도 결혼하지 못할 37퍼센트의 가능성이 너무 높을 수도 있다. 최적정지 알고리즘은 이것이 당신이 얻는 것에 대한 적절한 대가라고 가정한다. 당신은 이 확률들만으로도 최적정지 알고리즘을 거부하고 문제의 해결을 도와줄 다른 알고리즘을 찾을지도 모른다.

결혼 상대를 선택하는 데 최적정지 알고리즘을 이용하기로 결정함에 있어서, 당신은 계획을 혼란에 빠뜨릴 수 있는 다른 요소가 있음을 알아야 한다. 알고리즘은 당신과 데이트하는 상대방에게 두 사람의 관계를 지속할지 끝낼지에 대한 발언권이 있을 가능성을 전적으로 무시한다. 알고리즘은 당신과 데이트하는 사람은 모두 당신과 결혼하기를 원한다고 가정한다. 이런 가정은 당신이 조지 클루니라면 아마도 사실일 것이다. 하지만 조지 클루니가 아닌 우리는 때때로 상대방에게 차인다. 현실적으로, 당신이 최적정지 알고리즘을 사용하고 있다면 당신과 데이트하는 사람들 역시 이 알고리즘을 사용하고 있을 것으로 가정하는 것이 타당하다. 최소한 당신이 아마도 자신과 비슷하게 괴짜이고 초(超)체계적인 성향의 사람에게 끌릴 것이라는 이유만으로도.

많은 사람이 이들 문제점을 알고리즘을 수용할 수 없도록 하는 주요 결함으로 여길 수 있다는 것은 우리를 두 번째 중요한 질문으로 이끈다. 최적정지 알고리즘을 설계한 사람들은 당신이 비서의 채용이나 배우자의 선택 같은 중요한 결정에 알고리즘을 이용하려 할 때 드러나는 이들 결함을 왜 간과한 걸까?

간단한 대답은 그 질문이 현실과 무관하다는 것이다. 아마도 그런 결정을 내리는 데 실제로 이 알고리즘을 사용하는 사람은 없을 것이다. 괴짜이자 초체계적인 사람들에게는 미안한 얘기지만 여러분은 소수집단에 속한다. 결혼 문제와 비서 문제는, 꽤 따분하게 들렸을 문제에 흥미를 부여하기 위해 제시된 우화다. 수학자 마틴 가드너Martin Gardner가 1960년『사이언티픽 아메리칸Scientific American』에 기고한 칼럼에서 설명했을 때 이 문제는 기이한 결혼 및 비서 이야기와는 아무런 관계가 없었다. 다음은 가드너의 칼럼 일부다.

> 누군가에게 자신이 원하는 만큼의 종잇조각을 준비해 각각의 조각마다 서로 다른 양수(陽數)를 적도록 요청하라. 그가 쓰는 숫자는 1보다 작은 분수에서 고골(1 다음에 100개의 0이 붙는 수), 심지어 그보다 큰 수까지의 범위를 가질 수 있다. 적어놓은 숫자가 보이지 않게 종잇조각을 모으고 섞은 다음 탁자에 올려놓는다. 이제 당신은 한 번에 한 장씩 종잇조각을 뒤집는다. 목표는 당신이 가장 큰 수라고 추측하는 숫자가 적힌 조각에서 멈추는 것이다. 되돌아가서 이전에 뒤집었던 종잇조각을 선택할 수는 없다. 당신이 모든 종잇조각을 뒤집는다면, 당연히 마지막으로 뒤집은 조각을 선택해야 한다.

알아보기 쉽지 않지만, 이 문제는 비서 문제 및 결혼 문제와 유사하다. 하지만 가드너가 문제를 설명한 방식으로는 별로 재미있게 들리지 않는다. 이 문제를 '고골 게임'이라 부른다 해도 더 재미있어지지는 않는다. 나는 나의 수학 영웅인 마틴 가드너와 함께라면 얼마든지 시간을 보낼 용의가 있지만, 대단히 큰 숫자를 찾기 위해 고골 개의 종잇조각 중 적어도 37퍼센트를 뒤집는 일은 매우 지루할 것 같다.

그러나 비서와 결혼 상대자 선택에 관한 우화는 단지 알고리즘이 무엇을 하고 최적화가 무엇을 의미하는지 이상을 가르쳐준다. 또한 복잡하고 중요한 결정을 자동화하는 알고리즘을 설계할 때, 당신이 관심을 갖는 모든 기준을 반영하는 것이 얼마나 중요하고도 어려운지를 가르쳐준다. 모든 기준을 반영하는 것은 매우 중요하다. 중요한 기준을 무시한다면 불행한 상황에 빠질 수 있기 때문이다. 당신이 결혼 상대자를 선택하기 위해서 최적정지 알고리즘을 사용한다면, 완벽한 배우자와 삶을 함께하지 못할 가능성이 63퍼센트, 그리고 아무와도 결혼하지 못할 가능성이 37퍼센트임을 잊지 말라. 유용한 알고리즘의 개발이 어렵다는 데는 우리가 챙기거나 무시하는 것들이 스스로 인식하지 못할 수 있는 편견에서 나온다는 것도 부분적으로 이유가 된다.

최적정지 알고리즘의 예로 비서 문제 및 결혼 문제를 개발하면서 설계자들은 성별과 사회 계층에 따른 편견을 포함시켰다. 예컨대, 설계자들은 결혼을 할지 말지를 한 사람이 아니라 '두' 사람이 결정한다는 것을 왜 간과했을까? 역사적으로 볼 때, 전통적인 남성 중심적 남녀 관계의 세계관에서는 늘 남성이 여성에게 청혼하고 여성은 감격하며 청혼을 수락하기 때문일까? 여기에 성차별적 편견이 개입될 수 있을까?

다소 억지스럽게 들릴 수도 있다. 그러나 배우자 및 비서와 관련된 최적정지 알고리즘의 잘 알려진 2가지 예 모두 전통적으로 남성에게 복종할 것이라고 기대되었던 여성의 역할을 강조한다. 그리고 1950년대와 60년대에 인기를 얻었던 이들 문제를 연구한 수학자의 명단은 마치 같은 시기의 대법원 판사 명단 같았다. 다시 말해서, 모두가 남성이었다. 따라서 성별에 관한 편견은 고려해볼 가치가 있다.

아마도 여성이 스스로 대변할 수 있다는 아이디어에 반하는 해묵은 편견이 스며든 다음 고착되었을 것이다. 심지어 1980년대의 연구 논문은 다른 방식으로 공식화된 문제에서도 여성에 대한 기묘한 편견을 보여준다. 이 새로운 버전에서는 두 회사가 비서를 채용하려고 경쟁한다. 그러나 논문에서 채택한 분석 기법은 비서들이 한 회사를 다른 회사보다 선호할 수 있음을 가정하기보다 두 회사 중에 하나를 무작위적으로 선택하도록 했다. 일자리를 구하면서 그렇게 행동할 사람은 아무도 없을 것이다. 설상가상으로 이 논문은 비서들을 "여자들girls"이라고 칭했다.

최적정지 알고리즘의 설계자들에게 비서들과 여성이 남녀 관계에서 수동적이라거나 비서들이 순진하다고 가정할 의도는 없었을 가능성이 크다. 하지만 알고리즘은 인간의 의사 결정을 지원하기 위해 사용된다. 그리고 인간의 의사 결정은 종종 암묵적 편견의 영향을 받는다. 비서나 배우자에 관한 가상적인 문제의 해결값이 중요성이 낮은 상황에서조차 성별과 사회 계층에 따른 편견이 나타난다는 것을 생각할 때, 현실 세계에서 사용되는 알고리즘에도 역시 그러한 편견이 더러운 손을 뻗을 것으로 가정하는 것이 타당하다.

그리고 그런 편견이 단지 마틴 가드너의 지루한 고골 게임에서 많은 숫자를 뒤집는 일을 벗어나기 위해 수학 문제를 우스꽝스러운 이야기로 바꾸는 수준이 아니라, 누구는 보석금 없이 석방되고 누구는 감옥에 갇힐지를 결정할 때는 웃어넘기기가 훨씬 더 어렵다.

수학이 만든 게리맨더링

단지 어떤 선거구에서 특정 정당이 다른 정당보다 선호된다고 하여
그 선거구가 반드시 게리맨더링의 결과물임을 의미하지는 않는다.
외견상 객관적으로 보이는 알고리즘이 내놓는
결과에도 여전히 편견이 있을 수 있다.
선거구의 경계선을 그리는 알고리즘도 마찬가지다.

알고리즘이 우리의 투표 시스템을 조작하기 위해 이용될 때 역시 웃어넘기기가 어렵다. 이런 일은 게리맨더링gerrymandering이라는, 기만적이고 우스꽝스러운 이름의 과정을 통해서 너무도 자주 일어난다. 게리맨더링은 정치인들이 자신의 이익을 위해 특정 유권자 집단의 대표성이 과대화 또는 과소화되도록 선거구의 경계를 설계하는 과정이다. 즉, 선거구의 경계선이 유권자의 투표 성향에 대한 인구학적 데이터에 기초하여 특정 정당이나 인종/민족 집단에 속한 후보의 당선이 보장되도록 그려진다.

게리맨더링은 새로운 것이 아니다. 이 용어는 1800년대 초 매사추세츠 주지사였던 엘드리지 게리Eldridge Gerry가 만든 선거구에서 유래

한다. 게리 주지사는 매사추세츠주 상원의원 선거구를 자신이 속한 정당에 유리하도록 다시 그렸다. 그 결과 황당무계하게 보이는 선거구들이 생겨났다. 그가 만든 선거구 중에는 도롱뇽salamander처럼 생겼다며 입방아에 오른 것도 있었는데, 게리 주지사의 행동을 비판한 사람들이 여기서 그가 저지른 것으로 간주한 속임수를 조롱하는 의미로 표현하려고 게리맨더gerrymander라는 단어를 만들어냈다. 이 단어는 불공정한 이익을 얻으려고 선거구를 조작하는 과정을 지칭하는 이름으로 굳어졌다.

게리맨더링은 지난 200년 동안 불공정하고 비민주적이라고 비판받아왔다. 하지만 오늘날 우리의 정치 체제에도 여전히 만연해 있으며 앞으로도 당분간 그럴 것이다. 2019년 여름에 미국 연방대법원은 게리맨더링이 민주주의에 해롭다는 것을 인정했음에도 불구하고 연방법원이 당파적 게리맨더링 사건을 심리할 수 없다는 판결을 내렸다. 소송을 제기한 원고 측은 게리맨더링이 유권자들로부터 자신의 투표를 의미 있는 방식으로 반영시킬 권리를 박탈하기 때문에 헌법에 위배된다고 주장했다. 그들은 또한 게리맨더링이 소수 정당이 다수당이 될 기회를 영구히 박탈하기 때문에 비민주적이라고도 주장했다. 그리고 게리맨더링은 과반에 미달하는 표를 얻은 정당이 과반을 넘는 의석을 차지하도록—어쩌면 영구히—허용할 수 있다고 했다. 대법관들은, 다수 의견에 동의한 것으로 보이는 법관조차도 원고 측의 우려를 인정했다. 그렇지만 가까스로 과반수에 달한 판사들은 연방대법원이 이런 피해를 막을 힘이 없다고 판결했다. 다수 의견을 작성한 존 글로버 로버츠 주니어John G. Roberts Jr. 대법원장은 게리맨더링의 문제를 주 및 연방의 입법부로 돌려보냈다. 게리맨더링의 혜택을 누리고 게리맨더링이 없어지는 것을 아쉬워할 정치인이 들끓는 바로 그 입법부로.

특징이라고 생각하든 결함이라고 생각하든, 미국의 여러 주에서는 당파적인 선출직 공직자들이 자신이 선출된 선거구의 경계를 결정하게 된다. 인종적 게리맨더링은 이전에도 위헌으로 판명되었다. 법원은 종종 흑인보다 백인 유권자에게 유리하도록 설계된 지역구 지도를 무효화했다. 인종, 종교, 그리고 소수민족에 대한 게리맨더링은 명백한 불법이다. 그러나 상대 정당보다 자신이 속한 정당에 유리하도록 하려는 게리맨더링이 합법인지 불법인지는 여전히 유동적인 상태다. 게리 주지사의 원래 의도가 오늘날까지 살아남은 것이다.

당파적 게리맨더링의 불공정하고 비민주적인 효과에 관한 증거는 광범위하다. 예를 들어, 2014년에는 펜실베이니아주 유권자의 거의 절반이 민주당에 투표했다. 하지만 펜실베이니아주의 18개 선거구 중에서 불과 다섯 곳만이 민주당 의원을 선출했다. 이는 대표성의 불균형이 선거구가 공정하게 그려진 주에서라면 사람들 대부분이 예상할 수 있는 정도를 넘어선 것이었다.

게리맨더링은 한 정당에 유리하도록 선거구의 경계선을 그리는 것이다. 불공정한 행위다. 따라서 그저 특정 정당을 선호하지 않는 경계선을 그린다면 해결될 간단한 문제처럼 보인다. 불균형한 대표성을 찾아라. 그러면 게리맨더링이 저질러진 지역을 찾을 수 있다. 간단하

지 않은가?

하지만 그렇지 않다. 모든 사람이 공정하다고 생각하는 선거구를 그리는 일이 매우 복잡한 문제(복잡한 수학 문제)이기 때문이다. 실제로 모두가 공정성에 동의하는 경계선을 그리기보다 게리맨더링이 포함된 경계선을 그리기가 더 쉽다는 것이 밝혀졌다. 정치인들은 경계선을 그리는 것을 도와줄 수학자들을 고용한다. 그들 중에는 특정 정당에 유리하게 변경한 경계선을 그리도록 요청받는 수학자도 있다. 나머지는 공정한 경계선을 그리라는 요청을 받는다. 두 경우 모두 수학자들은 예상대로 알고리즘을 구축한다.

알고리즘은 너무 복잡하기 때문에 알고리즘이 당파적 편향을 도입한다는 것을 입증하려면 그것이 만들어낸 선거구들이 불균형하다는 것을 증명하는 것보다 훨씬 더 많은 증거가 필요하다. 단지 어떤 선거구에서 특정 정당이 다른 정당보다 선호된다고 하여 그 선거구가 반드시 게리맨더링의 결과물임을 의미하지는 않는다. 우리가 보석 알고리즘에 관해 살펴본 것처럼, 외견상 객관적으로 보이는 알고리즘이 내놓는 결과에도 여전히 편견이 있을 수 있다. 선거구의 경계선을 그리는 알고리즘도 마찬가지다. 외견상 객관적인 알고리즘이 여전히 불균형한 선거구 지도를 만들어낼 수 있다. 그리고 게리맨더링이 심각하다는 것을 입증하려는 원고 측의 법적 부담은 매우 크다. 게리맨더링에 대항해서 싸우는 사람들은 기존의 선거구가 알고리즘의 고유한 복잡성 때문이 아니라 더 사악한 이유로 불공정하다는 것을 수학적으로 입증해야 한다. 선거구를 구성하는 데도 알고리즘이 필요하고, 선거구가 불공정하게 구성되었다는 것을 밝혀내는 데도 알고리즘이 필요하다.

정치인들은 항상 선거구를 다시 그린다. 그들은 200년 넘게 그런 일을 해왔다. 이토록 오랜 시간이 지났다면 선거구를 다시 그리는 절차가 간단해야 할 것 같지만 그렇지 않다. 노스캐롤라이나주의 사례를 살펴보자. 노스캐롤라이나주에는 기묘한 형태의 몇몇 선거구가 있다. 실제로, 2017년과 2018년에 연방법원은 노스캐롤라이나주의 선거구가 헌법에 위배된다는 판결을 내렸다. 일부 선거구는 당파적 게리맨더링이었고, 인종적 게리맨더링인 선거구도 있었다. 그러나 이들 선거구를 구성하는 일은 다른 모든 구획 변경의 결정과 마찬가지로 10년마다 실시되는 인구조사 결과를 바탕으로 별다른 악의 없이 시작된 것처럼 보인다.

연방정부는 10년마다 인구조사를 실시한다. 연방 및 주정부는 선거구를 다시 그리기 위해 인구조사에서 얻은 정보를 이용한다. 10년의 기간 동안 사람들이 이리저리 이동하는 것은 필연적인 일이다. 2010년 노스캐롤라이나주는 다수의 다른 주와 마찬가지로 주로 시골에서 도시 지역으로 사람들이 이동하는 데 따른 인구밀도의 변동을 알아냈다. 주에 거주하는 사람의 투표는 누구의 것이든지 다른 모든 사람의 투표와 동등한 가치로 선거 결과에 반영되어야 한다. 즉, 주의 모든 선거구는 소속된 인구가 같아야 한다. 따라서 인구밀도의 변동은 주가 선거구 경계선을 다시 그릴 것을 요구한다. 이러한 요구조건을 충족하도록 선거구를 그리는 일은 기본적으로, 어쩌면 당신이 초등학교 3학년쯤에 배웠을 나누기 문제에 불과하다.

당신이 초등학교 3학년이라면 선거구를 어떻게 구성할 것인가? 한 가지 방법은 단순히 주의 총인구를 선거구의 수로 나누는 것이다. 일단 각 선거구에 거주하는 사람이 얼마나 되어야 하는지를 알고 나면, 30초 만에 '수직구역나누기 알고리즘'이라고 명명한 절차를 사용해서 주를 분할할 수 있다. 주의 동쪽 경계에서 시작하여 한 조각에 거주하는 인구가 정확한 숫자에 달할 때마다 주를 남북으로 관통하는 수직선을 그리는 것이다. 전체 주를 여러 조각으로 나눌 때까지 계속한다. 아니면, 당신이 낮잠을 자는 동안에 그 일을 대신 해줄 초등학교 3학년생을 구하는 편이 나을 수도 있다. 초등학생이라면 아마도 그런 일을 즐거워할 것이고, 당신은 낮잠을 즐길 수 있을 것이다.

이런 절차는 알고리즘이다. PSA보다 훨씬 단순하지만 알고리즘의 모든 특성을 갖추고 있다. 균일한 해답을 요구하는 복잡한 문제를 다루면서 문제를 표준화하기 위해 데이터를 이용한다. 또한 그 과정에서 가정도 세운다. 그리고 그들 가정의 일부가 불공정한 데 따라 인구의 상당 부분을 차지하는 사람들에게 해를 끼치는 결과를 낳을 수 있다.

아마도 내가 만든 알고리즘의 가장 큰 문제는, 공정한 경계선을 그리는 데 있어 중요한 고려 사항이 모든 선거구의 인구가 동일하도록 하는 일이 전부라는 가정일 것이다. 그러나 수많은 사회적, 인종적, 그리고 경제적 집단이 도시와 시골 지역에 걸쳐 고르지 않게 분산되어 있는 미국과 같은 대의민주주의 체제에 사는 사람이라면 누구라도 이런 방식으로 선거구를 나누어서는 공정한 선거구를 만들어낼 수 없다는 것을 안다. 민주주의 체제에서 우리는 일반적으로 모든 사회 집단의 대표성이 정부에 반영될 것을 요구한다. 수직구역나누기 알고리즘은 항상 인구 규모가 동일한 선거구들을 만들어낸다. 그러나 그들은 때로 길고 홀쭉한 모양이 된다. 그런 선거구들은 사회적 집단들을 서로 다른 선거구에 임의적인 비율로 할당할 것이며, 그런 집단들은 자신의 이익을 대변할 사람을 선출하기에 충분한 수의 유권자를 결코 확보하지 못할 수도 있다.

여러 선거구가 주 안에서 특히 상하 폭이 넓은 지역을 통과하며 대도시와 시골 지역을 한 조각씩 포함하게 되었다고 해보자. 대도시와 시골 지역이 길게 늘어진 모양의 서로 다른 선거구로 잘려 나가면서 대도시 주민과 시골 지역 주민 모두 입법부에서 공정한 대표성을 확보할 가능성이 낮아질 것이다. 이렇게 지리적 조밀성이 부족한 선거구는 대표성의 문제를 초래할 수 있다.

정치인들이 이런 알고리즘을 사용하기로 한다면 캘리포니아주가 어떤 모습이 될지 상상해보자. 캘리포니아는 남북으로 긴 모양이다. 인구가 밀집한 지역도 있고, 밀도가 낮은 지역도 있다. 농촌 지역인 중부 캘리포니아에 거주하는 사람들을 나누어 멀리 남쪽에 있는 로스앤젤레스 시민들과 같은 선거구로 통합하는 것이 공정할까? 그런 선거구가 소속된 주민들을 적절하게 대변하는 정치인을 선출할까? 중부 캘리포니아 농부들의 욕구는 로스앤젤레스의 도시인들과 다르다. 그들이 자신을 대변하도록 선택한 정치인들은 그들의 욕구를 반영해야 한다. 하지만 그렇게 홀쭉하게 수직으로 집단화된 선거구에서는

농부보다 도시 거주자의 수가 많은 것이 보통이다. 농촌을 대변하는 정치인은 선거에서 패배하고, 그들의 목소리는 희미해질 것이다.

대표성을 생각할 때, 특정 집단이 괴상하게 결정된 선거구 때문에 침묵하게 되는 것은 불공정한 일로 여겨진다. 그러나 수직구역나누기 알고리즘은 농부들의 권리가 박탈될지의 여부에는 관심이 없다. 이 알고리즘은 오직 한 가지, 즉 구역의 인구에만 신경을 쓴다. 미국의 다양한 인종적, 민족적, 그리고 정치적 목소리를 반영하는 다른 인자들은 무시된다. 알고리즘 자체는 완벽하게 중립적이고 객관적이지만, 이 알고리즘을 채택함으로써 다양한 소수집단과 그들의 이익에 반하는 편향을 낳게 된다. 그런 알고리즘은 해결하는 것보다 더 많은 문제를 만들어낼 것이다.

수직구역나누기 알고리즘과 그로 인해 침묵하게 된 중부 캘리포니아 농부들의 이야기는 허구일 수 있다. 그러나 공정한 선거구를 만드는 복잡한 문제는 허구가 아니다. 우리가 관심을 갖는 모든 면에서 공정한 선거구를 어떻게 만들 것인가? 우리는 선거구들의 인구가 동일하기를 원하고, 선거구에 지리적 조밀성이 있기를 원하고, 또한 우리의 다양한 목소리가 반영되기를 원한다. 그리고 인종적 또는 정치적 이유로, 아니면 단지 자신의 직업을 유지하기 위해 특정한 집단을 침묵하게 만들 수 있는 정치인들이 선거구의 구성에 영향을 미치지 않기를 원한다.

새로운 선거구를 그리기 위해서 수직구역나누기 알고리즘보다 복잡한 알고리즘이 필요하다는 것은 명백하다. 그러나 당신이 일단 추가적으로 인구통계학적 인자들에 관심을 갖기 시작하면, 특히 많은 사람을 다룰 때 알고리즘의 복잡성이 빠르게 증가한다. 예를 들어, 2018년에는 거의 1,500만 명의 주민이 노스캐롤라이나주에 살았다. 많은 수다. 그들 각자에게는 독특한 인구통계학적 프로필이 있다. 선거구를 만들 때 그 모두를 고려하는 일은 상상하기 어렵다. 구역으로 할당할, 개별적 유권자보다 크지만 여전히 대표성을 갖는 단위를 찾아내는 것이 합리적이다. 우리는 사람들이 속하게 되는 다양한 인구통계학적 집단을 검토해야 한다. 그리고 어떤 방식으로 집단을 나누는 것이 선거의 목적에 비추어 가장 중요한지를 결정하고, 그것에 근거하여 공정한 선거구를 구성하려고 노력해야 한다. 고성능의 알고리즘을 사용한다 하더라도 간단한 일이 아니다.

인구통계학적 데이터를 추적하기 위해 정부가 정기적으로 사용하는 집단화 방식인 인구조사 블록 그룹에서 시작해보자. 인구조사 블록 그룹은 연방정부가 인구통계학적 프로필을 만들어내는 대상 지역이다. 노스캐롤라이나주에서 인구조사 블록 그룹을 이용해 선거구를 구성하려면, 그저 6,155개 그룹을 모든 선거구에 배분하면 된다.

노스캐롤라이나에는 열두 곳의 하원의원 선거구가 있다. 6,155개의 블록 그룹을 사용해 12개 선거구의 가능한 모든 집합을 만들어내는 알고리즘을 구축하고, 생성된 선거구를 설정된 공정성 기준에 따라 비교함으로써 최선의 방안을 선택하면 어떨까? 그러면 우리가 가장 공정한 선거구 구성을 선택했다고 확신할 수 있을 것이다.

하지만 말처럼 쉬운 일은 아니다. 이런 방법에는 적어도 2가지 중

요한 문제가 있다. 첫째는 기술적 문제다. 6,155개 그룹을 12개 집단의 가능한 모든 조합에 배분하는—또는 수학자들이 말하는 '집합 분할'을 하는—것은 쉬운 일이 아니다. 집합을 분할하는 방법의 수는 집합에 속한 항목과 분할의 수에 따라 천문학적으로 증가한다. 단지 10개의 인구조사 블록 그룹을 세 곳의 선거구에 배분하는 것만 해도 9,330가지의 서로 다른 방법이 있다. 당신이 55개의 인구조사 블록 그룹을 6개 선거구에 배분해야 한다면, 8.7×1039개의 서로 다른 지도를 확인해야 할 것이다. 우주에 있는 별의 수보다도 큰 숫자다. 누구든지, 심지어 컴퓨터라도 그 모두를 비교하려면 엄청난 시간이 필요할 것이다. 그리고 이는 고작 55개의 인구조사 블록 그룹으로 시작된 일이다. 노스캐롤라이나에는 인구조사 블록 그룹이 6,100개 더 있다. 따라서 이 방법은 기술적으로 불가능해 보인다.

둘째는 정치적, 윤리적 문제다. 설사 그 모든 조합을 만들어낼 수 있다 하더라도 어느 것이 가장 공정한 조합인지 무슨 근거로 결정할 것인가? 몇몇 인자에 다른 인자보다 큰 비중을 부여해야 할 텐데, 어떤 인자를 고를 것인가?

반론의 여지 없이 공정한 선거구를 그리는 알고리즘을 구축하는 일은 불가능해 보인다. 그런 알고리즘을 만들기 위해서 우리는 공정성에 관한 정치적으로 부담스러운 질문에 답해야 한다. 그리고 우리의 수학 계산 능력을 그들 질문에 대한 복잡한 대답과 일치시켜야 할 것이다. 반론의 여지 없이 공정한 선거구의 경계선을 그리는 방법을 찾아낼 수 없는 당신이 어떻게 게리맨더링을 주장하면서 선거구의 불공정성을 불평할 수 있을까? 선거구가 게리맨더링되었는지에 관한 논쟁은 흔하면서도 중재하기가 어렵다.

이 문제를 들여다보기 위해 일리노이주의 제4하원의원선거구라는 특별한 선거구의 탄생과 그것을 둘러싼 논쟁을 살펴보자.

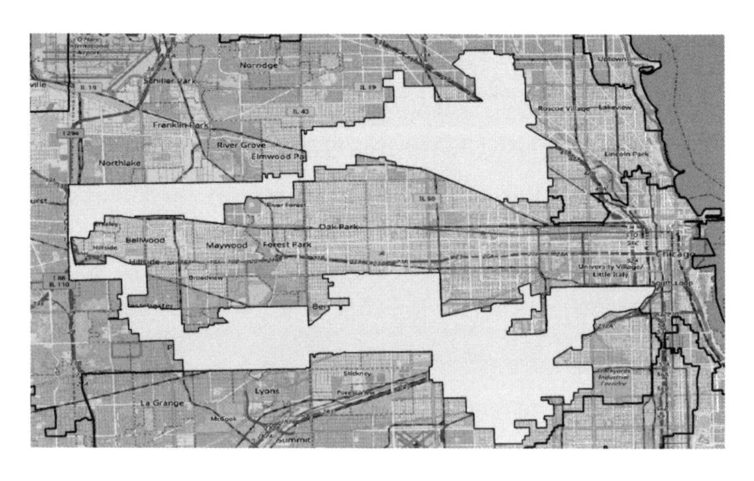

▲ 일리노이주 제4하원의원선거구(귀마개 선거구)

일리노이주 제4하원의원선거구는 더 색다른 이름으로도 불린다. 사정을 아는 사람들은 이 선거구를 '귀마개 선거구Earmuff District'라고 부른다. 고개를 한쪽으로 기울이고 보면 귀마개와 비슷하기 때문이다. 이 선거구에서는 시카고의 서로 떨어진 두 지역이, 선거구에 속하지 않고 크기가 비슷한 다른 지역의 양쪽에서 귀를 막고 있다(가운데 지역이 머리라고 생각하자). 양쪽 귀마개는 좁은 고속도로 하나로 연결된다. 고속도로가 없으면 두 지역은 지리적으로 단절되어 같은 선거구에 속할 수 없다. 선거구의 모든 지역이 서로 접촉해야 한다는 것은 공식적으로 '지리적 조밀성'으로 알려진 선거구 구성의 기본 원칙이다.

제4선거구는 민주당이 설계했으며 선거 때마다 민주당에 유리한 결과를 낸다. 공화당은 선거구 설계에 이의를 제기한다. 이 선거구의 공화당원들은 2011년 제기한 소송에서, 고속도로가 선거구의 지리적 조밀성을 확보하기에는 턱없이 모자란다면서 귀마개 선거구가 게리맨더링되었다고 주장했다.

놀라운 일이지만 이 선거구를 설계한 민주당도 거의 동의한다. 선거구가 민주당에 유리하도록 게리맨더링되었다는 데는 동의하지 않지만 특정한 유권자 집단을 배려하기 위해 선거구를 그렸음은 인정한다. 귀마개 선거구는, 민주당이 시카고에서 민주당에 투표하는 성향이 있는 라틴계 주민이 거주하는 지역을 합치려 했기 때문에 괴상한 형태가 되었다. 그들은 이 선거구가 역사적으로 인종적 편견에 시달려온 소수민족 집단이 의회에서 어느 정도의 대표성을 확보할 수 있도록 설계되었다고 주장한다.

사회적 소수집단의 대표성이 보장되도록 선거구의 경계선을 그리는 일은 용인된 관행이다. 실제로, 법도 그렇게 요구한다. 1965년 미국 의회는 선거권법을 통과시켰다. 이 법의 의도는 남북전쟁 이후로 존속되어온 악랄한 형태의 유권자 인종차별에 맞서는 것이었다. 선거권법은 정치인들이 서로 가까운 지역에 거주하고 투표 성향이 비슷하며 역사적으로 여러 선거구에 분산되는 방법의 차별을 겪어온 소수집단 구성원의 투표권을 약화시키는 것을 금지한다. 그들을 여러 선거구에 분산시키면, 모든 선거구에서 영향력이 감소하고, 소수집단 출신의 정치인이 선거에서 이길 가능성이 낮아진다. 선거권법은 역사적으로 참정권을 박탈당했던 민족/인종 집단의 목소리를 증폭하는 선거구를 만드는 것이 올바른 일이라고 말한다.

그러나 한 정당에 도움이 되도록 선거구를 그리는 것이 합법인지 불법인지는 명확하지 않다. 불공정하게 들리는 것은 확실하다. 왜 정치인들이 선거구를 그릴 때 자신을 위해 선거를 효과적으로 조작하는 것을 허용해야 하는가? 그렇지만 연방법원은 게리맨더링으로 비난받은 선거구가 잘못되었다는 판결을 내릴 수 없다. 그리고 정치인들은 종종 자신에게 유리한 선거구를 만드는 일에 전혀 거리낌이 없다. 예컨대, 미국 50개 주의 공화당원을 대표하는 공화당 국가지도위원회Republican State Leadership Committee는 2010년 REDMAP이라는 프로젝트를 추진했다. 과반수 재구획 프로젝트REDistricting Majority Project의 약자인 REDMAP은 다음 해 재구획이 예정된 주에서 공직에 출마한 공화당 후보를 지원하기 위한 프로젝트였다. REDMAP은 공화당이 권력을 잡음으로써 2010년 인구조사 이후에 이루어질 재구획을 통제하고 공화당 후보에 투표할 가능성이 더 높은 선거구를 그리려 했다. 이는 당파적 게리맨더링과 흡사하게 들린다.

그리고 REDMAP의 자체 평가로도 그들은 목표를 달성했다. REDMAP은 「2010년의 주의원 선거를 겨냥한 전략이 어떻게 2013년 공화당이 미국 하원에서 다수당이 되는 결과로 이어졌는가」라는 제목의 보고서를 발간했다. 이 보고서에서 REDMAP은 2012년 "하원의

원 선거에서 유권자의 49퍼센트만이 공화당 후보에게 투표했는데도, 미국 하원에서 공화당이 민주당보다 33석 많은 과반을 차지했다"고 자랑했다. REDMAP은 주 수준에서 선거구를 그림으로써 유권자의 과반수가 민주당을 선호했음에도 불구하고, 공화당이 전국적 우세를 차지하도록 했다. 이런 자랑이 당파적 게리맨더링을 인정하는 것으로 들리지 않는다면, 대체 어떤 것이 당파적 게리맨더링인지 모를 일이다. 귀마개 선거구가 만들어진 이야기도 선거구를 그린 정치인들이 당파적 이익을 염두에 두었음을 인정했다는 점에서 REDMAP 이야기와 비슷하다. REDMAP보다 훨씬 작은 규모였고, 라틴계 유권자들에게 힘을 실어주려 했다는 변명도 있었지만. 귀마개 선거구는 20년 전 라틴계 후보를 선출하는 선거구를 만들기 위해 민주당이 고용한 전문 선거구 제도사 킴 브레이스Kim Brace가 만들었다. 브레이스는 정당에 고용되어 전국적으로 다수의 선거구를 만들어낸 경력이 있는 전문가였다. 그는 선거구를 그릴 때 다양한 요소를 고려했다. 고려된 모든 요소는 브레이스와 그의 고용자들이 주장하듯이 합법적이었다.

브레이스가 선거구를 그릴 때 고려해야 했던 요소는, 이 선거구에서 라틴계 민주당 후보가 당선되도록 도우라는 요청이 전부가 아니었다. 선거구의 인구 규모를 다른 선거구와 비슷하게 유지할 것도 고려해야 했다. 그는 한 인종 집단을 합침으로써 다른 보호 대상 인종 집단을 갈라놓을 가능성을 생각해야 했다. 그 누구라도 혼자서 이 모든 복잡성을 다룰 수 있는 사람은 없다. 브레이스가 주방 식탁에 앉아 일리노이주 지도를 펼쳐놓고 계산기로 덧셈을 하면서 선거구의 경계선을 그리고 지우는 모습을 상상한다면, 당신은 상당히 시대에 뒤처진 사람이다. 브레이스는 선거구를 그리기 위해 알고리즘으로 무장한 컴퓨터를 이용했다. 알고리즘은 선거구의 구성에 대해서 법적으로 요구되는 모든 규칙을 고려하고, 어떻게든 규칙을 충족하면서 브레이스의 고객들에게 당파적 이익을 제공하는 지도를 만들어낸다.

하지만 알고리즘은 브레이스의 작업을 더 쉽게 해주는 한편으로, 선거구를 놓고 다투는 상대편의 일을 훨씬 더 어렵게 만들 수 있다. 귀마개 선거구에 대한 소송을 제기한 공화당은 선거구가 게리맨더링되었다고 주장했다. 소송에서 주장된 선거구 조작의 더 적절한 이름은, 이 선거구를 승인한 일리노이 주지사 팻 퀸Pat Quinn을 기리면서 악명 높은 귀마개 모양을 암시하는 '퀸마개Quinnmuffing'일지도 모른다.

일리노이주 공화당은 소송에서 제4선거구의 괴상한 경계선이 공화당을 '지지하는' 라틴계 유권자를 의도적으로 차별한다고 주장했다. 아마도 차별할 의도는 없었겠지만 브레이스가 라틴계 유권자를 염두에 두고 선거구를 그린 것은 사실이었다. 하지만 때로는 소수집단에 참정권을 부여하기 위해서 그려졌다는 선거구가 그 집단의 참정권을 박탈한다는 비판을 받기도 한다. 예컨대, 2017년 연방법원은 바로 그런 이유로 노스캐롤라이나주 제12하원의원선거구가 잘못되었다는 판결을 내렸다. 85번 고속도로를 따라 길게 늘어진 제12선거구는 노스캐롤라이나주에서 가장 크고 아프리카계 주민이 많이 거주하는 세 도시인 윈스턴세일럼, 그린즈버러, 그리고 샬럿을 통과한다. 공화당은 자신이 그린 이 선거구를 선거권법이 요구하는 바에 따라 소수집단의 유권자들에게 과반수의 지위를 부여하는 선거구를 지칭하는 용어인 다수-소수 선거구라고 불렀다. 그러나 대법원은 이 선거구가 '패킹packing'되었다고 판결했다. 패킹은 특정 집단의 인구를 지나치게 과밀화하여 전체 주에 대한 집단의 영향력을 의도적으로 약화시키는 조치를 말한다. 공화당은 모든 흑인 유권자를 한 선거구에 몰아넣음으로써 민주당 소속일 가능성이 높은 흑인 하원의원이 한 명 넘게 선출될 기회를 제한했다. 따라서 대법원은 이 선거구에 헌법에 위배되는 인종적 게리맨더링이 있다고 판결했다.

하지만 연방법원은 시카고의 귀마개 선거구가 라틴계 주민을 차별하지 않는다는 판결을 내렸다. 법원은 이 선거구가 '기존의 경계선을 보존하고 이익 공동체들을 유지하기 위하여' 20년이 넘도록 괴상한 형태를 유지해왔다고 판단했다. 달리 말하자면, 선거구의 괴상한 경계선이 패킹이 아니라는 것이었다. 연방법원의 판결에 따라 귀마개 선거구는 다수-소수 선거구가 되었다.

귀마개 모양의 선거구는 공화당 지지자들을 분산시킴으로써 그들의 투표권을 의도적으로 약화시킬까? 법원은 귀마개 모양의 선거구가 민주당에 우위를 부여할 수 있다고 인정했지만 또한 모든 가능한 선거구 중에 최선일 수도 있다고 판단했다. 브레이스의 일을 더 쉽게 해준 알고리즘이 상대적으로 게리맨더링을 식별하는 일을 더 어렵게 만드는 것은 이 대목이다. 법원은 당파적 게리맨더링 여부를 판단하기 위해 알아야 할 귀마개 선거구의 구성에 관련된 요소가 너무 많다고 주장했다. 컴퓨터라면 그 모든 요소를 처리할 수 있겠지만, 인간인 판사는 할 수 없다. 브레이스와 그를 고용한 민주당이 공화당에 의도되지 않은 피해를 입히지 않으며 라틴계 공동체에 참정권을 부여한다는 합법적 목표를 달성할 수 있었는지 알아낼 방법은 없다. 알고리즘에 반영된 요소가 너무 많아서 무언가 더 나은 대안이 가능했는지를 판단하기가 너무 어렵기 때문이다.

그러나 불균형한 대표성을 확인하는 일은 어떻게 되었는지 의문을 가질 수 있다. 법원은 선거 결과를 살펴서 귀마개 선거구가 민주당에 불공정한 이점을 제공했는지 판단할 수 없었을까? 연구자들은 일리노이주에서 등록한 유권자 중 민주당원과 공화당원의 수를 찾아낼 수 있었다. 만약 공화당원이 더 많은데 대부분 선거구에서 민주당이 승리한 것으로 보인다면, 당파적 게리맨더링을 주장할 타당한 근거가 될 수 있다.

설사 이것이 사실이었다고 해도—일리노이주에서는 그렇지 않았지만—불균형한 대표성 자체가 당파적 게리맨더링을 입증할 수는 없다. 이는 때로 소수집단에 상당한 이점을 부여하는 선거구를 그리는 일이 어쩌다가—우연히는 아닐지라도—특정 정당에 혜택을 주는 결과가 된다는 것도 부분적 원인이 된다. 시카고의 라틴계 주민을 위한 최선의 선거구가 또한 민주당에 약간의 이점을 제공할 수도 있다. 이는 법적인 측면에서 역사적인 유권자 차별을 극복하고자 한다면 타당한 절충으로 간주된다.

그리고 때로는 선거구를 그리는 사람들의 통제력을 벗어난 이유로 불균형한 대표성이 발생하기도 한다. 예를 들어, 민주당 지지자들은

도시에서 살고 공화당 지지자들은 시골과 교외 지역에 거주하는 경향이 있다. 선거구 그리기 전문가의 대부분은 선거구가 지리적으로 조밀해야 한다는 데 동의한다. 하지만 이는 도시에 거주하는 민주당 지지자들이 소수의 선거구에 밀집되는 반면, 시골에 사는 공화당 지지자들은 주의 인구에서 그들이 차지하는 비율로 보아 타당하게 여겨지는 것보다 더 많은 선거구에서 과반수를 확보하기에 충분할 정도로 널리 분산되는 경향이 있음을 의미한다.

게다가 불균형한 선거 결과는 선거구에 기반을 두는 시스템에서 벌어지는 박빙의 선거전에 관한 당혹스러운 진실에서도 나올 수 있다. 주에서 민주당과 공화당에 투표하는 유권자의 비율은 50 대 50에 가까운데, 선거구별 선거 결과는 50 대 50에 가깝지 않을 가능성이 있다. 이는 각 선거구에서 한 정당의 승리가 결정되는 데 몇 장의 표만 더 얻으면 충분하기 때문이다. 정당 간 지지율의 차이가 근소한 주에서는 그런 몇 장의 표가 쉽사리 한 정당이 승리를 거두도록 하는 결과를 낳을 수 있다. 특정 정당이 압도할 가능성이 가장 낮을 것으로 예상되는 주에서 종종 가장 불균형한 선거 결과를 볼 수 있음은 아이러니한 일이다.

불균형한 선거 결과는 불공정하게 느껴질 수 있다. 그러나 정치인들이 통제할 수 없는 이유로 그런 결과가 나왔을 수도 있다. 어쨌든 불공정성이 본질적으로 헌법에 위배되는 것은 아니다. 적어도 판사들은 그렇게 말한다. 그들은 불법적 게리맨더링이 사실인지의 여부는 우리가 판단하기에 너무도 복잡한 문제라고 말한다.

때로는 결정의 배후에 있는 편견이 한밤중의 네온사인처럼 두드러진다. 그렇지 않을 때는, 그러한 편견의 존재 여부를 논쟁하는 것이 타당한지에 대하여 대법관들을 비롯한 사람들의 의견이 일치하지 않는다. 판사들은 명확한 근거와 문제에 대한 명확한 개선책이 없으면 정치적 절차와 결정에 개입하지 못하게 되어 있다. 결과적으로 당파적 게리맨더링처럼 복잡한 문제에 직면한 판사는 고개를 돌리고 만다.

2004년, 대법관 앤터닌 스캘리아Antonin Scalia는 당파적 게리맨더링에 관한 대법원 소송 사건에 대한 의견서를 썼다. "정치적 게리맨더링 주장을 인정하는 판결을 내릴 만큼 사법적으로 판별 및 관리할 수 있는 기준이 드러나지 않았다. 그런 기준이 없으면 정치적 게리맨더링 주장이 정당화될 수 없다는 결론을 내릴 수밖에 없다." 스캘리아 판사가 보낸 것으로 보이는 청신호를 바탕으로 일부 정치인들은 자신이 소속된 정당의 이익을 위해 선거구를 다시 그릴 것임을 분명히 했다. 심지어 선거구를 그림으로써 자신의 정당이 얻게 될 이점만을 고려하므로 인종차별적 선거구를 그렸다고 비난받을 일은 없을 것이라고 공언한 사람들도 있었다. 예컨대, 노스캐롤라이나주의 정치인들은 그들의 선거구가 흑인(대개 민주당 지지자인)의 참정권을 박탈하므로 헌법에 위배된다는 판결이 나온 후에 자신들은 백인 유권자가 아니라 공화당에 이로운 선거구를 만들고 있다는 것을 기록에 남겼다. 노스캐롤라이나주의 공화당 소속 하원의원 리처드 루이스Richard Lewis는 "우리는, 어느 정도까지, 이 지도를 그리는 데 정치적 데이터를 사용할 것임을 분명히 밝히고자 한다. 지도를 통해 당파적 이익을 얻기 위함이다"라고 말했다. 재판에 회부되지 않으므로 그런 의도를 숨길 필요가 없다.

그러나 게리맨더링을 제거하려는 노력이 아무런 성과도 내지 못한 것은 아닐지도 모른다. 2004년 스캘리아 판사가 의견서를 쓴 이래로 수학자들이 많은 진보를 이루어냈기 때문이다. 수학자들은 변수들을 다루는 데 특히 능숙함을 보였으며, 우리가 실제로 이런 복잡성을 다룰 수 있다고 말한다. 우리는 불균형한 선거 결과를 당파적 게리맨더링 탓으로 돌리고 당파적 게리맨더링을 재판에 회부할 수 있을 정도로 그러한 복잡성을 다룰 수 있다. 우리에게 필요한 것은 또 하나의 알고리즘이다.

알고리즘은 편견을 영구화하는 데 이용될 수 있다. 하지만 웬디 탐 조Wendy Tam Cho와 같이 사회의식이 있고 양심적인 수학자의 손에서는 편견을 밝히는 데 사용될 수 있다. 조는 가장 복잡한 상황에서도 당파적 게리맨더링을 찾아내고 보다 공정한 대안을 제시하는 신뢰할 수 있는 알고리즘을 구축했다고 주장한다.

조는 자신이 항상 권력에 매료되었다고 말한다. 그녀의 수학 연구는 "인간 사회에서, 어떻게 우리는 스스로 사람 간에 권력 차이가 있는 지배 구조를 조직해 따를 수 있는 걸까?"라는 골치 아픈 질문에 의해서 추진된다. 사람들은 부당하게 권력을 분배하기 위해 수학을 남용하기도 한다. 하지만 조는 수학을 제자리로 돌려놓는다. 그녀는 알고리즘을 사용해 사람들에게 권력을 돌려준다.

요약하자면, 게리맨더링 선거구를 찾아내고 공정한 선거구를 구성하는 알고리즘을 구축하려 할 때 수학자들이 직면하는 문제는 다음과 같다. 그들은 모든 합법적 선거구를 그리고, 그중에서 어느 것이 가장 공정한지를 판단하는 알고리즘을 구축하기를 원한다. 하지만 이런 일은 가능한 선거구의 수가 천문학적으로 많기 때문에 불가능하다. 노스캐롤라이나주에만 12개 선거구, 6,155개 인구조사 블록 그룹이 있다. 슈퍼컴퓨터라 할지라도 어느 선거구가 최선인지를 분석하는 것은 고사하고, 가능한 모든 선거구를 적절한 시간 안에 찾아내는 일조차 할 수 없다.

이 문제에 대한 조의 해답은 비교적 간단하게 들린다. 모든 선거구를 확인할 수 없다면, 더 적은 표본을 확인해보는 것은 어떨까? 하지만 어떤 표본을 확인할지 알아내는 일은 수학적으로 매우 복잡하다. 당신은 그저 무작위로 선택할 수도 있다. 그러나 그건 쓸모가 없을지 모른다. 무작위로 선택된 선거구 중에는 실재하지 않는 것이 많기 때문이다. 아니면, 선거구를 그릴 때 고려하는 기준의 개수를 줄이는 방법이 있다. 이렇게 하면 선거구 표본을 줄일 수 있을 것이다. 하지만 이때도 여전히 미국의 인구통계학적 경관을 반영하지 못하는 문제가 있다. 우리가 제거하는 어떤 기준이든 '선거구 생성' 및 '선거구 비교' 알고리즘의 정확성과 현실성을 떨어뜨릴 것이다. 반면 우리가 추가하는 어떤 기준이든 선거구를 무작위로 선택하는 알고리즘이 선거구의 공간space of districts을 커버하고 대표성 있는 표본을 선택하는 일을 어렵게 만들 것이다.

조와 그녀의 공동저자 얀 류Yan Liu는 공정성을 확인할 선거구의 표본 수를 어떻게든 줄일 필요가 있음을 알았다. 그러나 무작위적인 표본 선택과 기준 개수를 줄이는 방법을 제외하면, 무엇을 할 수 있을까?

조와 류는 더 나은 방법을 찾아냈다. '합리적으로 불완전한 계획'을 만들어내는 알고리즘을 개발한 것이다. 이는 법적 요구 사항을 충족하면서 게리맨더링을 배제한다. 또한 정치적 지형에 특화된 기준에 부합하므로 정부가 시행하는 것이 가능하다. 조와 류는 오직 '합리적으로 불완전한 계획'만으로 범위를 좁힘으로써 괴상한 가능성들을 솎아 내고, 보다 점검이 용이한 계획의 집합을 얻을 수 있었다. 슈퍼컴퓨터는 조와 류가 개발한 알고리즘을 사용해 그러한 계획을 입안한다. 이제 합리적인 계획의 목록을 확보한 조와 류는 축소된 목록에서 무작위로 선거구를 선택한다.

그들이 무작위로 선택한 계획들은 최종 검증을 받는다. 이들 계획이 정치인들이 게리맨더링을 주장하는 선거구보다 공정한가, 그렇지 못한가? 조와 류는 논쟁의 대상인 선거구가 특정 정당이나 인종 집단에 더 유리하다는 것처럼 사람들이 다투는 기준에 비추어 다른 선거구보다 못한지, 나은지, 아니면 비슷한지를 평가할 수 있다. 논쟁의 대상인 선거구가 정치 또는 인종 집단을 동등하게 대우하는 가상의 선거구와 차이가 없다면, 그 선거구에는 아마도 게리맨더링이 없을 것이다. 그러나 가상의 선거구보다 못하다면, 조와 류는 선거구에 게리맨더링이 개입되었다는 수학적 증거를 확보하게 된다. '합리적으로 불완전한 계획'의 집합에 더 나은 선거구가 많이 있다면, 아마도 문제의 선거구는 정치적 또는 인종적인 이유를 갖는 것으로 그려졌을 것이다. 그리고 조와 류는, 우리가 문제의 개선책을 제시할 수 없기 때문에 당파적 게리맨더링에 관한 분쟁을 재판에 회부할 수 없다는 스캘리아 판사의 결론을 극복했다.

조와 류는 자신들의 혁신적인 알고리즘을 공화당이 민주당에 유리하다고 주장한 메릴랜드주의 선거구들에 적용했다. 알고리즘은 메릴랜드의 기존 선거구들 못지않게 법적으로 요구되는 기준을 충족한 약 2억 5,000만 장의 지도를 식별했다. 그러고는 이 거대한 목록을 메릴랜드주의 선거구를 그리는 사람들이 '합리적으로 불완전한 계획'의 집합을 구성해 합리적으로 선거구를 선택할 수 있도록 약 25만 장의 지도로 줄였다.

메릴랜드의 기존 선거구 지도는 당파적 편견의 관점에서 약 25만 장의 실행 가능한 다른 지도와 어떻게 비교되었을까? 당파적 게리맨더링 측면에서 지도를 검토하는 방법은 여러 가지다. 조와 류는 특정 정당이 선거에서 확보한 의석수가 그 정당을 선호하는 유권자의 비율 변동에 대해 어떻게 반응하는지를 살펴보기로 했다. 공정한 시스템에서는 민주당을 지지하는 유권자의 비율이 떨어진다면 민주당이 얻는 의석수 역시 감소할 것을 예상할 수 있다. 하지만 선거구 지도의 반응성이 낮다면, 민주당이 얻는 의석수는 예상보다 덜 감소할 것이다. 유권자의 선호도 변화에 대한 지도의 반응성이 낮을수록 게리맨더링의 가능성이 크다.

조와 류의 연구 결과를 읽어보기 전에, 잠시 시간을 들여 메릴랜드 주 선거구에 대한 각자 나름의 판단 기준을 설정해보자. 메릴랜드의 선거구에 게리맨더링이 있다고 판단하려면, 25만 장 중에서 유권자의 정치적 선호도 변화에 대한 반응성이 더 높은 지도가 얼마나 되어야 할까? 지도를 그리는 사람들에게 엄격한 태도를 유지하여, 4분의 1이라고 할 것인가? 당신은 공정한 선거구를 그리는 일처럼 중요한 책무를 맡은 정치인들이라면 심지어 슈퍼컴퓨터보다도 유능해야 한다고 주장할지도 모른다. 아니면 공평하게 절반이라고 할 것인가? 또는 너그럽게 75퍼센트?

아마도 당신이 어떤 기준을 선택하든, 조와 류가 메릴랜드의 기존 선거구보다 낫다는 것을 찾아낸 가상 지도의 실제 비율 근처에도 못 갈 것이다. 슈퍼컴퓨터가 그린 선거구의 거의 95퍼센트가 메릴랜드의 기존 선거구 지도보다 정당 선호도 변화에 대한 반응성이 높았다. 메릴랜드의 선거구 지도는, 정치인들이 멋대로 선거구를 선택했다 하더라도, 그 이상으로 나쁜 선거구가 되었을 가능성이 5퍼센트에 불과할 정도로 형편없었다. 5퍼센트라면 대단한 확률이 아니다. 조와 류의 알고리즘은 메릴랜드의 선거구 지도에 정치적 게리맨더링이 개입되었을 가능성이 크다는 것을 보여주었다.

조와 류의 알고리즘은 완벽하지 않다. 비평가들은 논쟁의 대상인 선거구와 합리적으로 불완전한 선거구의 반응성을 비교하는 것이 선거구를 평가하는 최선의 방법은 아니라고 주장한다. 선거전이 치열한 주에서는 선거구 경계선에 게리맨더링이 없더라도 대표성이 한쪽으로 치우치는 결과가 나올 수 있다. 그러나 조와 류의 가상 선거구 알고리즘은 실제 선거구 문제의 복잡성을 다루는 데 매우 유용하다. 더 좋은 점은 사람들, 특히 국회의원과 판사들이 게리맨더링이 있는 선거구를 결정하고 보다 공정한 선거구 경계선의 시행을 요구하는 데 사용할 수 있는 정보를 만들어낸다는 것이다. 이 알고리즘은 많은 전문가가 해결될 수 없다고 우려한 수학 문제를 해결하는 새로운 지평을 열었다. 수학을 이용해 힘의 균형을 다시 사람들 쪽으로 기울였다.

아마 알고리즘이 우리의 정치 체제를 불공정하게 만들기 위해 오용된 적도 있었을 것이다. 그러나 이 강력한 도구는 가능성을 보여준다. 우리가 할 일은 알고리즘을 만드는 사람들의 작업을 계속하여 확인하는 것뿐이다.

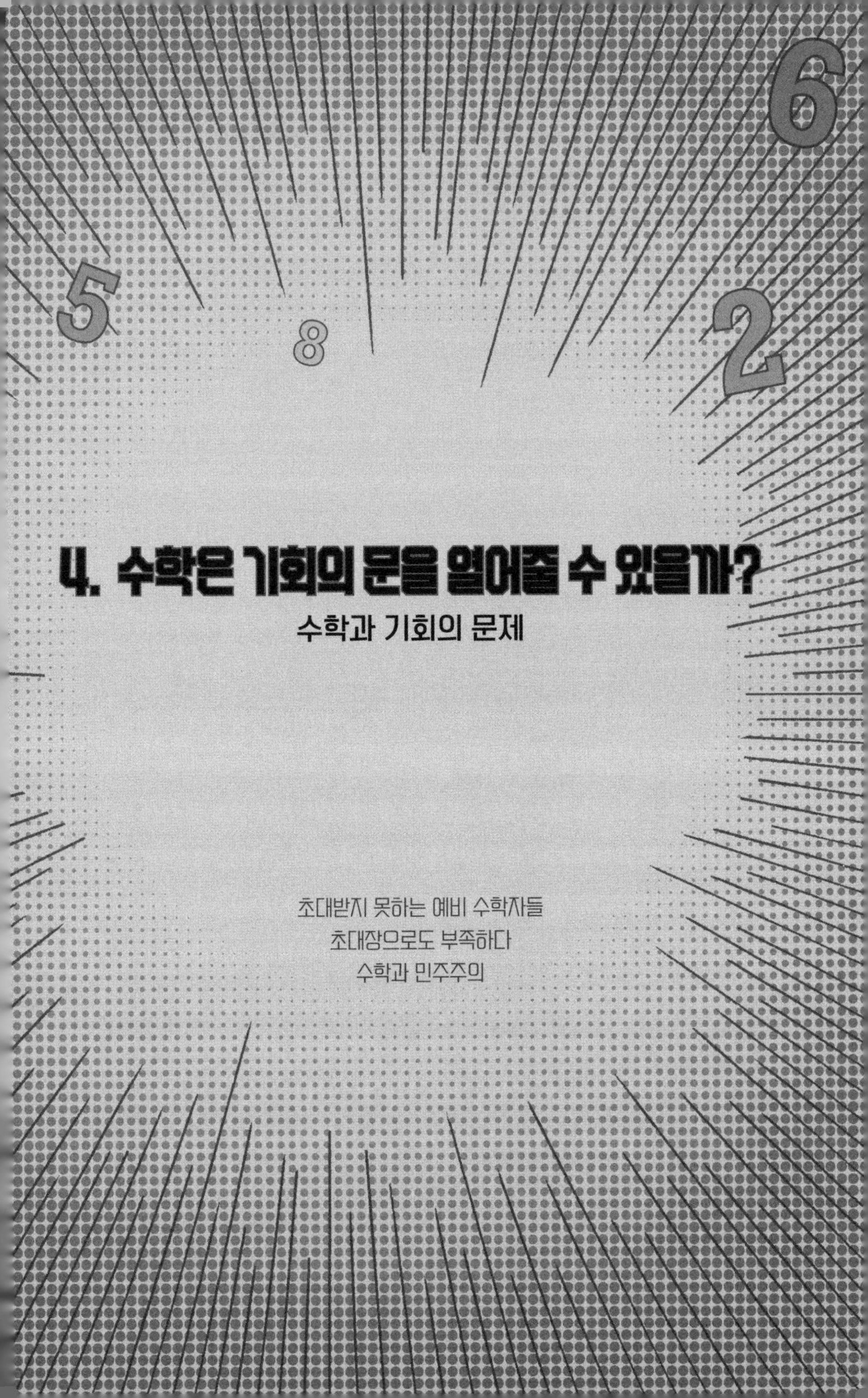

4. 수학은 기회의 문을 열어줄 수 있을까?

수학과 기회의 문제

초대받지 못하는 예비 수학자들
초대장으로도 부족하다
수학과 민주주의

SUPER
MATH
슈퍼매스

초대받지 못하는 예비 수학자들

5개 국가의 중학생 500명에게 '일하고 있는 수학자'의
모습을 그려보도록 한 연구가 있었다.
엄청나게 많은 학생이 아이들에게 폭력적으로 수학을 강요하는 어른을 그렸다.
어리석고 폭력적인 데 더해, 학생들이 그린 수학자의 대다수는 남자였다.
여학생들조차도 대개 남성 수학자를 그렸다.

15살이 채 되지 않은 상냥한 소녀가 카메라 앞에 앉아 있다. 큼직한 안경과 눈을 덮은 검은 머리카락 사이로 보이는 소녀의 커다란 눈에는 기쁨이 가득하다. 소녀는 말한다.

> 수학은 예술이라고 말하고 싶어요. 수학은 우리의 사고방식을 바꿀 수 있고, 수학 공식은 머릿속에 수십억의 세계를 열어줘요. 무한과 같은 숫자를 만들 수도 있지요. 그래서 수학을 가지고 노는 일은 정말 재미있어요. 많은 사람이 수학을 하려면 완벽해야 한다고 생각하지요. 이렇게, 또 저렇게 공식을 다뤄야 한다고요. 하지만 누구나 공식과 숫자를 가지고 '탐험'도 할 수 있어요. 그리고 정말로 너무도 멋진, 정말 완

전 쿨cool한 무언가를 창조하지요.

위의 말로 소녀의 나이가 많지 않다는 것은 짐작할 수 있을지 몰라도, 소녀의 초등학교 시절이 자신의 표현대로 "별 볼 일 없었"다는 것은 알 수 없다. 소녀가 라틴계이고 뉴욕 브롱크스에서 자라났다는 것, 그리고 이전에는 수학을 좋아하지 않았다는 사실도. 그렇지만 이제 소녀는 수학이 가지고 놀기 재미있으며 정말로 너무도 멋진, 정말 완전 쿨한 무언가를 창조하게 해준다고 말한다.

수학이 '머릿속에 수십억의 세계를 열어줄 수 있다'고 말하는 사람을 상상할 때, 우리는 과연 이 어린 소녀 같은 사람을 떠올릴까? 그렇지 않다면 이유는 무엇일까?

이 인터뷰를 한 젊은 여성은 자신을 초보 수학자로 생각할 것이다. 그녀와 같은 인구통계학적 배경을 가진 전문 수학자는 매우 드물다. 수학에 관한 연례 조사 결과에 따르면 2014년에 수학 박사학위를 받은 1,926명 중 히스패닉계나 라틴계 여성은 13명에 불과했다. 히스패닉계와 라틴계 남성의 경우는 조금 나아서 54명이 수학 박사학위를 받았다. 히스패닉계와 라틴계 주민은 미국 인구의 거의 20퍼센트에 달하지만, 전체 수학 박사 수에서 차지하는 비율은 4퍼센트에도 미치지 못한다.

나이를 고려할 때 이 젊은 여성의 사례가 더욱 의미 있게 여겨지는 것은 2015년도 국가교육발전평가에서 라틴계 8학년 학생 중 불과 19퍼센트만이 수학에 능숙한 것으로 밝혀졌기 때문이다. 이와는 대조

적으로 백인 8학년 학생은 43퍼센트가 수학에서 중요한 평가 기준에 도달했다. 이 젊은 여성은 극소수 중 하나다.

STEM이라고도 알려진 과학Science, 기술Technology, 공학Engineering, 그리고 수학Math 분야에서 여성과 유색인종의 상대적 부재는 잘 알려진 문제다. STEM의 네 분야 중에서는 수학 분야의 다양성이 가장 떨어진다. 이는 단지 학문적인 문제가 아니다. 사회적 문제이기도 하다. STEM 분야의 다양성 부족은 다른 사회적 문제를 야기한다. 우리 사회에서 경제적 기회의 상당 부분이 STEM 분야의 전문성 및 학위와 관련되므로 STEM 분야에서 배제된 소수집단은 폭넓은 경제적 기회에서 배제되고, 경제적, 사회적, 그리고 정치적인 피해를 입을 수 있다. 이는 또한 소수집단에 속한 개인과 공동체에 직접적인 영향을 미치는 문제를 해결함에 있어서 그들을 배제하는 결과를 낳을 수 있다. STEM 분야의 학위를 소지한 사람들은 세계에서 가장 중요한 몇몇 사회문제를 해결하는 최전선에 있다. 문제를 해결하는 사람들이 해결하려는 문제의 당사자들을 적절히 대변하지 못하면 불평등한 결과를 초래할 수 있다. 아마도 흑인 피고인을 차별하는 재범예측 알고리즘의 이야기보다 이 문제의 영향력을 잘 보여주는 사례는 없을 것이다.

STEM 프로그램들의 다양성 결핍은 여학생과 유색인종 학생의 교육 문제에서 발생하는 악순환의 근원이다. 높은 수준의 수학을 공부하는 여성과 유색인종이 적으면 이 분야의 교사 집단에도 다양성이 부족하게 될 것이다. 앞에서 소개한 소녀도 자신과 비슷한 사람들 중 수학에 뛰어난 사람을 보지 못하면 자신이 수학에 뛰어나다고 상상하기가 어렵다. 그들이 수학자가 될 가능성도 줄어든다. 따라서 학교에 동질성을 느낄만한 여성 또는 유색인종인 수학교사가 없을수록 여성과 유색인종 학생 역시 더 높은 수준의 수학을 추구할 동기를 느끼지 못하는 식으로 악순환이 계속된다.

그렇다면 이러한 악순환을 끊는 데 수학자들이 어떻게 도움을 줄 수 있을까? 많은 수학자가 도움을 주려 노력하고 있다. 하지만 우리는 이 질문에 답하기 전에 다른 질문부터 탐구해야 한다. 전문적 수학자가 되려면 무엇이 필요한가?(미리 일러두자면, 학교의 수학수업이나 국가교육발전평가에서 잘하는 것으로는 충분치 않다.)

테런스 타오Terence Tao는 수학 신동이었다. 그는 9살 때 오스트레일리아 애들레이드에 있는 자기 집 근처의 대학교에서 수학 강의를 들었다. 17살이 되어서는 프린스턴대에서 박사학위 과정을 시작했다. 그는 수학 분야에서 가장 권위 있는 상인 필즈상과 속칭 '천재 장려금'이라 불리는 맥아더 펠로우십을 수상했다. 10살이 되어서는 최연소로 국제수학올림피아드에서 메달을 획득했다. 타오가 현재 UCLA대 수학교수인 것은 놀랄 일이 아니다.

타오의 수학적 재능을 보면 그가 수학자가 된 것은 당연해 보인다. 그런 능력은 매우 희귀하다. 타오를 천재 중의 천재라고 부른 사람들도 있었다. 그가 어떻게 수학자가 되지 않을 수 있었겠는가?

타오의 성공을 이런 식으로 생각하는 사람이 우리뿐만은 아니다. 다수의 저명한 수학자도 수학적 능력을 천재성의 결과로 본다.

역사상 가장 유명한 수학자의 한 사람인 앙리 푸앵카레Henri Poincaré

도 비슷한 설명을 했다. 그는 수학자들에게는 다른 사람에게는 부족한 능력, 필연적으로 수학자가 될 수밖에 없는 능력이 있다고 주장했다. 푸앵카레는 이런 능력을 '특별한 감수성'이라고 불렀고, 자신의 책에서 수학적 발견이란 "모든 수학자들의 특별한 감수성을 매혹시키지만, 무지한 일반인은 종종 웃어넘겨버리는" 발견이라고 했다.

푸앵카레에 따르면, 이들 운 좋은 소수에게는 이해할 수 없는 주제를 자신에게는 거의 명백한 것으로 바꾸는 천재성이 있다. 수학자에게 수학이란 "요소들이 조화롭게 배열되어 있어서 힘들이지 않고 세부를 무시함이 없이 전체를 마음으로 받아들일 수 있는" 주제라는 것이었다. 푸앵카레는 불운한 대중을 조롱하는 듯한 동정심을 나타내면서 수학자들은 다른 사람들이 자기처럼 수학을 경험하지 못하는 것을 이해하기가 어렵다고 한탄했다. 그렇지만 수학자들이 자신의 수학적 아이디어에 관해 수학적 천재성이 없는 일반인들과 소통하는 것은 불가능하다. 푸앵카레는 말한다.

> 첫 번째 사실 하나는 우리를 놀라게 할 것이 틀림없다. 우리가 그런 일에 별로 익숙하지 않다면 오히려 놀라운 일이 될 것이다. 어떻게 수학을 이해하지 못하는 사람들이 존재할까? 만약 과학이 모든 잘 계발된 정신이 수용하는 논리적 법칙에만 의존하고, 과학의 증거가 모든 사람에게 공통적인 원리들에 기초한다면, 어떻게 그토록 많은 사람이 과학에 전적으로 둔감할 수 있을까?

푸앵카레에 따르면, 수학자를 일반인과 구별하는 것은 '특별한 감수성'이다. 푸앵카레는 이러한 감수성이 어디서 오는지는 언급하지 않았다. 하지만 특별한 감수성을 가진 사람이 극히 소수이고, 후천적으로 얻을 수 있는 것이 아님을 분명히 했다. 푸앵카레에 따르면 수학적 능력은 배워서 얻을 수 없다. 능력을 갖추고 태어나거나, 아니면 능력 없이 살아가는 법을 배워야 한다.

이는 매우 극단적인 입장으로 들릴 수 있다. 그러나 수학자가 천재라는 널리 퍼진 관습적 견해에는 부합한다. 천재성은 배울 수 없다. 타고나는 재능이다. 그리고 타오 같은 사람이 특별한 감수성을 갖춘 소수에 속한다는 결론을 내리는 것은 어렵지 않다. 타오에게는 분명 수학의 재능이 있으며, 그의 성공은 재능으로 상당 부분 설명된다. 푸앵카레의 말대로라면, 수학자가 되는 사람들은 그렇게 운명이 정해진 사람들이다.

이러한 입장은 수학 분야에 더 많은 여성과 유색인종이 없는 이유에 대해 몇 가지 우려할만한 결론을 암시한다. 푸앵카레의 입장을 논리적 결론에 이르기까지 따라가보자. 모든 수학자가 천재로 태어난 사람들이라면, 더 많은 여성과 유색인종을 수학 분야로 끌어들이기 위해서는 그들 중 천재를 찾아내야 한다. 수학자들이 여러 세기 동안 여성과 유색인종 중에서 더 많은 천재를 찾아내지 못했다면 그들 중에 천재가 없다는 결론을 내리는 것이 타당할 것이다. 그렇다면 우리는 높은 수준의 수학 분야에 여성과 유색인종이 그렇게 적은 이유가 단지 그들 중에 천재가 없기 때문이라고 믿어야 할까? 푸앵카레라면 그렇게 말할 것이고, 수학자들을 타고나는 천재로 보는 관습적 견해도 비슷한 결론을 내린다. 우리도 그 의견에 동의해야 할까?

나는 그러지 않기를 바란다. 그럼 우리는 어떻게 푸앵카레의 주장을 반박할 수 있을까? 타오의 연구 분야를 살펴보는 것이 출발점이 될 수 있다. 푸앵카레의 말대로 정말 수학자가 아닌 사람은 타오의 연구를 이해할 수 없는 것일까? 타오의 연구를 이해하고, 그와 함께 연구하려면 꼭 천재가 되어야 할까?

수학에 대한 타오의 가장 중요한 기여 중 하나는 정수론(整數論)이라는 분야에서 이루어졌다. 그는 정수론에서 2,000년 넘게 풀리지 않았던 문제를 풀려고 노력했다. 믿을 수 없을 정도로 간단한 문제이지만, 애가 탈 정도로 파악하기 어려운 문제이기도 하다.

정수론에는 단순하지만 파악하기 어려운 문제가 많다. 정수론은 가장 기본적인 수, 우리가 수를 세는 데 사용하는 숫자들의 성질을 다룬다. 수학자들은 이렇게 수를 세는 데 쓰이는 숫자를 자연수라고 부른다. 아마 당신도 초등학교 시절 수학 시간의 대부분을 자연수를 공부하면서 보냈을 것이다. 뛰어 세기, 소인수분해하기, 최대공약수 찾기… 이들 모두는 초등학교에서 가르치는 주제다. 또한 정수론에서 가장 흥미로운 문제들과 관련이 있는 내용이다. 실제로 타오가 연구한 미해결 문제는 수학자와 초등학생 모두에게 중요한 수, 소수(素數)를 다룬다.

소수가 뭔지 기억하지 못할 당신을 위해 잠시 초등학교에서 배운 수학을 복습해보자. 소수는 자신과 1로만 나누어떨어지는 숫자다. 나누어떨어진다는 것은 자연수를 다른 자연수로 나눌 때 분수나 소수점 아랫자리가 있는 수가 아닌 또 하나의 자연수가 나온다는 뜻이다. 4는 자기 자신과 1 외에도 2로 나누어떨어지므로 소수가 아니다. 그러나 5는 소수다. 당신이 애를 쓰더라도, 5와 1 말고 5를 나눌 때 분수가 나오지 않는 수를 절대 찾을 수 없을 것이다. 오름차순으로 처음 5개의 소수는 2, 3, 5, 7, 11이다.

소수는 초등학생에게 가르칠 수 있을 정도로 단순하다. 하지만 타오를 비롯한 다수의 저명한 수학자가 계속 연구할 정도로 신비로운 수이기도 하다.

타오가 연구하는 미해결 문제는 '쌍둥이 소수 추측'이라고 불린다. 다음과 같은 문제다. '숫자 하나를 건너뛰어 존재하는 소수 쌍의 수가 무한함을 보여라.' 간단하게 들리지만 2,000년도 더 전에 유클리드가 제기한 이래로 풀리지 않은 문제다.

작은 숫자 중에는 쌍둥이 소수가 비교적 흔하다. 3과 5, 5와 7, 11과 13, 17과 19 모두 쌍둥이 소수다. 쌍둥이 소수가 얼마나 자주 나타날지를 예측하는 패턴은 알려진 것이 없다. 2016년 말에는 $2,996,863,034,895 \times 2^{1,290,000}-1$과 $2,996,863,034,895 \times 2^{1,290,000}+1$이 그때까지 알려진 가장 큰 쌍둥이 소수였다. 엄청나게 큰 숫자이지만, 우리가 무한대까지 세어나갈 때 쌍둥이 소수가 계속해서 나타날지를 확신할 만큼 충분히 크지는 못하다.

쌍둥이 소수 추측의 해결에 대한 타오의 기여는 질문을 약간 바꾼 것이었다. 타오와 그의 동료 벤 그린Ben Green에게는 하나 이상의 숫자

를 건너뛰는 소수의 목록을 찾으려는 아이디어가 있었다. 그들은 이들 다른 집단에 속하는 소수들이 쌍둥이 소수에 관해 유용한 지식을 가르쳐줄지도 모른다고 생각했다. 타오와 그린은 '네 쌍둥이 소수'라고 부를 수도 있는 4만큼 떨어진 소수들(3, 7, 그리고 11)과 '여섯 쌍둥이 소수'인 6만큼 떨어진 소수들(7, 13, 그리고 19), 심지어 '30 쌍둥이 소수'인 30만큼 떨어진 소수들(151, 181, 211, 241, 그리고 271)에 주목했다. 그들의 희망은 이들 다른 집단에 속하는 소수들이 오름차순으로 나타나는 방식을 통해 쌍둥이 소수의 성질을 알아낼 수 있을지도 모른다는 것이었다.

타오의 아이디어는 합리적인 접근법이며, 오직 천재만이 생각해낼 수 있는 유형의 아이디어처럼 보이지도 않는다. 문제를 해결하기 위해서 먼저 좀 더 접근하기 쉬우면서 관련성이 있는 문제의 해결을 시도하는 것은 이해할 수 있는 일이다. 관련된 문제를 해결한다면 원래의 문제에 그 결과를 적용해볼 수 있을 것이다. 사람들은 문제를 해결하기 위해 수학 분야가 아니더라도 항상 이러한 접근법을 채택한다. 그런 접근법을 생각하는 데 천재가 되어야 할 필요는 없다. 타오와 그린은 두 숫자 간격이 아닌 숫자들 중에서 더 많은 소수를 찾을 수 있으며, 그 소수들이 쌍둥이 소수 추측에 도움이 될 수 있다고 생각했다. 그들은 이 방법을 통해 소수들이 무리를 짓는 방식을 이해하는 데 도움이 되는 자료를 많이 확보할 수 있었다. 수학자가 아니라도 이 방법이 타당함은 이해할 수 있을 것이다.

그리고 효과도 있었다. 타오와 그린은 새로운 소수 목록을 검토한 끝에 쌍둥이 소수 추측의 해결을 앞당길 수 있는 발견을 했다. 그들은 집단마다 다른 숫자 간격만큼 떨어진 소수로 이루어진 여러 소수 집단을 구성했다. 그러고는 소수 집단의 목록을 정리하고 비교했다. 타오와 그린은 특정한 간격으로 분리된 소수의 목록이 아무리 길더라도 항상 더 긴 다른 간격으로 분리된 소수들의 목록을 찾아낼 수 있었다. 그들은 여전히 쌍둥이 소수가 영원히 계속되는지의 여부는 알지 못한다. 하지만 어떤 다른 간격으로 분리된 소수는 영원히 계속된다는 것을 안다. 특정한 숫자 간격만큼 분리된 소수의 목록은 2개 정도로 짧을 수도 있고, 당신이 원하는 만큼 얼마든지 길어질 수도 있다.

이 분야의 수학과 관련된 용어와 기법에 익숙하지 않다면, 여기서 논의하는 모든 것을 이해하지 못할 수도 있다. 하지만 상관없다. 요점은 타오와 그린이 문제를 해결하기 위해 채택한 방법이 상당히 평범한 전략이었다는 것이다. 각계각층의 사람들이 고차원적인 문제뿐만 아니라 일상적인 문제를 해결할 때도 그런 전략을 사용한다. 물론 어떤 간격으로 분리된 소수의 목록이 영원히 계속된다는 것을 알아내려면 대부분 사람에게는 없는 전문적 수학 지식이 필요하다. 그러나 타오를 비롯하여 그 어떤 수학 천재도 큰 소수를 다루는 방법의 복잡한 세부 사항을 아는 상태로 태어나지 않았다. 그들도 구체적인 내용을 배워야 한다.

만약 평범한 사람과 천재에게 똑같은 수학을 가르친다면, 평범한 사람이 그런 일을 할 수 있을까? 그가 쌍둥이 소수 추측 같은 문제의 해결에 도움을 주는 방법을 찾아내는 데까지 갈 수 있을까? 푸앵카레라면 아니라고 할 것이다. 푸앵카레가 모든 수학자에게 있다고 말한 '특별한 감수성'은 도전적인 문제에 접근하는 특별한 통찰력에 더 가깝다. 이런 통찰력을 통해 수학자들은 종종 관련된 더 단순한 문제를 해결함으로써 어려운 문제를 해결하는 힌트를 얻는다. 하지만 이것이 정말로 천재 수준의 통찰력일까? 아니면 많은 사람이 자기 분야의 문제에 관해서 갖추고 있으며, 경험과 확신을 얻으면서 따라가는 방법을 배우는 통찰력의 한 유형에 더 가까울까? 푸앵카레라면 전자에 더 가깝다고 말할 것이다. 나는 후자에 더 가깝다고 생각한다. 그리고 수학을 천재들을 위한 학문으로 보는지, 아니면 일반인도 할 수 있다고 보는지의 차이는 당신이 수학교육에 접근하는 방식과 당신이 수학자가 될 수 있다고 생각하는 사람에 있어 큰 차이를 만들어낸다.

쌍둥이 소수 추측에 관한 타오와 그린의 핵심적 통찰이 천재적은 아니라는 말이 그들의 중요한 기여를 깎아내리는 것은 아니다. 이전에는 2,000년이 넘도록 아무도 그들의 접근법을 생각하지 못했다. 타오와 그린에게는 다른 사람들에게 부족한 능력이 있었다. 전문 수학자의 반열에 오른 다른 사람들도 틀림없이 그럴 것이다. 그들은 어떻게 그런 능력을 얻었을까?

만약 이 능력이 천재냐 아니냐의 문제가 아니고, 천재는 상황과 관계없이 나타나기 마련이라면, 이 능력이란 대체 무엇일까? 어쩌면 학교가 답일 수도 있다. 타오, 그린, 그리고 그들과 비슷한 수학자들은 학교에서 수학자의 길을 밟기 시작한 걸까?

가능한 일이다. 그러나 대부분의 어린이가 학교에서 경험하는 수학은 전문 수학자들이 연구하는 유형의 수학과 비슷하지 않다. 학교 수학에서 시작한 수학자가 어떤 사람일지 실제로 그려보기는 어렵다. 물론 우리도 초등학교 시절에 약간의 정수론을 공부했다. 소수가 무엇인지와 소인수분해하는 방법도 배웠다. 하지만 당신은 2,000년이 지났음에도 수학자들이 쌍둥이 소수가 영원히 계속되는지 아닌지를 '여전히' 알지 못한다는 사실을 알았는가? 쌍둥이 소수 추측은 초등학생이라도 이해할 수 있는 수학적 수수께끼다. 어쩌면 초등학생에게도 흥미로운 문제일지도 모른다. 아이들은 퍼즐을 좋아하고, 쌍둥이 소수 추측은 바로 그런 퍼즐이다. 하지만 아마도 대부분의 초등학생은 쌍둥이 소수 추측에 관해서 아무것도 모를 것이다.

전문 수학자들은 매일같이 쌍둥이 소수 추측과 같은 수수께끼와 씨름한다. 그러나 아이들의 상상 속에서 수학자는 수수께끼를 풀고 패턴을 탐지하는 사람이 아니다. 어린이 대부분은 선생님 외에는 수학에 관심을 가진 사람을 아무도 알지 못하며, 아마 전문 수학자를 만난 적도 없을 것이다. 아이들이 상상하는 수학자는 언론 매체에서 묘사되는 수학자의 모습과 비슷하다. 그리고 매체에서 묘사되는 수학자의 모습은 뚜렷하게 비우호적이다.

5개 국가의 중학생 500명에게 '일하고 있는 수학자'의 모습을 그려보도록 한 연구가 있었다. 엄청나게 많은 학생이 아이들에게 폭력적으로 수학을 강요하는 어른을 그렸다. 자신의 수학교사를 연상한 것 치고는 별로 호의적인 초상화가 아니다. 학생들이 그린 수학자 중에는 심지어 무기를 휘두르는 사람도 있었다. 단순한 수학 문제를 틀리게 풀고 있는 바보 같은 사람을 그린 아이도 많았다. 아이들이 가진 수학자에 대한 이미지는 학자보다는 괴짜에 가까워 보인다. 어리석고 폭력적인 데 더해, 학생들이 그린 수학자의 대다수는 남자였다. 여학생들조차도 대개 남성 수학자를 그렸다.

수많은 전문 수학자와 수학교사는 아이들이 묘사한 그림과 맞지 않는다. 하지만 대부분 아이들에게는 진짜 수학자를 만나거나 수학자들이 연구하는 유형의 문제를 다뤄볼 기회가 없다. 수학과 수학자에 대한 그들의 심상은 수학교사, 교과서, 대중 매체에서 보는 괴짜 수학자의 캐리커처에서 온다. 대부분의 수학교사는 몹쓸 정도로 강압적이지 않지만, 많은 학생이 학교에서 배우는 수학을 지루하고 강압적이라고 생각하고 그 느낌을 수학교사에게 전가한다. 대부분의 전문 수학자는 괴짜가 아니지만, 대중문화에서는 종종 그런 식으로 그려진다. 거의 언제나 백인 남성이며, 강압적인 태도의 수학교사와 괴짜 수학교수의 이미지가 가득한 상황에서 어떤 여자아이와 유색인종 아동이 수학자가 되고 싶어 하겠는가?

아마 타오도 마찬가지였을 것이다. 적어도 그는 자신의 어린 시절에 대해서 그렇게 말했다. 타오는 어린 시절에 수학자가 된다는 것이 무엇인지 전혀 몰랐다고 말한다. 하지만 그는 운이 좋은 편이었다. 부모는 타오의 수학 능력을 알아차렸고, 지역의 수학교수들에게 조언을 구했다. 교수들은 장래가 유망한 수학자를 육성하려고 노력하는 전 세계 수학자들의 긴밀하게 결속된 공동체에 타오를 연결해주었다. 그 수학 공동체는 열성적으로 어린 타오를 받아들였고, 학교에서 배우는 수준을 넘어서는 수학을 경험할 기회를 제공했다. 17세에 프린스턴대에 입학한 것은 여러 해에 걸친 지원 활동의 정점이었다. 그때쯤 타오는 자기 연구의 틀을 잡는 데 도움을 준 여러 수학자들과 잘 연결되어 있었다. 그렇게 따뜻한 수학 공동체의 포옹이 없었다면, 타오는 아마도 오늘의 위치까지 오지 못했을 것이다.

이러한 배경이 있는 전문 수학자는 타오만이 아니다. 수학자들이 어린 시절과 교육에 관해 이야기할 때, 그들이 얼마나 특별한 지원을 받았는지가 두드러진다. 여러 수학자가 수학자 가족에서 나온다. 예를 들면, 수학자 돈 재거Don Zager의 아버지는 그의 수학 사랑을 격려했다. "아버지는 나와 함께 숲속을 걷다가 자연에서 나타나는 피타고라스 정리를 보여주려고 멈춰 서곤 했다." 재거는 말했다. "아버지는 수학을 매우 좋아했고, 내가 수학에 끌리는 것이 아버지에게 큰 의미를 갖는 것 같았다."

수학자들의 이야기에는 종종 학교의 정규 교육과정을 넘어서는 수학을 소개해준 교사들도 등장한다. 재거가 11살이었을 때, 수학교사는 재거를 위한 '특별한 규칙'을 만들었다. "나는 수업 시간에 수학책을 읽거나 다른 문제를 풀 수 있었다." 재거는 말했다. "하지만 내가 시험에서 모든 문제를 완벽하게 풀지 못하면 0점을 받기로 되어 있었다." 재거의 배경을 알면, 그가 어떻게 수학에서 경력을 쌓았는지 더 쉽게 이해할 수 있다. 그는 17세가 될 때까지 MIT에서 2개의 학사학위를 받았다. 수학을 이용하여 아들과의 유대감을 형성한 부모와 재능과 흥미를 키워준 교사가 없었다면, 재거가 어떻게 성공을 거둘 수 있었을지 상상하기 어렵다.

타오의 이야기도 마찬가지다. 이렇게 많은 학생이 수학을 포기하는 세상에서 말할 가치가 있는 이야기다. 10살의 타오가 국제수학올림피아드에 관해 알지 못했거나 거기서 경쟁하기를 열망하지 않았다면 메달을 딸 수 없었을 것이다. 타오가 UCLA의 수학과까지 오도록 하는 데는 속담에 나오듯이 온 마을이 필요했다. 사춘기도 되기 전인 아들이 장래성을 보여주면서 대학 과정의 수학을 배워나가자 그의 부모는 전문가의 조언을 구했다. 학문적으로 전도유망한 아이들을 위한 여름학교인 영재교육센터의 설립자는 타오의 부모에게 수학에 관한 아들의 관심이 피어나도록 도와줄 것을 조언했다. 프린스턴대에서 타오의 지도교수였던 일라이어스 스타인Elias Stein은 중요한 시험에서 형편없는 성적을 얻은 타오를 불러 계속해나가라고 격려했다. 타오에게는 아내와 아이들, 그리고 그를 격려해준 셀 수 없이 많은 사람 등 수많은 조력자가 있었다.

분명 타오는 다른 사람들에게 부족한 수학적 능력을 타고났을 것이다. 그러나 우리는 타오를 비롯하여 그와 비슷한 수많은 수학자의 어린 시절을 통해 타고난 능력보다 중요할지도 모르는 무언가가 있었다는 것을 분명하게 볼 수 있다. 바로 수학이 중요시되는 세계에 합류하라는 초대장이다.

수학자들의 공동체에 동참하도록 초대받은 타오는 운이 좋았다. 수많은 수학자의 꽃봉오리들, 특히 소녀와 유색인종 학생들의 꽃봉오리는 그런 초대장을 받지 못한다.

수학자가 되려면 먼저 수학자를 알아야 하는 경우가 흔하다. 당신이 수학자가 된 미래를 상상할 수 있도록 해주는 사람들로 이루어진 공동체의 지원이 필요하다. 이런 공동체에 속한다는 것은 일종의 특권이다. 믿기 힘든 수학적 성공을 천재성 탓으로 돌림으로써 수학적 능력 계발에 공동체가 끼친 영향력을 무시하는 것은 공동체의 눈에 띄지 못한 탓에 수학적 재능을 인정받지 못하는 학생들의 길을 막는 것이다. 우리는 이런 학생들의 명예를 위해서 이 이야기를 해야 한다.

수학에서 가장 중요한 질문—진정한 수학 문제—는 '수학자들의 초대를 어떻게 더욱 광범위한 집단으로 확장할 수 있는가' 하는 것이다. 특히, 수학적 재능이 있는 여학생과 유색인종 학생 들에게 어떻게 손을 내밀 수 있을까? 예컨대, 해마다 수여되는 수학 박사학위의 1퍼센트 이상을 라틴계 여성이 받도록 보장하려면 어떻게 해야 할까?

이는 뉴욕시의 수학자와 수학교육자 들 집단에서 제기된 질문이다. 그들은 전통적으로 인구 대비 수학자의 비율이 평균보다 낮은 집단 출신의 학생들이 특별한 수학 여름 프로그램에 참가하고 뉴욕시의 수학 및 과학 영재 고등학교에 입학하도록 돕는다. 이 집단은 고등수학으로 들어가는 다리Bridge to Enter Advanced Mathematics(이하 BEAM으로 표기)라고 불린다.

BEAM은 뉴욕시에서 흑인, 라틴계, 그리고 아시아계 주민이 많은 외곽 자치구 세 곳의 8학년생 중에서 뉴욕주 북부에 있는 여름 수학캠프에서 3주를 보낼 학생을 모집한다. 수학캠프는 아이들에게 대학에서 수학을 전공해야만 접할 수 있을 정수론, 위상기하학 그리고 조

합론 같은 순수수학의 주제와 천체물리학 및 프로그래밍 같은 응용수학의 주제를 소개한다. 증명의 언어도 가르친다. 그리고 수학자들이 문제를 연구할 때 벌이는 논리적 토론을 경험하도록 한다.

뉴욕시만 보더라도 BEAM은 몇몇 도전적인 통계에 직면한다. 뉴욕시에서는 공립학교에 다니는 흑인 학생이 30만 명이 넘는다. 이는 뉴욕시의 공립학교 전체 학생 수의 26퍼센트를 차지하는 숫자다. 그러나 이들 흑인 학생 중 불과 24명만이 가장 입학하기 어려운 수학 및 과학 특성화고교인 스타이브센트 고등학교로 진학한다. 스타이브센트 고등학교 학생 중 흑인의 비율은 겨우 0.72퍼센트에 불과하다.

BEAM의 관계자들은 뉴욕시의 수학 및 과학 특성화고교의 흑인과 유색인종 학생의 비율이 보편적으로 낮은 것은 재능의 문제가 아니라고 주장한다. 푸앵카레의 주장처럼 이 집단에 천재가 부족해서가 아니다. 뉴욕시에는 명문 공립고등학교에 다니는 학생의 비율에서 보이는 것보다 수학적 재능이 있는 유색인종 학생이 훨씬 더 많다. BEAM의 여름 캠프에 참가한 학생들은 모두 각 학교의 7학년 수학교사가 수학에 재능과 관심이 있다고 추천한 학생이었다. 그들은 또한 BEAM의 엄격한 입학시험도 통과했다. 하지만 BEAM은 소수집단에 속한 학생을 고등수학의 길로 이끌려면 재능만으로는 부족하다는 것을 알고 있다. 이런 학생들에게 필요한 것은 타오가 전문 수학자의 반열에 오르도록 도왔던 유형의 지원이다. 이들에게는 수학 공동체에 합류하라는 초대장이 필요하다.

BEAM의 설립자 댄 자하로폴Dan Zaharopol은 어린 시절에 그런 초대장을 받았고, 이는 그의 삶에 엄청난 영향을 미쳤다. 타오와 마찬가지로 자하로폴의 이야기는 수학계에서 성공한 사례다. 그는 어린 시절부터 수학에 대한 사랑을 키웠고 MIT에 진학해 수학을 공부했다. 자하로폴의 어린 시절은, 이제 그가 모집하는 여름 캠프의 뉴욕시 외곽 자치구의 학생들과 공통점이 많았다. 그는 어린 나이에 수학에 재능을 보였고, 퍼즐을 좋아했으며, 학교의 정규 수학수업에 종종 지루함을 느꼈다. 하지만 그에게는 또한 대부분의 BEAM 학생들에게 없는 특별한 이점도 있었다.

자하로폴의 어린 시절은 몇 가지 중요한 측면에서 BEAM 학생들과 달랐다. 자하로폴은 수학에 대한 관심과 능력을 키워줄 여건을 갖춘 교양 있는 가정에서 태어난 백인이었다. 이런 이점은 그가 수학으로 성공하는 데 도움이 되었다. BEAM을 조직하면서 자하로폴은 백인, 남성, 그리고 대학 교육을 받은 가족 출신이라는 자신의 타고난 유리한 배경을 뉴욕시에서 가장 가난한 지역 출신의 어린 유색인종 아이들에게 단순하게 적용할 수 없다는 것을 알았다. 그래서 자하로폴은 자신과 비슷한 배경의 사람들이 수학적 성공을 추구하도록 어린 나이에 영향을 준 요소가 구체적으로 무엇이었는지를 세심하게 살펴보고 그러한 경험을 BEAM의 프로그램에 적용했다.

자하로폴은 BEAM을 통해 일부 학생에게는 접하기 어려울 수 있는 대단히 중요한 기회 3가지를 제시했다. 첫째는, 과거에 자하로폴도 제공받았던 것으로, 학교 밖에서 심화 수학을 배울 수 있는 기회다. 그는 과학 및 수학 여름 캠프에 참가했고, 전국 대회에 참여했으

며, 방과 후에는 컴퓨터 프로그래밍을 배웠다. 그에게 수학은 단지 학교에서만 배우는 과목이 아니었다. 연중 내내 이어지는 활동이었다. 그리고 재미도 있었다.

둘째는 그의 가족과 그가 속했던 사회적 공동체의 가족들에 있었던 것으로, 수학을 심화하는 방법을 찾아내는 집단적 지식이었다. 그들은 이런 지식을 자신의 아이들을 돕는 데 사용한 후 공유했다. 학교가 심화의 기회를 학생들에게 항상 알려주는 것은 아니다. 자하로폴이 참가한 것과 같은 프로그램에 관한 정보는 보통 부모들에 의해 수집되고 공동체에 속한 가족에서 가족으로 전파된다.

셋째는 어린 학생이었던 지하로폴이 수학자가 되기를 열망할 수 있도록 해준 것으로, 가족, 친구, 그리고 교사들로부터 받은 격려였다. 그는 무슨 목표를 가져야 할지는 정확하게 알지 못했을 수도 있다. 하지만 어린 시절부터 수학과 관련된 교육과 직업이 자신에게 가능하고 바람직한 미래라고 생각했다.

BEAM이 없었다면 그런 기회를 접하지 못했을 수도 있는 학생들에게 이들 3가지 유형의 기회를 제공하는 것이 BEAM의 핵심 프로그램이다. 수학을 향한 열망에는 학교와 그 너머로부터의 영양 공급이 필요하다. 하지만 어른의 특별한 지도 없이 아이들 스스로 그런 영양분을 찾을 수는 없다. 수학 분야에서 일하는 사람들의 공동체나 또래들과 함께 재미있는 수학 활동을 경험하는 기회에 접근할 수 없다면, 집중적 추진력으로 자라날 수학에 대한 관심이 계발될 가능성도 낮다. 이런 기회가 손에 닿지 않을 것처럼 보이면 수학을 추구하려는 열망이 빠르게 식을 수 있다. 그리고 BEAM이 아이들에게 제공하는 3가지 기회가 학교에서는 제공되지 않는다. 그들이 사는 지역사회에서 제공되지 않으면 전혀 접할 기회가 없다.

그런 기회를 제공하는 공동체 사이에서 자라난 자하로폴은 운이 좋았다. BEAM은 기회를 얻지 못할 수도 있는 학생들에게 그런 공동체의 역할을 하고자 한다. 자하로폴에게 주어졌던 기회는 기본적으로는 그가 수학을 장려하는 문화에서 성장했다는 데서 왔다. 자하로폴과 같은 아이들은 대학 교육을 받은 어른들의 공동체 사이에서 자라나고 항상 주변에서 수학적 열망을 장려하는 것을 경험한다. 몇 명의 다리만 거치면 수학이나 과학의 학위를 가진 사람과 연결된다. 그들이 수학을 향해 나아가도록 밀어주는 손이 많다. 그러나 수학이 희박한 배경을 가진 아이들은 수학적 활동에 접근하고 격려를 얻는 데 어려움을 겪는다. 그들 주위에는 학문적 기회가 없다. BEAM의 세 갈래 접근 방식은 이런 학생들이 기회에 접근하도록 돕는다.

이렇게 주어진 기회를 통해 BEAM의 학생들은 수학자로 피어난다. 그들은 모든 환경적 불리함을 극복하고, 이후 몇 년 동안 경쟁적인 수학캠프, 스타이브센트나 브루클린 기술고등학교 등 경쟁이 치열한 뉴욕시의 수학 및 과학 특성화고교, 그리고 유명한 대학으로 향한다. 이 아이들에게는 BEAM이 바로 수학자들의 공동체에 동참하는 데 필요한 초대장이다.

초대장으로도 부족하다

1914년 라마누잔이 케임브리지대학교를 향해 출발했을 때,
인도에는 고등교육기관이 거의 없었다.
하디가 연구한 유형의 추상수학을 지원하는 기관은 하나도 없었다.
이는 인도에서 추상수학의 역사가 미미했기 때문이 아니다.
영국이 식민지로 삼기 전의 인도에는 길고 풍부한 수학의 역사가 있었다.

수학이 희박한 환경 출신의 학생들을 긴밀하게 결속된 수학자들의 공동체로 초대하는 일을 BEAM이 훌륭하게 수행하기는 하지만, 때로 기회에 접근하는 것만으로는 충분하지 않을 때가 있다. 공동체에 참가하는 기회를 얻는다고 진정한 구성원이 될 수 있는 것은 아니다.

설사 유색인종 학생이 명문 학교에 입학하거나 여름 프로그램에 참가한다 하더라도 오랜 세월 동안 백인 학자들이 지배해온 분야에서 한 줌밖에 안 되는 유색인종 학생의 일원이 되면 다양한 장애물을 만날 수 있다. 이런 학생들은 더 많은 특권을 누려온 동료들이 이미 심화 프로그램이나 가족에게서 배웠을 언어나 고차원적인 수학에 익숙하지 않다. 그들은 또한 새로운 공동체의 문화적 관행에도 익숙하지

않다. 공동체 역시 유색인종 학생들에게 익숙지 않다.

백인이 지배적인 집단에서 극소수인 유색인종의 일원이 되는 데는 어려움이 따른다. 특별하거나 암묵적인 관행을 돌파할 정도로 독특한 재능이 있는 사람으로 취급되기 일쑤다. 유색인종 학생들은 자신이 남들과 다르며 고립되었다고 느낄 수 있다. 그리고 고립감은 학생 내부뿐만 아니라 외부에서도 올 수 있다. 백인 동료와 교사들도 의도적이든 그렇지 않든 이들을 고립시키는 행동을 할 수 있다. 백인 동료들은 새롭고 색다른 얼굴을 그다지 보고 싶어 하지 않을지도 모른다. 이런 학생들이 공부하려고 노력하는 분야는 그들의 목소리에 응답하는 데 익숙하지 않다.

따라서 이런 환경에서 유색인종 학생이 되는 것에는 단순한 수학적 도전 이상의 문제가 제기된다. 그리고 유색인종 학생이 훌륭한 초대장을 얻었음에도 불구하고 수학의 세계에서 성공을 거두지 못한다면, 자신이 처했던 상황을 감안하기보다 스스로를 탓하는 결과로 이어질 수 있다. 외부에서 온 초보자가 학문적 공동체에서 성공을 거두는 일은 본질적으로 그 공동체에서 자라난 초보자보다 어렵다. 학문적 집단은 대부분의 다른 집단과 마찬가지로 외부자가 아니라 내부자가 성공하기에 유리한 구조를 갖는다. 그런 구조에도 불구하고 성공하지 못한 것에 대한 비난은 대부분의 경우 외부자들에게 돌아간다.

수학 공동체에 합류하라는 초대장만으로는 충분치 않았던 젊은 유색인종 수학자의 극명한 예로, 수학자들이 흔히 성공 사례의 하나로 거론하는 이야기를 해보자. 수학 분야에 인종적 다양성을 가져온 성공 사례이며, 배경이 빈약했음에도 불구하고 수학적 재능이 있던 젊은이에게 필요한 도움을 준 성공 사례다. 그러나 사실 이 청년에게 주어진 초대장은 진심이 담긴 것도 아니었고 충분하지도 않았다. 주류 수학자들은 이 청년을 공동체에 들어오도록 초대하기는 했지만, 진정한 내부자로 참여할 수 있도록 도와주지는 않았던 것이다. 그리고 청년과 비슷한 사람들이 동참할 수 있도록 수학 분야의 분위기를 변화시키는 역할도 거의 하지 못했다.

라마누잔으로 더 잘 알려진 스리니바사 라마누잔Srinivasa Ramanujan은 로버트 카니겔Robert Kanigel이 쓴 동명의 책에 기초해 제작된 전기 영화 「무한대를 본 남자」로 유명해졌다. 라마누잔은 타오보다 거의 100년 전에 살았던 사람이다. 타오와 마찬가지로 그는 정수론 분야에서 중요한 업적을 남겼다. 라마누잔이 수학에 접근한 방식은 너무도 참신해서 오늘날에도 수학자들이 여전히 그의 노트를 분석하려 애쓰고 있다. 그리고 그의 배경이 당대의 서구 수학자들에게 너무도 이질적이었기 때문에 다수의 수학자가 그를 타오처럼 천재라고 부를 수밖에 없다고 인정했다.

인도 남부 지역 출신의 라마누잔은 당시 세계적으로 가장 존경받는 수학자의 한 사람이었던 하디G. H. Hardy의 초청을 받아 1914년 수학을 공부하기 위해 케임브리지대학교 킹스칼리지로 갔다. 라마누잔은 케임브리지에 5년 동안 머문 후 병에 걸려 고국 인도로 돌아갔고 1920년 사망했다.

라마누잔이 하디로부터 케임브리지대의 수학 공동체에 참여하도록 초청을 받았던 것은 놀라운 일이었다. 라마누잔은 오늘날 인도 타밀나두에 있는 도시인 쿰바코남에서 태어났다. 쿰바코남의 환상적일 정도로 다채로운 힌두 사원들과 영국의 둥글고 어두운 석조 성당들은 극과 극에 선 것처럼 달랐다. 라마누잔의 어린 시절은 당시 인도 남부에서 많은 아이들과 가족이 겪었던 트라우마의 표본과도 같았다. 그의 가족은 가난했으며 그의 어머니가 낳은 여섯 자녀 중 유아기를 넘기고 살아남은 자녀는 3명뿐이었다.

라마누잔은 공식적인 수학 훈련을 받지 못했다. 마드라스대학교에서 수학을 공부하기는 했지만 그가 받은 교육은 수학을 연구하기 위한 준비가 아니었다. 그의 수업 과목은 회계 사무원이 되기 위한 것이었다. 라마누잔은 지금은 첸나이로 이름이 바뀐 마드라스 항구에서 사무원으로 일했다. 그렇지만 자기 나름의 표기 체계를 창안하면서 수학을 연구했고, 여가 시간의 상당 부분을 고난이도의 순수수학 문제를 연구하며 보냈다. 그리고 자신이 몇 가지 중요한 발견을 했다고 생각했다.

라마누잔은 자신의 연구를 더 넓은 세계와 공유하고 싶었다. 그래서 1913년 대담하게도 아마추어 수학 연구로 가득 채운 편지를 저명한 영국의 수학자들에게 보냈다. 라마누잔은 그 편지들이 학계에서 어떻게 받아들여질지 전혀 알 수 없었다. 전해지는 바에 따르면, 그의 편지를 받은 사람들은 그 편지에 담긴 수학적 가능성에 충격을 받았다.

그리고 하디도 똑같이 대담한 행동을 했다. 그는 케임브리지대로 와서 자신과 합류하도록 라마누잔을 초청했다. 하디의 동료들은 라마누잔에 대해 의구심을 가졌다. 인도에서 멀리 떨어진 케임브리지대의 상아탑에 안락하게 자리 잡은 이들 교양 있는 영국인에게 라마누잔은 수학자 같지 않았다. 그들은 라마누잔과 같은 배경을 가진 사람이 그토록 수준 높은 수학을 연구할 수 있다는 사실에 경악했지만, 그들의 기준에서 라마누잔은 지나치게 이상한 사람이었고, 그의 연구 결과는 진지하게 받아들이기에는 지나치게 놀라웠다.

카니겔이 쓴 라마누잔의 전기를 보면 영국의 수학자들이 자기들 사이에서 일하는 인도 남자를 보며 느꼈을 것이 분명한 놀라움이 잘 드러나 있다. "라마누잔은 돌로 만든 신들에게 기도하면서 성장했으며", "인생의 대부분 기간에 가족이 숭배하는 여신의 조언을 받았고, 자신의 수학적 통찰력이 그 여신 덕분이라고 공언했다." 케임브리지대의 교수들이 보기에 그는 자신들의 공동체와 맞지 않는 이방인이었다. 라마누잔은 가난했으며 케임브리지대의 수학자들이 당연하게 여기는 여러 서구 문화적 관행을 알지 못했다. 예컨대, 그는 사람이 보온을 위해 담요를 덮고 잘 수 있다는 사실을 몰랐다. 인도 남부는 지구상에서 가장 더운 지역 중 하나이고, 그는 추운 날씨를 경험하지 못했기 때문에 온기를 유지하는 영국인의 방식에 익숙지 않았다. 라마누잔은 케임브리지대에 머무는 동안 당시 영국에서 가장 위대한 수학자였던 두 사람, 하디와 존 리틀우드John Littlewood와 함께 일했다. 라마누잔은 케임브리지대에 머문 짧은 기간 여러 편의 논문을 발표했고, 심지어 왕립학회Royal Society의 회원이 되기도 했다.

영국의 수학자들에게 라마누잔은 틀림없이 천재로 보였을 것이다. 그들과 다른 방식으로 성장하고 같은 교육을 받지 않은 것을 생각했을 때 그가 천재라는 사실만이 그의 수학 지식을 설명할 수 있는 유일한 방법이었다. 유명한 수학자이며 철학자인 버트런드 러셀은 하디가 라마누잔의 첫 번째 편지를 받은 다음 날 "하디와 리틀우드가 열광적인 흥분 상태에 있는 것을 보았다. 그들이 마드라스에서 연봉 20파운드를 받으면서 사무원으로 일하는 제2의 뉴턴을 발견했다고 믿었다"라고 말했다. 라마누잔의 존재는 오직 천재라는 마법적 단어로만 설명할 수 있는 기적처럼 보였다.

라마누잔은 제2의 뉴턴이라 불렸다. 그는 공식적인 수학 훈련을 받지 못했음에도 세계 최고의 수학자들과 공동으로 논문을 발표했다. 이러한 업적을 생각하면 라마누잔의 이야기는 성공 사례로 들린다. 하지만 정말로 이것이 성공 사례일까?

하디는 서구 세계 최고의 수학 연구 기관에서 함께 일하는 동료가 되도록 라마누잔을 초청했을지도 모른다. 그러나 케임브리지대의 수학자들 사이에서 라마누잔의 역할은 무엇이었을까? 라마누잔은 수학자들의 공동체에 참여할 수 있도록 진정한 환영을 받았을까? 아니면 그저 이미 대화가 진행 중인 탁자 구석에 다소 어리둥절한 외부자로 자리를 잡도록 초대받은 것일까? 라마누잔의 이야기에서 몇 겹의 장식을 벗겨 내보면, 그 이야기가 처음에 보인 것처럼 장밋빛은 아니었음을 알 수 있다.

라마누잔은 인도에서 시작한 수학 연구를 케임브리지대에서 계속

이어나갔다. 그는 스스로 개발한 수학적 언어로 쓰인 계산과 증명으로 가득한 공책들을 가지고 케임브리지대로 왔다. 라마누잔과 하디는 공책들을 함께 검토하면서 오랜 시간을 보냈다. 그리고 거기에는 몇몇 진정한 보석 같은 발견이 있었다.

라마누잔의 연구는 상당 부분이 타오가 추구한 것과 같은 분야인 정수론에 대한 것으로, 그의 가장 인상적인 업적의 하나는 '200의 분할'이라고 불리는 계산이었다. 이는 200이라는 숫자를 양의 정수들의 합으로 쓸 수 있는 방법의 수다.

아마도 당신은 여러 가지 방법을 생각할 수 있을 것이다. 199+1, 198+2, 197+3 등 우리는 이런 식으로 한동안 진행할 수 있다. 그리고 합이 200이 되는 비교적 많은 방법을 쉽사리 찾아낼 수 있다는 것에서 이것이 얼마나 큰 문제인지 알아차리게 된다.

실제로 200을 양의 정수들의 합으로 쓰는 방법은 거의 4조 가지에 달한다. 놀랍게도, 라마누잔은 전적으로 손으로만 이런 계산을 해냈다. 라마누잔이 살았던 시대의 수학자들에게는 계산기나 컴퓨터가 없었다. 그의 계산은 놀라운 위업이었다.

하지만 아무리 놀라운 계산이라 하더라도, 계산하는 능력만으로 수학자가 되는 것은 아니다. 그리고 케임브리지대의 수학 공동체가 라마누잔을 초청하기는 했으나 그를 진정으로 동료로 인정하고 환영한 것은 아니었다는 감을 잡기 시작하는 것은 바로 이 대목이다. 일부 수학자들은 라마누잔의 작업이 그저 수학적 사실들을 모아놓은 것처럼 느껴진다고 했다. 실제로 라마누잔은 계산에 능숙했다. 어쨌든 그는 케임브리지대로 오기 전에 기본적으로 인간 계산기라 할 수 있는 회계 사무원으로 일했던 사람이었다. 그의 발견 중 상당수는 200의 분할 같은 계산 문제였다. 그러나 수학자들은 기발한 계산이 아니라 이론적 증명을 원했다. 케임브리지대의 수학자들이 라마누잔의 작업에 항상 그러한 증명이 포함된다고 이해한 것은 아니었다. 따라서 라마누잔의 계산 능력에 감명을 받기는 했지만, 수학자들은 그 이상의 무언가를 찾고 있었다.

사실상 독학으로 수학을 공부한 수학자이며 수학 공동체의 이방인으로서 라마누잔은 자신의 발견 중에 어느 것이 수학 공동체에 새로운 발견이 될지 알지 못했다. 라마누잔의 수많은 공책에 있는 연구 내용 중 상당 부분은 실제로 새로운 것이 아니었다. 라마누잔은 케임브리지대에 도착하기 전까지 서유럽에서 발전하던 수학의 맥락에서 단절되어 있었다. 그에게는 어느 것이 현대 수학이고 어느 것이 지나간 과거인지 알 수 있는 방법이 없었다. 독학으로 수학을 공부한 사람이 과거 수학자들이 발견한 증명 중 다수를 독자적으로 찾아냈다는 것은 놀랄만한 일이었다. 하지만 하디와 그의 영국인 동료들은 라마누잔이 스스로 독창적이라고 생각한 다수의 증명이 새롭지 않다는 것을 빠르게 확인했다. 게다가 라마누잔의 공책에 있는 연구 내용 중 상당 부분은 잘못된 것이었다. 카니겔이 그의 전기에서 말한 대로 라마누잔은 자신의 직관을 따랐다. 그러나 직관은 종종 그를 잘못된 길로 이끌었다. 하디는 라마누잔이 영국으로 가지고 온 것 중 3분의 1 정도만이 수학적으로 가치가 있다고 생각했다.

그것만으로도 여러 해에 걸쳐 하디와 협업하기에 충분했다. 하지만 하디조차도 라마누잔이 젊은 시절에 더 공식적인 수학 훈련을 받았더라면 어떤 일이 일어날 수 있었을지 한탄할 수밖에 없었다. 하디는 말했다. "18세에서 25세까지는 수학자의 경력에서 매우 중요한 기간이며, 그때 입은 피해는 돌이킬 수 없다. 라마누잔의 천재성은 두 번 다시 전폭적인 계발의 기회를 얻지 못했다." 하디와 그의 동료들은 라마누잔에게 수학의 세계에서 성공할 잠재력이 있었음이 분명하다고 여겼던 것으로 보인다. 그들은 그가 이렇게 멀리까지 왔다는 것에 감명을 받았지만 라마누잔은 자신의 잠재력에 걸맞은 삶을 살 수 없었다. 서구적 방식의 전통적 교육을 받지 못한 그에게는 장애가 많았다. 하디는 라마누잔을 "유럽의 축적된 지혜에 머리 하나로 맞서는 가난하고 외로운 힌두"라고 불렀다. 그건 공정하지도 않고 라마누잔이 이길 수도 없는 경쟁이었다.

하디와 그의 동료들이 볼 때 라마누잔은 가능성을 꽃피우지 못하고 세상을 떠났다. 하지만 그것이 이 이야기의 끝은 아니다. 라마누잔이 사망한 이래로 한때는 너무 이색적이라고 치부되었던 그의 연구에서 더욱 심오한 중요성이 발견되기 시작했다. 시대에 뒤처진 것으로 보였던 것 중에 이제는 그의 시대를 앞서갔던 것으로 보이는 연구들이 나타나기 시작했다. 라마누잔의 연구 중 상당 부분은 수학자들이 더욱 중요한 현대적 문제들과 관련시키기 전까지 그 중요성이 드러나지 않았다. 라마누잔에게는 계산에 기초를 둔 작은 문제이자 이론적으로 중요한 알맹이를 품고 있는 문제를 고르는 재주가 있었던 것으로 보인다. 예컨대, 라마누잔의 인상적인 분할 계산은 이전에 알려진 분할 계산 기법을 개선했다. 이는 오늘날의 컴퓨터가 계산을 수행할 때 사용하는 방법으로 이어졌다. 하디와 영국인 동료들의 눈에는 묘기처럼 보였던 계산에 중요한 이론적 발전 가능성이 포함되어 있었다.

오늘날의 수학자들도 여전히 라마누잔의 모든 업적을 완벽하게 이해하지 못한다. 브루스 번트Bruce Berndt는 라마누잔의 공책에 관한 전문가다. 오랫동안 라마누잔의 공책을 연구한 그조차도 이렇게 말한다. "나는 아직도 그 모두를 이해하지 못한다. 증명할 수는 있을지 몰라도 그것이 어디서 왔고 나머지 수학의 어디에 들어맞는지를 알지 못한다." 따라서 라마누잔의 연구는 당시 하디와 그의 동료들이 알아본 것보다 더 많은 내용과 중요성을 품고 있는 것으로 보인다.

하디가 라마누잔의 수학적 작업의 가치를 인정한 것은 확실하다. 하디는 라마누잔을 케임브리지대로 초청하고 함께 연구할 정도로 그를 존중했다. 그러나 인간으로서의 라마누잔이나 그의 업적을 결코 완벽하게 이해하지는 못했다. 왜 하디는 라마누잔의 연구에서 드러나는 수학적 풍요를 볼 수 없었을까?

영국에 도착한 라마누잔이 무슨 일을 할 것인지에 대한 영국인들의 기대에서 이 질문의 답을 부분적으로 찾을 수 있다. 하디와 그의 동료들은 라마누잔이 서구 수학의 관행을 배우도록 밀어붙였다. 그들의 행동에는 충분한 이유가 있었다. 라마누잔은 영국의 수학 저널에 논문을 발표하고 영국의 수학계에서 더 높은 위치로 올라가기를

원했고, 하디는 그가 이런 목표를 성취하도록 돕고 싶었다. 그는 라마누잔이 영국의 수학계에서 성공하기를 원한다면 영국인이 수학을 하는 방식을 배워야 한다고 생각했다.

그러나 라마누잔이 영국의 수학에 기여하기 위해서 영국의 수학자들이 그의 방식 일부를 배우는 대신, 그가 전통적인 영국의 방식에 적응하도록 해야 한다는 하디와 동료들의 생각이 잘못이었을지도 모른다. 그들은 낯설게 보이는 수학에 지나친 편견을 가졌을 수 있다. 이러한 편견은 부분적으로 전통적인 방식을 바꾸는 데 대한 자연스러운 거부감에서 나왔을 가능성이 크다. 영국인이 아닌 사람의 지적 능력에 대한 부정적 고정관념도 한몫 했을 것이다. 이를 통해 악랄하고 체계적으로 뿌리 내린 악순환이 시작되었다. 영국인들은 인도인이 수학을 공부할 수 있거나 공부해야 한다고 생각하지 않았기 때문에 인도에 수학을 가르치는 공식 교육기관을 설립하지 않았다. 그 결과, 라마누잔과 같은 학생이 공식적인 서구의 수학을 배우지 못했다. 따라서 이런 학생들이 위대한 영국의 수학자들에게 자신의 수학적 재능을 보여주려 할 때면 이들이 서구의 수학에 익숙하지 않다는 이유로 폄하되고 수준이 낮다고 여겨졌다. 이는 다시 인도인 수학자들에 대한 낮은 기대치로 이어졌다.

1914년 라마누잔이 케임브리지대를 향해 출발했을 때, 인도에는 고등교육기관이 거의 없었으며 하디가 연구한 유형의 추상수학을 지원하는 기관은 하나도 없었다. 이는 인도에서 추상수학의 역사가 미미했기 때문이 아니다. 영국이 식민지로 삼기 전의 인도에는 길고 풍부한 수학의 역사가 있었다.

오늘날 우리가 인도라고 부르는 나라는 한때 수천 년에 걸쳐서 흥하고 망한 왕국들의 집단이었다. 라마누잔의 고향 쿰바코남을 건설한 촐라 왕국을 비롯해 여러 왕국에서 학자들의 활발한 연구가 이어져왔다. 그러나 인도를 식민지화한 유럽인들은 인도에서 학자를 양성하는 것이 식민 통치에 이롭다고 생각하지 않았다. 그들은 인도의 전통적인 학문을 소중히 여기지도 지원해주지도 않았고, 높은 수준의 서구 학문을 교육하지도 않았다.

라마누잔의 시대에 인도 남부의 명문 대학이었던 마드라스대는 라마누잔이나 그와 비슷한 학생들이 전문 수학자가 되도록 지원할 수 없었다. 이는 영국인들이 식민 통치 기간에 인도인들을 지배하기 위한 여러 가지 방법 중 하나였다. 유럽인이 인도에 건설한 사회 기반 시설은 인도인의 이익을 위한 것이 아니었다. 직설적으로 말하자면 식민지로 이주한 유럽인들의 이익을 위한 것이었다.

식민지 이주민들은 돈을 벌기 위해서 인도인이 자신들을 위해 일하도록 훈련시켜야 했다. 대학도 이런 목적으로 세워졌다. 이들 대학에서는 가르치는 내용과 배울 수 있는 자격에 제한을 두었다. 영국인들은 인도의 카스트 제도를 이용했다. 라마누잔은 인도 사회에서 가장 높은 카스트인 브라만에 속했기 때문에 마드라스대에서 수학을 공부할 수 있었다. 라마누잔의 출신 지역에서는 개인의 교육 수준과 직업 전망이 전적으로 성별과 카스트에 의해 결정되었다. 부유하지는 않았지만 브라만이었던 덕분에, 라마누잔은 학교에 다니고 영어를 배우고 수학을 접할 수 있었다. 그러나 케임브리지대 같은 영국의 대학의 목표가 영국의 젊은이를 학자와 학구적인 교양인으로 육성하는 것임에 비하면 영국인이 인도에 세운 대학의 목표는 훨씬 더 소박했다. 인도의 대학들은 인도인이 정부의 공무원, 관리자, 회계원이 되도록 훈련시켰다. 영국인들은 인도인 학자를 양성할 필요가 없었다. 그들에게 필요한 것은 일을 해줄 주민과 노동자였다.

라마누잔은 마드라스대에서 수학을 공부한다는, 인도인으로서는 대단한 특권을 누렸다. 이런 기회를 얻은 라마누잔은 운이 좋았다. 그의 아내 자나키Janaki의 삶을 살펴보자. 자나키는 겨우 10살 때 라마누잔과 결혼했다. 1920년 라마누잔이 사망했을 때, 그녀의 나이는 21살에 불과했다. 95세가 될 때까지 살았음에도 불구하고, 그녀는 관습에 따라 재혼하지 않았다. 20세기 초에 인도 소년이 유명한 영국의 수학자가 되는 것을 보는 데 폭넓은 상상력이 필요했다면, 인도 소녀가 같은 길을 걷는 것을 보려면 도약 수준의 상상력이 필요하다.

라마누잔이 마드라스대에서 배운 수학은 그가 수학자로 발전하도록 돕기 위한 것이 아니었다. 그는 수학 공동체에 들어가기 위해 만난 적도 없는 저명한 영국의 수학자들에게 요청받지도 않은 편지를 보내야 했다. 하디를 제외한 영국의 수학자들은, 아마 부분적으로는 그가 인도인이었기 때문에 라마누잔의 접근을 거부했다. 하지만 하디의 지원도 라마누잔의 연구에 대한 전폭적 인정을 이끌어내기에는 부족했다. 라마누잔이 받은 교육은 그가 영국의 수학자들과 소통할 수 있도록 준비시키지 못했으며, 영국의 수학자들은 라마누잔이 보낸 연구 내용을 진지하게 파헤칠 정도로 충분히 열린 마음을 갖지 못했다.

영국의 수학 공동체는 라마누잔을 수학자로서 완전하게 받아들이지 않았다. 하지만 이것만으로 하디의 초대장이 라마누잔이 수학자들의 공동체에 참여하도록 하는 완전한 초대가 되지 못한 것은 아니었다. 영국의 수학 공동체는 인간으로서의 라마누잔도 완전하게 받아들이지 않았다.

20세기 초의 케임브리지대에서 라마누잔은 소수의 인도 학생 중 하나였다. 라마누잔에게는 케임브리지대의 학생과 교수가 당연하게 여겼던 관습이 낯설었다. 더 나쁘게는, 그런 관습이 자신의 문화적 관습 및 종교와 충돌했다. 예를 들어, 라마누잔은 채식주의자였지만 라마누잔의 동료 대부분이 식사를 했던 공동 식당에서 제공하는 모든 음식에는 고기가 들어 있었다. 따라서 라마누잔은 자신의 식사를 별도로 준비해야 했고, 동료들과 식사를 하면서 유대를 형성하는 중요한 기회에서 차단되었다. 게다가 케임브리지대 도착 후 얼마 지나지 않아서 제1차 세계대전이 발발하고 통제된 식량 배급이 시행됨에 따라, 그는 필요한 재료를 찾는 데도 어려움을 겪어야 했다.

라마누잔은 말 그대로 음식에 굶주렸지만, 또한 비유적으로 자신의 수학적 아이디어를 진정으로 이해하는 사람과의 관계에도 굶주렸다. 라마누잔과 정기적으로 교류한 하디조차도 그를 휘하에 둔 젊은이 정도로만 여겼다. 하디는 그들이 너무 다르기 때문에 친구가 될 수 없었다고 말했다. "라마누잔은 인도인이었고, 나는 영국인과 인도인이 서로를 적절하게 이해하기란 언제나 좀 어렵다고 생각한다." 하디

는 더 잘할 수 있었고, 더 잘했어야 한다.

이방인의 처지에서 겪는 어려움은 라마누잔에게 악영향을 미쳤다. 카니겔에 따르면 라마누잔이 외견상으로는 열정적으로 수학을 연구하는 것으로 보였지만 "라마누잔의 내면은 출금만 되고 입금이 되지 않는 계좌와 같았다. 수학을 연구하는 일에는 엄청난 개인적인 에너지가 필요하다. 또한 외국 문화에 끼어들려고 시도해본 사람이라면 누구나 동의하겠지만, 영국에서의 새로운 삶에 적응하는 일도 마찬가지였다. 이 2가지 어려움은 그가 비축했던 육체적, 정신적 에너지를 고갈시켰다. 결국에 그의 계좌는 텅 빌 수밖에 없었다." 영국에서 몇 년을 보낸 뒤에 라마누잔은 폐결핵에 걸렸다. 그리고 1920년 사망했다.

라마누잔이 수학자가 되기 위해 들인 노력은 보기 드문 것이었다. 그는 자신의 연구를 낯선 사람들에게 보내고 그들과 함께 살기 위해서 낯선 곳으로 가는 큰 위험을 감수했다. 수학적, 사회적, 그리고 육체적인 고통을 겪었다. 라마누잔과 같은 배경을 가진 사람은 기회를 얻기 위해 그토록 어려움을 겪었던 반면, 타오와 같은 배경을 가진 사람에게는 그를 위한 평탄한 길이 있어야 한다는 것은 불공평하고 비생산적이다. 라마누잔은 자신의 시대에 어느 정도 영향을 미쳤고 그 영향력이 오늘날까지 이어지고 있지만, 개인의 힘으로는 극복할 수 없는 어려움 때문에 좌절한 유망했던 수학자들이 얼마나 많았을까? 라마누잔은 어떤 면에서 고난에도 불구하고 성공을 거두었지만, 그에게 일어났던 일이 다른 사람들에게도 일어날 거라고 기대해서는 안

된다. 라마누잔의 이야기는 고무적이지만, 어느 정도는 희귀하기 때문에 고무적인 이야기이기도 하다. 운 좋게 2명이나 3명의 라마누잔이 나올 수는 있지만, 학생들을 적절하게 가르치고 격려한다면 100명이나 1,000명의 수학자가 나올 수도 있다.

수학자가 되기를 열망하는—긴밀하게 결속된 수학 공동체에게는 이방인으로 보이는—사람이 자신의 연구를 인정받기 위해 라마누잔이 밟았던 힘겨운 절차들을 그대로 따르기를 기대하는 것은 불합리하다. 그런 기대는 그저 문제를 영구화할 뿐이다. 방문하도록 초대는 하지만, 완전한 참여는 구조적으로 막는 세계에서 라마누잔과 같은 사람이 성공할 수 있다는 기대 역시 마찬가지다.

수학과 민주주의

흑인 학생들은 실질적으로 대학 교육을 받기 위해
더 많은 돈을 지불하지만 그만큼 얻지 못한다.
이러한 불리함은 그들이 기술 분야의 보수 좋은 일자리에 접근하고,
수준 높은 STEM 분야에서 경력을 쌓고, 수학 지식이 제공하는
중요한 문제를 제기하고 해결하는 기회를 줄인다.

라마누잔의 이야기는 우리가 수학자들의 공동체의 다양성을 증진시키기를 원한다면 수학이 희박한 집단에서 유망한 수학적 정신을 가진 사람들을 그저 초청하는 것만으로는 충분하지 않다는 것을 보여준다. 신참자가 공동체의 작업에 완전하게 참여할 수 있도록 하려면 초대장만으로는 충분치 않다. 신참자들이 가져오는 새로운 아이디어와 상호 작용 방식에 반응해서 공동체가 변하지 않는다면, 신참자들은 결국 이름만 남길 뿐 외부자로 남게 될 것이다. 그리고 그에 따르는 어려움에 직면할 것이다. 그들이 완전한 공동체의 구성원이 되기 위해 뛰어넘어야 하는 장애물은 다른 학생들의 장애물보다 훨씬 더 높다. 뛰어넘기가 불가능할 정도로 높을 때도 있다.

BEAM이 단지 수학이 희박한 배경을 가진 학생들이 흥미로운 수학 심화 프로그램을 경험하고 뉴욕시의 명문 특성화학교에 들어가도록 돕는 일 이상을 하는 것은 바로 그런 이유에서다. BEAM의 여름학교와 워크숍을 졸업한 학생들은 수학자로서의 정체성을 개발하기 위한 안전한 공간을 제공받는다. BEAM의 수업은 학생들이 자신과 자신의 창조적 아이디어를 인정하도록 밀어붙이는 데 목소리를 사용하는 방법을 배울 수 있게 돕는다. 이는 이들 학생을 수학의 문화로 끌어들이기 위하여 BEAM이 제공하는 기회만큼이나 중요하고, 또한 여러 면에서 훨씬 더 어려운 일이다. 이 일의 복잡성은 BEAM의 교사들이 하는 이야기를 통해 잘 이해할 수 있다.

BEAM의 관계자 세 사람이 맨해튼 중심부에 있는 시끄러운 공용 사무실 탁자에 둘러앉아 과거의 여름을 회상하고 있다. 이들은 여름학교 교사인 벤 블럼 스미스Ben Blum Smith, 프로그램 코디네이터인 아인데 알레인Ayinde Alleyne, 그리고 자하로폴 다음으로 BEAM의 2인자이며 프로그램 및 프로그램 개발 책임자인 린 카트라이트 퍼넷Lynn Cartwright Punnet이다. 그들은 자신의 학생들이 출연하는 수학적 순간에 관한 이야기를 한다. 그들의 이야기는 열정적인 교사들에게서만 들을 수 있는 드라마로 가득하다.

뉴욕대 쿠란트 수학연구소의 박사과정 학생인 블럼 스미스는 이 회의와 수학과 가르침에 대한 자신의 블로그 '현장의 연구Research in Practice'에서 2013년 여름의 이야기를 들려준다. 무대는 그의 정수론 수업 현장이다. 2013년 여름에 접어들면서 블럼 스미스는 학생들이 서로 간에 각자의 생각을 요약하는 연습을 하도록 격려하는 방법을 찾아내려고 애쓰고 있었다. 생각에 대한 평가를 하라는 것이 아니라 다시 말하기였다. 다른 사람의 생각을 나름대로 정리해서 수업에 참가한 학생들이 모두 들을 수 있도록 큰 소리로 이야기하는 것이었다. 이때 어느 부분이 가장 강조할 가치가 있다거나 추가적 탐구가 필요한지는 스스로 결정한다.

수학교사가 자기 학생들이 서로의 생각을 요약하게 하는 데는 다양한 이유가 있다. 그중에는 교육적으로 깊은 뜻이 있어서라기보다 행동을 통제하기 위해서일 때도 있다. 예컨대, 아이들이 서로의 생각을 요약할 수 있다는 것은 그들이 수업 시간에 주의를 기울이고 있음을 보여준다.

그러나 블럼 스미스의 의도는 그런 것이 아니었다. 수학을 가르치는 일에 관한, 이제 그가 '민주적 과정'이라고 부르는 새로운 수업 아이디어를 곰곰이 생각하고 있었던 것이다. 블럼 스미스는 어떻게 하면 학생들이 각자의 독특한 생각이 모두 포함된 심오한 수학적 발상을 공식화하기 위해서 협력하는 수학수업이 될 수 있을지를 고심했다. 이는 수학을 배우는 학생 모두에게 중요한 일이다. 그는 이것이 BEAM의 학생들에게 특히 더 중요하다고 생각했다. 이 학생들은 자신을 유능한 수학자로, 수학 공동체에 소중한 기여를 할 수 있는 잠재력이 있는 사람으로 생각할 필요가 있었기 때문이다.

블럼 스미스는 어떻게 학생들이 자신의 수학적 발상을 가장 적절한 표현 방식으로 발표하게끔 격려할 수 있었을까? 그리고 어떻게 다른 학생들이 그 발상을 탐구하도록 했을까? 그 발상의 어떤 측면에 공감이 가고 어떤 측면에 문제가 있는지를 결정하고, 개선하기 위해 협력하게 한 방법이 무엇일까?

그는 학생들이 교실에 있는 모든 사람의 목소리에 반응하는 방식으로 자신의 수학적 발상을 표현하는 교실을 만들고 싶었다. 학생들은 정적이고 무반응적인 수학에 익숙했다. 하지만 블럼 스미스는 반드시 그래야 하는 것은 아님을 알았다. 학생들이 자신의 뛰어난 수학적 발상을 표현하도록 설득하려면 스스로 강렬함을 느낄 수 있는 경험을 제공해야 한다는 것을 알았다. 블럼 스미스는 이러한 목표를 달성하는 방법의 하나가 학생들이 일상적으로 서로의 생각을 다시 정리해 이야기하도록 하는 것임을 깨달았다.

블럼 스미스는 새로운 교수법의 위력을 완전히 깨닫게 된 날에 관해 이야기한다. 그날 그와 학생들은 정수론의 중요한 문제, 즉 소수의 개수는 무한하다는 증명을 공부하고 있었다. 이 문제는 오래전 유클리드가 증명했지만, 오늘날에도 여전히 정수론에서 중요한 문제로 남아 있으며, 증명을 이해하는 것은 학생들에게 훌륭한 수학적 연습이 된다.

무한히 많은 소수가 존재한다는 것은 당연하게 들릴 수도 있다. 숫자는 무한히 계속된다. 그렇다면 소수도 무한하지 않을까? 그러나 일반적인 숫자가 무한하다고 해서 소수의 개수도 무한일 필요는 없다. 일반적인 숫자가 영원히 계속된다는 것이 알고 있는 사실의 전부라면, 유한한 소수의 집합으로부터 모든 숫자가 만들어지는 세계를 상상할 수도 있다.

소수이든 아니든 모든 숫자는 소수의 인자로 분해될 수 있다. 56은 소수가 아니다. 곱하면 56이 되는 소수의 집합으로 56을 나누면 7×2×2×2를 얻을 수 있다. 56을 이런 식으로 나누는 일은 소인수분해라고 불린다. 7은 소수다. 7을 소인수분해하면 1×7이다. 모든 숫자는 유일무이한 소수의 곱의 형태로 나타낼 수 있다. 이는 유클리드에 의해 증명된 또 하나의 당연해 보이는 명제이지만 산술의 기본 정리라 불릴 정도로 정수론에서 중요한 명제이기도 하다. 그런데 어느 점을 지나고 나서는 모든 숫자가 동일한 집합에 속한 소수들로 단지 곱하는 방식을 달리해서 소인수분해될 수 있다면 어떻게 될까?

많은 사람이 그렇듯이 더 크고 새로운 소수를 찾아내야 하는 입장이라면, 이것이 사실인지 우려될 수도 있다. 때로는 큰 숫자가 적은 수의 소인수를 갖는다. 그리고 큰 숫자에서 같은 소인수가 여러 차례 되풀이될 때도 있다. 예컨대 7,168을 소인수분해하면 7,168=7×2×2×2×2×2×2×2×2×2×2다.

게다가 숫자가 커질수록 소수가 드물게 나타난다. 소수 사이에 큰 간격이 있을 수 있다. 예컨대, 소수를 찾는 연구를 하는 수학자의 한 사람인 하비 더브너Harvey Dubner는 다음의 어마어마한 소수와 그다음의 어마어마한 소수 사이에 1만 2,540만큼의 간격이 있음을 알아냈다.

102,811,585,161,859,622,929,133,834,596,957,332,561,175,
592,034,953,605,055,721,223,249,969,500,653,795,121,975,
853,179,617,590,006,903,289,133,192,447,178,976,880,198,
220,637,378,125,686,339,726,137,874,956,095,491,930,654,
497,693,978,715,833,794,999,935,477,468,391,789,508,344,
449,541,406,347,900,355,427,290,700,854,945,945,853,825,
193,979,651,314,099,863,832,554,824,576,338,414,272,502,
493,678,448,947,860,165,143,562,942,794,028,966,359,380,
108,925,040,409,462,881,632,270,278,716,570,882,306,451,
587,569

이 괴물 소수와 다음 괴물 소수 사이의 간격이 겨우 1만 2,540이라면 별것 아니라고 느껴질 수도 있다. 그러나 다음번 소수를 여기에 쓴다면, 아마 당신은 그것이 다른 숫자라는 것을 알아채기도 전에 읽기가 지루해질 것이다. 그러나 소수를 찾아내는 과정은 이 간격에 훨씬 더 큰 중요성을 부여한다. 수학자들은 소수를 찾기 위해서 이미 알려진 소수로 나누어보는 방법을 쓴다. 알려진 소수로 나누어지는 수는 소수가 아니다. 앞의 두 소수 사이에 있는 1만 2,540개의 숫자가 소수가 아님을 알려면 얼마나 많은 소수로 나누어봐야 할까? 1만 개의 숫자가 소수가 아님이 밝혀진 후에 당신은 걱정하기 시작할지도 모른다. 내가 마지막 소수를 발견한 것이 아닐까? 따라서 수학자들에게는 소수가 영원히 계속됨을 확실히 아는 것이 중요하다. 이 사실의 증명이 정수론의 핵심이다.

블럼 스미스의 BEAM 학생들은 소수의 개수가 무한하다는 유클리드의 증명을 재구성하려 했다. 학생들은 이 과제를 바로 블럼 스미스가 원한 대로 스스로 발전시켜나갔다. 유클리드와 마찬가지로, 그들은 수학적 호기심과 훌륭한 문제들이 만들어놓은 길을 따라서 이 문제에 도달했다. 그리고 소수의 무한성에 관한 유클리드의 독창적인 증명을 확실히 이해했다. 하지만 그들이 증명을 찾아낸 것은 블럼 스미스의 이야기의 끝이 아니라 시작이었다. 그의 이야기는 단지 올바른 답을 찾아내는 것이 아니라 수학에서의 민주주의에 관한 것이었다.

블럼 스미스는 적어도 5분 동안, 증명이 이루어진 교실의 스릴 넘치는 이야기로 BEAM의 동료들을 즐겁게 한다. 그는 나흘째 수업에서 제이든이라는 학생이 증명을 설명했다고 말했다. 완전한 형태를 갖추기는 했으나 일련의 난해한 문장으로 구성된 증명이었다. 블럼 스미스는 제이든의 증명을 이해했다. 하지만 제이든의 동료 학생 대부분은 그렇지 못할 것 같다는 예감이 들었다.

수학적 재능이 뛰어난 학생들로 가득한 교실에서 학생 하나가 소수의 개수가 무한함을 증명하게 하는 것은 별로 어려운 일이 아니다. 그러나 그 증명을 모든 학생이 이해하도록 하는 일은 어렵다. 모든 학생이 하나의 공동체를 이루어 그 증명을 개발했다고 느끼도록 하는 일은 더욱더 어렵다. 블럼 스미스의 목표는 교실 안에서 수학자들의 공동체를 만들어내는 것이었다. 이 목표를 달성하기 위해서 블럼 스미스는 그저 학생 하나가 답을 찾아내도록 하고 나머지 학생들은 박

수를 치는 것보다 훨씬 더 복잡한 방식으로 수학 문제를 해결하는 과정을 조율했다. 이것이 그의 민주적 과정이었다.

블럼 스미스가 단순히 제이든과 그의 급우들에게 제이든의 증명이 옳다고 말하는 것은 민주적인 과정이 아닐 것이다. 그럴 경우 제이든과 블럼 스미스는 참여했지만, 다른 모든 학생은 수동적인 구경꾼이 되어버린다. 다른 학생들도 증명과 관련된 아이디어가 있을지도 모른다. 단지 그들이 완전한 증명을 말로 표현하지 않았다고 해서 그들에게 증명에 기여할 수 있는 소중한 무언가가 없는 것은 아니다.

블럼 스미스의 민주적 과정은 요약하기로 시작되었다. 제이든의 급우 중 하나인 툴리야는 제이든의 주장을 '그가 말한 것보다 훨씬 더 명료하게' 요약했다. 하지만 툴리야는 증명의 핵심적인 부분을 빠뜨렸다. 듣고 있던 제이든도 이를 알아채지 못했다.

툴리야는 "만약 소수에 실제로 끝이 있다면, 그리고 내가 존재하는 모든 소수의 목록을 가지고 있다면 어떻게 될까?"라는 질문으로 시작했다. 이 질문은 그들이 증명하려는 사실과 상반되는 답을 요구하는 것처럼 보이기 때문에 비생산적으로 들릴 수 있다. 툴리야와 제이든은 또 하나의 소수가 항상 존재할 것임을 보이기를 원했다. 그렇다면 툴리야는 왜 자기가 모든 소수의 유한한 목록을 쓸 수 있다고 가정했을까?

증명하려고 하는 사실의 반대를 가정하는 제이든과 툴리야의 전략은 수학에서 흔히 볼 수 있는 관행이다. 소수가 무한히 계속된다고 생각하지만 그것을 증명할 방법을 생각해낼 수 없다면, 대신 소수의 개수가 유한하다는 시나리오를 먼저 검토할 수 있다. 소수에 끝이 없다는 최초의 가정이 정확하다면 당신은 필연적으로 명백하게 잘못되고 터무니없는 결과에 이르게 될 것이다. 그리고 소수의 개수가 유한하다는 가정이 명백하게 잘못되고 터무니없는 결론으로 이어진다면, 역설적으로 소수의 개수가 무한하다는 가정이 증명된다. 이런 유형의 역설적 증명을 귀류법이라고 한다. 귀류법은 기본적으로 '내가 사실이기를 원하는 것은 틀렸을 수가 없다. 따라서 사실이어야 한다'라고 말한다.

일단 모든 소수를 하나의 목록으로 쓸 수 있다고 상상한 툴리야와 제이든은 영리한 재주를 부렸다. 그들은 목록에 있는 모든 숫자를 곱하고, 거기에 1을 더했다. 이제 그들에게는 새로운 숫자가 있었다. 최초 목록에 올리기에는 너무 큰 숫자였다. 그리고 스스로 소수가 될 수 있는 확실한 가능성이 있는 숫자였다.

이해를 위해 예를 들어보자. 존재하는 소수가 2, 3, 5, 7, 11, 그리고 13뿐이라고 생각해보자. 툴리야와 제이든의 방법을 따라서 이들 숫자를 모두 곱한다.

$$2\times3\times5\times7\times11\times13=30,030$$

거기에 1을 더한다.

$$30,030+1=30,031$$

30,031이 최초의 소수 목록에 없다는 것은 확실하다. 오직 2, 3, 5, 7, 11, 그리고 13만이 목록에 있다. 더욱 중요한 것은, 30,031이 원래의 소수 중 어떤 숫자로도 나누어지지 않는다는 점이다. 2, 3, 5, 7, 11, 그리고 13을 곱한 후에 1을 더한 숫자는 결코 이들 중 어느 숫자의 배수도 될 수 없다. 가장 가까운 2의 배수는 여전히 1만큼 떨어져 있다. 가장 가까운 3의 배수도 2만큼 떨어져 있다. 그 이후도 마찬가지다. 30,031이 이들 소수 중 어느 숫자로도 나누어지지 않는다면, 그 자체가 소수일 수도 있지 않을까?

툴리야는 말했다. "그래요! 소수의 목록을 곱하고 1을 더한 숫자는 모두 소수여야 합니다." 그러고는 자신의 증명을 마무리했다. 새로운 소수를 만들어냈다는 것은 곧 유한한 소수 목록의 존재가 모순되었다는 뜻이기 때문이다. 툴리야는 다른 소수들의 집합으로부터 새로운 소수를 만들어내는 방법도 함께 개발했던 것이었다. 어떤 의미로는 소수의 레시피였다. 그녀의 증명은 우아한 수학적 추론이었다. 하지만 올바른 증명이었을까?

블럼 스미스는 툴리야가 요약을 마친 후, 진정한 민주적 방식으로 학급 투표를 실시했다. 그는 학생들에게 말했다. "제이든이 제시하고 툴리야가 요약한 아이디어를 이해한다고 생각하는 사람은 손을 들어라." 3분의 2 정도 되는 아이들이 손을 들었다.

그는 다시 말했다. "그 아이디어가 설득력이 있다고 생각하며, 이제 소수가 끝나지 않는다고 믿는 사람은 그대로 손을 들고 있어라." 블럼 스미스와 몇몇 아이가 손을 내렸다. 툴리야는 제이든의 주장을

요약하면서 필수적인 단계를 빠뜨렸다. 블럼 스미스는 제이든을 포함해서 그 사실을 알아챈 아이가 있었는지 궁금했다.

블럼 스미스는 직접 툴리야의 실수를 지적할 수도 있었다. 다른 교사라면 아마 그렇게 했을 것이다. 그러나 그것은 민주적 과정이 될 수 없었다. 그는 학생들이 참여할 공간을 남겨놓았다. 제이든은 증명 전체를 제시했지만, 모두가 그의 증명을 이해하지는 못했다. 툴리야는 대부분 학생이 이해할 수 있게 증명을 정리했지만, 핵심적인 부분을 빠뜨렸다. 모두가 지지할 수 있는 완벽한 증명을 찾아내기 위해서는 팀 전체의 협력이 필요했다.

빠뜨린 부분은 무엇이었을까? 이미 알아챘을지도 모르지만, 30,031은 소수가 아니다. 이 숫자를 소인수분해하면 509×59다. 툴리야와 제이든의 방법을 사용하면 손쉽게 소수를 생성할 수 있었다. 그들의 목록에 2, 3, 5, 7, 그리고 11만 있고 13이 없었다면, 그들이 만들었을 숫자인 2,311은 소수다. 여러 소수를 곱하고 거기에 1을 더하는 것은 수학자들이 새로운 소수를 만들려고 할 때 종종 사용하는 방법이다. 하지만 30,031의 경우에서 보듯이, 항상 통하는 방법은 아니다.

그러나 성과가 전혀 없었던 것은 아니었다. 30,031이 소수가 아닐 수 있음은 사실이다. 하지만 우리는 30,031의 소인수분해에서 원래의 소수 목록에 없었던 2개의 새로운 소수를 찾는다. 툴리야가 만든 새로운 숫자가 설령 소수가 아닐지라도 최초 목록에 있는 어떤 소수로도 나누어지지 않는다는 논리는 여전히 성립한다. 소수를 만드는 그녀의 레시피는 효과가 있다. 단지 새로운 소수 한 개를 만들어낼 때도 있고, 2개를 만들 때도 있다는 것뿐이다.

블럼 스미스의 학생들은 툴리야의 요약을 세밀하게 검토했다. 결국 그들은 정확할 뿐만 아니라 그것을 만들어낸 공동체의 생각을 반영했음이 두드러지는 증명을 구성했다. 블럼 스미스는 수학적 발견에서 민주적 과정과 공동체가 수행하는 역할을 강조하기 때문에, 이 이야기를 좋아한다. 그는 제이든을 언급하며 말한다. "제일 먼저 증명을 제시했던 아이는 문제를 해결하지 못했다. 문제를 해결한 것은 이러한 전체 과정을 통해서였다." 전체 과정이란 증명을 해체 및 재구성하고, 공동체 전체가 증명에서 중요시하는 것이 무엇인지를 결정하기 위해서 목소리를 모으는 과정을 말한다. 집단의 협력을 통해서 만들어낸 증명은 빛난다. 그 증명을 만들어내는 데 모두의 목소리가 반영되었기 때문이다.

수학자들의 집단은 어떻게 증명에 관한 합의에 도달할까? 블럼 스미스의 이야기를 생각하면, 푸앵카레의 설명보다 훨씬 더 복잡한 과정일 것으로 보인다. 이는 중학생뿐만 아니라 전문 수학자들의 발견에서도 사실이다. 그런 과정은 적어도 수학자 한 사람이 보유한 타고난 감수성 이상을 요구한다. 협력을 통해 공유하고, 경청하고, 서로의 아이디어를 탐색하는 문화를 구축한 수학자들의 공동체가 필요하다. 모든 아이디어는 한 사람의 목소리로 말해지고 다시 다른 사람의 목소리로 말해짐으로써 살을 붙여간다. 목소리는 많을수록 좋다.

전문 수학자인 블럼 스미스조차도 수학적 발견의 구성 요소가 중요한 이유를 식별하는 데는 수학적 감수성뿐만 아니라 공감이 필요하다. 그는 이야기를 마치면서 말한다. "나는 언제나, 한 사람의 수학자로서 다른 사람의 증명을 읽는 데 어려움을 느낀다. 이는 항상 그들이 이 문장을 주장하는 이유를 유념하려고 노력하는 것과 같은 일이다." 블럼 스미스는 다른 수학자가 특정한 발견을 중요하게 여기는 이유를 이해하기 위해서 제이든과 튤리야가 급우들과 대화하도록 한 것과 마찬가지로 증명을 작성한 수학자와 대화를 나눈다. 그들은 개별적인 수학적 사실에 관한 내용 못지않게 자신의 분야에서 무엇을 중요하게 여기는지에 대한 수학자들의 문화적 감각을 논의하는 대화를 나눈다.

수학자들 사이의 진지한 문화적 대화는 수학에 중요한 의미를 더한다. 수학에서 이러한 대화의 역할을 검토하는 일은 수학이 희박한 집단에 속한 뉴욕시의 10대들, 라마누잔과 같은 식민지 출신의 천재, 그리고 수학 공동체에 참여하려 애쓰는 다른 사람들이 직면하는 어려움을 이해하는 데 도움이 된다. 그들의 어려움은 재능의 결핍이 아니라 역사의 결핍에서 온다. 수학의 역사가 풍부한 문화에 속한 사람들은, 흔히 첫 번째 수학팀에 참가하거나 부모와 산책하면서 수학에 관한 대화를 나누는 어린 시절부터 시작하여 오랫동안 수학에 참여하는 방법을 배운다. 수학자가 되는 방법을 배우는 것이 얼마나 어려운 일인지를 생각하면, 수학자들의 세계가 그토록 동질적이고 배타적인 이유를 이해하기는 어렵지 않다.

그러나 이러한 수학자들의 동질성은 수학을 위해서도 바람직하지 않다. 제이든의 증명은 급우들이 다양한 목소리로 참여함으로써 개

선되었다. 같은 방식으로, 수학이라는 분야 자체도 새로운 목소리가 제시되고 문제를 해결할 때 발전한다. 민주적 과정은 사람들에게 새로운 수학 지식과 더 많은 사람에게 힘을 줄 수 있는 수학을 만들어내는 추가적 능력을 부여한다.

수학의 지식은 또한 민주적 과정에 있는 더 많은 사람에게 추가적인 힘을 제공한다. 최소한 시민권 옹호자이며 수학교육자인 로버트 모지스Robert Moses의 생각은 그렇다.

BEAM의 이야기는 수학자들이 자신의 분야를 다양화하는 데 도움을 줄 수 있는 한 가지 방법을 보여준다. 그들은 전통적으로 수학이라는 분야에서 배제되었던 사람들을 수학에 참여하도록 초대한다. 또한 초대된 사람들이 진정한 수학연구에 참여할 수 있도록 공간과 지원을 제공한다.

그러나 수학자들의 세계를 더욱 다양하게 확장하는 일이 수학교육자들이 직면한 유일한 도전 과제는 아니다. 수학을 공부한 사람이 모두 수학자가 될 것은 아니지만, 누구든지 수학을 공부해야 한다. 수학 지식은 오늘날의 기술 주도 사회에서 일자리를 얻는 데 필수적이다. 수학과 관련된 분야로 진출할 계획이 없는 학생들이라 하더라도 수학 과목을 통과하지 않고는 고등학교와 대학교를 졸업할 수 없으며, 이는 훌륭한 교육을 받고자 하는 학생들에게 장벽이 될 수 있다. 그리고 훌륭한 교육을 받지 못하면 우리 사회에서 힘을 얻기가 어렵다.

수학의 장벽은 이런 식으로 작용한다. 다수의 대학은 학생들에게, STEM 분야를 전공하지 않을 학생에게도 수학 과목의 수강을 요구한다. 하지만 그런 대학에 입학하는 학생들은 종종 고등학교의 열악한 수학교육 때문에 대학에서 제공하는 가장 낮은 수준의 수학 과목조차도 수강할 준비가 되어 있지 않다. 결과적으로 그들은 대학의 수학 배치시험을 통과하지 못하고, 대학 수준의 수학 과목을 수강하지 못한다. 이 학생들은 우선 보충과목을 통과해야 한다. 학생들은 다른 과목과 마찬가지로 보충과목에도 수업료를 내야 하지만, 보충과목은 종종 학위를 받는 과정에 포함되지 않는다. 보충과목을 수강하는 학생들은 학비는 내지만 대학을 졸업하기 위한 과정에는 진전이 없는 어정쩡한 상태에 빠진다.

대학에 입학하고 나서 학위를 받기 위한 과목의 수강을 시작하기도 전에 보충과목을 통과해야 한다는 것을 알게 된 학생은 엄청난 압박감을 받는다. 대부분 학생은 고등학교의 수학수업을 통해 대학 공부를 시작할 준비가 되었을 것이라고 기대한다. 최소한으로, 학생들은 고등학교 교육을 통해 보충과목을 빠르게 통과할 수 있을 정도로는 준비가 되어야 한다. 그러나 텍사스주에서 수학 보충과목에 등록한 대학생들을 대상으로 연구한 결과, 불과 33퍼센트만이 보충과목을 통과한다. 그리고 그중 18퍼센트만이 첫 번째 대학 수준 과목을 마치는 데 성공했다. 수학 보충과목은 대학생의 지갑을 얇게 만들고, 졸업에는 전혀 도움이 되지 않는 경우가 흔하다.

이런 상황은 다른 인종/민족 학생보다 흑인 학생들에게 더 높은 비율로 영향을 미친다. 불충분한 수학교육은 미국의 많은 학교에서 공통적인 문제이지만, 특히 흑인 학생에게 심각하다. 흑백 분리는 과거의 일이지만, 여전히 압도적 다수의 흑인 학생이 주로 흑인 학교에 다니고, 이런 학교들은 대부분의 백인 학교보다 효율성이 떨어진다. 그 결과는 흑인 대학생이 수학 과목에서 마주치는 문제에서 명백하게 드러난다. 2016년 미국 대학의 흑인 신입생 중 56퍼센트가 보충과목 수강을 신청했다. 모든 학생에 대한 보충과목 등록 비율은 이보다 거의 16퍼센트가 낮았다. 고등학교에서의 기준에 미달하는 수학교육은 많은 학생에게 문제가 되지만, 이러한 통계는 이것이 흑인 학생에게 더 큰 문제라는 것을 보여준다. 흑인 학생들은 실질적으로 대학 교육을 받기 위해 더 많은 돈을 지불하지만 그만큼 얻지 못한다. 그들은 수학에서 백인 동료들보다 높은 비율로 뒤처진다. 이러한 불리함은 그들이 기술 분야의 보수 좋은 일자리에 접근하고, 수준 높은 STEM 분야에서 경력을 쌓고, 수학 지식이 제공하는 중요한 문제를 제기하고 해결하는 기회를 줄인다.

로버트 모지스에 따르면, 이것은 시민권의 문제다. 모지스는 1960년대 미시시피주에서 흑인 유권자 등록 운동을 벌인 학생비폭력조정위원회Student Nonviolent Coordinating Committee(이하 SNCC로 표기)의 리더로 활동한 적이 있다. 지금도 여전히 흑인의 참정권을 확대하기 위해 일하고 있다. 모지스는 이제 수학교육이라는 새로운 공간에서 일한다. 유권자 등록과는 거리가 멀어 보일 수 있는 분야다. 모지스는 오랜 교육적 불평등의 결과인 흑인의 높은 수학 문맹률이 이제 그들이 미국에서 완전한 참정권을 확보하는 것을 가로막는 가장 큰 장애물이라고 주장한다. 모지스에 따르면 수학 문맹은 1960년대의 유권자 탄압만큼이나 오늘날 흑인의 미국 민주주의에의 참여를 방해한다. 그리고 그는 이를 개선하려 노력하고 있다.

BEAM의 수학자들과 마찬가지로 모지스는 흑인 학생들에게 긍정적으로 소중히 취급되며 안전하다는 느낌을 받으면서 수학을 배울 장소가 필요하다는 것을 깨달았다. 또한 학생 개인뿐만 아니라 전체 지역사회와 함께 일할 필요가 있다는 것도 깨달았다. 그에게는 자기 학생들에게 고품질의 수학교육을 제공하기 위한 싸움에 동참할 부모와 교사 들이 필요했다. 그래서 모지스는 자신이 가장 잘하는 일을 했다. 공동체를 조직한 것이다. 수학 중심 공동체를 조직하는 그의 프로젝트는 대수학 프로젝트라고 불린다. 매사추세츠주 케임브리지에서 처음 시작된 대수학 프로젝트는 이제 주로 도시들과 미국 남부의 흑인 지역사회에 초점을 맞춘다.

많은 시민권 옹호자들에게 진보의 추구는 흑인이 번영할 수 있는 공간을 확대하기 위해 노력하는 과정이다. 그러나 공간이 완전히 닫혀 있다면 압력을 가하기가 어렵다. 모지스는 자서전에서 시작을 위해 필요한 것이 '숨은 공간'이라고 말했다. 당신이 확대하려고 노력하는 공간 아래쪽에 숨겨진 작은 영역이 필요하다. 거기서 함께 일할 사람들을 조직하는 일을 안전하게 시작할 수 있다.

모지스는 딸의 중학교 수학수업에서 숨은 공간을 만들었다. 그는 여러 해 동안 딸 미샤와 함께 집에서 수학을 공부했다. 모지스는 이제 8학년이 된 딸이 수학 교과과정의 많은 부분을 이미 공부했음을 알게 되었다. 그는 딸이 대수를 공부할 준비가 되었다고 생각했다. 그러나 학교 수학수업으로는 딸이 대수를 배울 방법이 없었다.

그래서 모지스는 미샤의 교사에게 미샤와 미샤의 급우 중 누구든 원하는 학생에게 대수를 가르치겠다고 제안했다. 미샤의 교사가 동의하면서 모지스는 자신의 숨은 공간을 확보하게 되었다.

왜 중학교 대수가 모지스에게 그렇게 좋은 숨은 공간이 되었을까? 그는 전국의 중학교와 고등학교에서 보이는 추세를 확인했다. 명문 사립 및 공립학교에 다니는 학생들은 더 어린 나이에 대수를 배우기 시작한다. 더 일찍 대수를 배운 학생들은 학교에서 더 멀리 가고 목적지에 더 빨리 도착할 수 있는 준비를 갖추게 된다. 대수는 학생들이 현대 경제의 핵심인 과학과 기술에 대해 더 배울 수 있도록 준비시킨다. 모지스의 말을 빌리자면, "미국의 리더"가 되도록 준비시킨다. 하지만 모지스는 말한다. "다른 모든 학교는 아직도 일과 일을 위한 준비가 공장과 조립 라인으로 정의되는 시대에 속해 있었다." 흔히 이들 명문에 미달하는 학교에 다니는 유색인종 학생들은 현대 경제에 참여할 준비를 갖추지 못했다. 그리고 소외된 집단의 경제력 결핍은 사회에서의 낮은 지위와 약한 권력이라는 결과로 이어진다. 일상에 매일같이 영향을 미치는 결정들에 대한 발언권이 약화된다. 교육의 결핍 때문에 의사 결정에서 소외되는 것이다. 이것은 억압이었다. 모지스는 그러한 억압을 유색인종 학생이 대부분인 중학교에서 대수학 수업을 제공하지 않기로 한 결정에까지 거슬러 올라가며 추적할 수 있다고 주장했다.

그래서 모지스는 딸과 딸의 친구들에게 대수를 가르쳤다. 모지스의 대수학 학생들은 집에 돌아가 부모에게 새로운 수학수업을 자랑했다. 그리고 부모들이 주목하기 시작했다.

기자가 "어떻게 조직합니까?"라고 물었을 때 모지스는 대답했다. "공 튀기기입니다. 거리에 서서 공을 튀깁니다. 곧 아이들이 모두 모여들지요. 계속 공을 튀깁니다. 머지않아 누군가의 현관 아래로 공이 들어가고, 거기서 어른들을 만나게 됩니다." 미샤의 학교에서 바로 그런 일이 일어났다. 부모들이 궁금해하기 시작했다. '우리' 8학년 아이들도 대수를 배울 수 있다면 어떨까? 아이들에게 무슨 기회가 열리게 될까? 그들은 더 나아가 부모와 아이들이 학교에서 가르치는 수학에 관한 발언권을 얻는다면 어떻게 될지를 알고 싶어 했다.

이는 모지스가 만난 유색인종 학부모들에게 혁명적인 생각이었다. 모지스는 자서전에서 셜리 킴브로라는 학부모가 같은 학교 7학년생의 부모에게 쓴 편지를 인용했다. '소수집단 학생들'이 직면하는 학문적 도전에 관한 집회에 참석한 뒤 그녀는 편지에서 말했다. "소수집단 학생들은 일반적으로 수학과 과학을 비소수집단 아이들만큼 잘하지 못합니다. 왜일까요?" 그녀는 백인 학생이 유색인종 학생보다 어린 나이에 대수를 배우는 경우가 많다는 데 주목했다. 대수의 학습은 그들이 앞서 나가는 것을 도왔다. 모지스의 대수학 프로그램이 미샤와 미샤의 친구들에게 한 일을 본 그녀는 혁명적인 질문을 하게 되었다. 모든 유색인종 학생들에게도 이런 기회가 주어져야 하지 않을까?

셜리와 같은 부모들이 조직되기 시작했다. 그들의 행동은 모지스의 학교가 그의 대수학 프로그램을 성적이 뛰어난 학생만이 아니라 모든 학생에게 개방하는 결과로 이어졌다. 모지스는 아이들의 대수학 숙제를 도와주기를 원하는 부모들을 위한 토요일 대수학 수업도 시작했다. 모지스의 대수학 프로그램은 꾸준히 성장했다. 딸의 8학년 수학수업과 관련된 숨은 공간에서 시작된 모지스의 프로그램은 시카고, 오클랜드, 인디애나폴리스 같은 도시와 남부 시골 지역의 흑인 학생이 많은 학교로 확대되었다. 모지스는 가는 곳마다 비슷한 방식으로 공동체를 조직했다. 먼저 아이들에게 좋은 일을 하고, 그다음 부모들의 주의를 끌었으며, 마지막으로 학교에서 흑인 학생들에게 수학을 가르치는 방식을 변화시켰다.

모지스는 자서전에서 "미샤의 수학교육에 대한 나의 관심이 능력별 집단화, 유색인종 아동을 위한 효과적인 교습, 경험적 학습, 그리고 지역사회의 교육 관련 의사 결정 참여에 관하여 대수학 프로젝트가 제기하는 질문으로 이어질 줄은 몰랐다"고 말했다. 그는 또한 중학교에서 흔히 가장 낮은 성취도로 학업을 마치게 되는 학생들을 포함해 '모든 학생에게' 대수를 가르쳐야 한다는 주장이 전국적으로 수용되리라는 것도 알지 못했다.

자서전의 끝에서 모지스는 SNCC를 조직한 최초 구성원 중 한 사람인 엘라 베이커Ella Baker를 인용한다.

우리 가난하고 억압받는 사람들이 사회의 의미 있는 일부가 되기 위해서는, 우리가 처한 기존의 시스템이 급진적으로 바뀌어야 한다. 이는 우리가 급진적인 용어로 생각하는 것을 배워야 함을 뜻한다. 나는 '급진적radical'이라는 용어를 원래의 의미, 즉 근본 원인을 파고들어 이해한다는 뜻으로 사용한다. 이는 곧, 당신이 필요로 하는 바에 적합하지 않은 시스템에 직면하여 그 시스템을 바꾸는 방법을 강구하는 것을 의미한다.

베이커의 말은 수학과 수학교육의 급진적인 미래를 상상하도록 우리를 격려한다. 수학의 문화는 우리의 국가적, 세계적 공동체의 모든 구성원이 필요로 하는 바를 항상 충족시키지는 못한다. 수학은 우리의 가장 긴급한 사회문제를 제기하고 해결하기 위해 사용된다. 하지만 수학자들의 공동체가 배제하는 사람들은 종종 가장 힘 있는 사회문제 해결사들 때문에 고통받는 바로 그 사람들이다. BEAM과 모지스의 대수학 프로젝트는 수학교육의 불평등 문제에 접근하는 2가지 방법일 뿐이다. 그 밖에 또 무엇을 우리가 만들어낼 수 있을까?

5. 수학은 아름다울 수 있을까?

수학과 예술의 문제

SUPER
MATH
슈퍼매스

낮과 밤

여러 면에서 수학과 예술은 판이하다.
우리는 흔히 수학을 효율적이고, 정확하고, 유용하다고 생각한다.
수학은 우리가 문제를 해결하는 데 도움이 되어야 한다.
그러나 예술의 목적은 다르다. 예술은 자기표현이며, 인간 경험의 깊이를 탐구하고
아름다움을 통해 더 높은 목적을 추구한다.

「낮」과 「밤」이라는 조각은 각자의 이름의 심상을 절묘하게 포착한다. 태양 광선 같은 점들이 있는 「낮」은 밝은 노란빛을 내뿜는다. 「낮」의 광채는 방을 가득 채워서, 쟁쟁한 다른 예술 작품이 많이 있음에도 관람자가 그것만을 쳐다보도록 유혹한다. 강청색으로 물러앉은 「밤」에는 달과 비슷한 분화구들이 있다. 당신은 「낮」 옆에 있는 「밤」을 보지 못하고 지나칠 수도 있다. 하지만 「밤」에도 역시 일단 주목하게 되면 관람자를 끌어당기는 중력이 있다. 함께 있는 두 조각 작품은 정반대로 보인다. 「낮」과 「밤」은 각각 빛과 어두움, 날카로움과 부드러움, 외향성과 내향성을 나타내며, 태양의 본질과 달의 영혼을 포착한다.

이들 조각에 대해 더 알고 싶어서 미술관이나 조각 공원에 가야겠

다고 생각할지도 모른다. 그러나 내가 「낮」과 「밤」을 본 곳은 수학 학회장이었다. 이 조각들을 창조한 이브 토런스Eve Torrence는 수학과 전임교수다. 그녀는 수학 미술이라는 색다른 장르의 개척자이기도 하다.

도대체 수학과 예술은 서로 무슨 관련이 있을까? 여러 면에서 수학과 예술은 판이하다. 우리는 흔히 수학을 효율적이고, 정확하고, 유용하다고 생각한다. 수학은 우리가 문제를 해결하는 데 도움이 되어야 한다. 그러나 예술의 목적은 다르다. 예술은 자기표현이며, 인간 경험의 깊이를 탐구하고 아름다움을 통해 더 높은 목적을 추구한다.

그러나 많은 수학자가 아름다움이 자신이 만들어내는 연구의 가치를 결정하는 중요한 요소라고 주장해왔다. 실제로 수학자와 예술가는 종종 같은 것을 탐구한다. 아름다움의 의미를 탐색하고 그 아름다움을 자신의 작품에 구현하려고 노력하는 것이다. 많은 수학자와 예술가가 이러한 아름다움을 탐구하면서 살다가 죽었다. 우리는 다른 사람들에게 아름답다고 인정받는 작품을 만들어내기 위해서 자신의 삶을 바친 화가, 작가, 음악가, 배우를 비롯한 많은 사람을 알고 있다. 수학자들도 마찬가지다.

어떻게 한 작품이 수학인 동시에 예술이 될 수 있을까? 의문의 해답을 찾기 위해 토런스의 작품을 자세히 살펴보자.

나는 사전 지식이 없는 사람에게는 기괴하게 보였을 수학 학회, 브리지스 콘퍼런스Bridges Conference에서 「낮」과 「밤」을 처음 보았다. 여러분이 사전 지식 없이 학회장을 돌아다녔다면, 참가자들이 수학자임을

짐작하지 못했을지도 모른다. 예술 작품이 전시되어 있기 때문이다.

전시장은 그림, 조각, 모빌 등의 작품으로 가득했다. '음악의 밤', 연극 공연, 마임 쇼를 홍보하는 광고가 눈에 띄었고 이슬람의 타일아트tile art와 모더니즘 조각에 관한 강연이 학회 일정을 꽉 채우고 있었다. 모더니즘 조각에 관한 강연의 연사는 버클리 캘리포니아대의 유명한 수학교수 카를로 세퀸Carlo Sequin이었다. 그의 강연에는 '위상기하학', '속(屬)', '질서'와 같이, 예술적으로 들리지는 않는 단어들이 가득했다. 그리고 '음악의 밤'에 공연된 노래들은 모두 수학적 주제를 담고 있었다. 그렇지만 이 학회는 여전히 수학 학회처럼 보이지 않았다.

브리지스 콘퍼런스를 방문한 사람은 수학과 예술 사이의 다리 위에 서게 된다. 토런스의 조각을 포함해 그곳에서 발견할 수 있는 것들은 참으로 멋지다. 이들 작품은 그 어떤 예술 작품에도 손색이 없고 아름다워 보인다. 전시장 저편에 있었던 「낮」과 「밤」이 나를 끌어당긴 것은 부분적으로 그 조각들이 우주를 놀라운 방식으로 묘사했기 때문이었다.

하지만 「낮」과 「밤」은 수학적 이유로도 나를 유혹했다. 실제로, 「낮」은 전시된 작품 중 최고상을 받았으며, 이는 그 작품이 예술적으로 '그리고' 수학적으로 아름답다는 학회 주최자 측의 의견을 보여주는 것이었다. 토런스는 말한다. "수학 미술은 수학적 아이디어와 미술적 콘텐츠 모두를 포함해야 한다." 토런스의 말에 따르면 수학 미술가는 "작품의 설계에 수학을 사용해야 할 뿐만 아니라 작품의 구성에서 미학적 선택을 해야 한다." 토런스의 조각은 이런 일을 이례적으로 훌륭하게 해냈다.

그렇다면 「낮」과 「밤」은 어떻게 수학적으로 아름다운가? 두 조각은 수학적 대조(對照)에 의존한다. 그리고 이는 두 작품을 예술적으로 아름답게 만드는 대조와 비슷하다.

토런스는 수학적인 관점에서 양립할 수 없는 것처럼 보이는 2가지 형태의 조합을 이용해서 「낮」과 「밤」을 만들었다. 빛과 어두움, 날카로움과 부드러움이 예술적 대조를 만들어내는 것과 흡사하게 토런스는 수학적 대조를 표현하기 위해서 쌍곡포물면과 정다면체라는 2가지 형태를 사용했다.

정다면체는 질서 있는 3차원의 형태다. 정다면체에는 5가지 유형이 있다. 각각의 정다면체는 삼각형, 사각형, 또는 오각형 같은 규칙적인 형태를 모서리마다 동일한 방식으로 부착함으로써 만들어진다. 「낮」과 「밤」은 정오각형 12개를 이어 붙여서 만들어지는 정다면체인 정십이면체다.

이에 반해서 쌍곡포물면은 다루기 힘든 곡면이다. 「밤」을 멀리서 보면, 안장과 비슷하게 북쪽과 남쪽을 향하는 상향의 경사와 동쪽과 서쪽을 향하는 하향의 경사가 보인다. 하지만 당신이 쌍곡포물면 위를 기어가고 있는 개미라면, 한 장의 종이나 지구의 표면만큼이나 평평하게 느껴질 것이다. 쌍곡포물면은 영원히 계속되며 곡률과 무한한 확장성 때문에 다루기가 어렵다.

「낮」과 「밤」의 모든 오각형 면은 종이 쌍곡포물면으로 만들어졌다. 어떻게 평평한 종잇조각으로 곡면을 만들까? 그리고 그런 구부러진

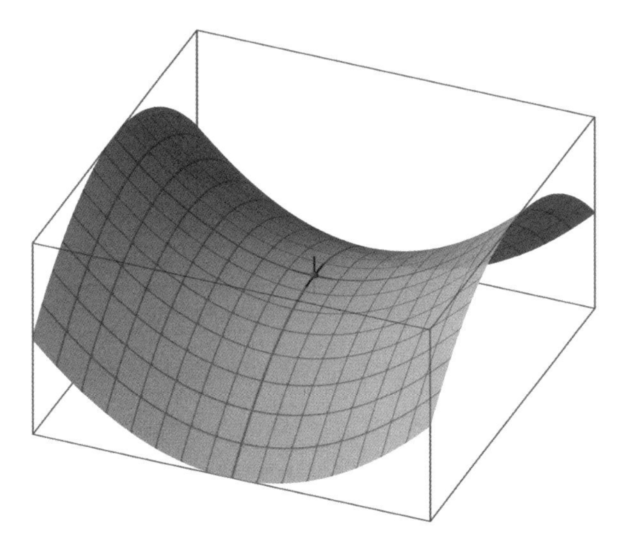

▲ 쌍곡포물면hyperbolic paraboloid

면들을 어떻게 이어 붙여서 면이 평형한 다면체를 만들까? 이런 것들이 「낮」과 「밤」이 아름답게 제시하는 수학적 대조다.

토런스의 종이 쌍곡포물면은 실제 쌍곡포물면 형태에 근사한다. 진짜 쌍곡포물면의 형태로 구부러지기보다 종잇조각을 접어서 아코디언 같은 주름을 만들 때 생기는 곡률의 착시에 의존한다. 평범한 면으로 구부러짐에 근사한다는 것은 중요하지만 당혹스럽기도 한 수학적 개념이다. 토런스의 조각이 그러한 개념을 보여주는 방식은 수학적으로 창의적이고 아름답다.

쌍곡포물면의 근사치를 결합해서 정십이면체를 만드는 데는 수학적 기교가 요구되었다. 정십이면체를 만들려 했던 첫 번째 시도에 대해서 토런스는 이렇게 말했다. "처음 시도는 참담한 실패로 끝났다. 작품이 성공할 수 있는 기하학적 구조를 알아내는 데 6개월 정도가 걸렸다." 정밀한 기교가 필요했다. 토런스의 첫 번째 도전 과제는 쌍곡포물면이 오각형과 전혀 다르다는 문제였다. 정십이면체는 평평한 오각형 12개로 만들어지지만, 쌍곡포물면은 곡면이며 5개의 변을 갖지 않는다. 다행히도 토런스에게는 이 문제를 다룰 전략이 있었다. 쌍곡포물면 5개를 한 점 주위에 배치해서 잎이 다섯인 꽃과 비슷한 형태를 만들면, 수학적으로 중요한 모든 측면에서 오각형을 닮은 구조를 얻게 된다. 산꼭대기와 골짜기 같은 요철로 덮여 있기는 하지만, 이런 방식으로 배치된 5개의 쌍곡포물면에는 5개씩의 '꼭짓점'와 '모서리'가 있다. 그들은 또한 다섯 번을 회전함으로써 완전히 한 바퀴를 회전한다. 수학자들에게 있어 오각형처럼 회전하는 형태를 갖췄으면 그것은 오각형이다.

토런스가 해결해야 하는 중요한 수학적 과제는 쌍곡포물면 자체의 형태에서 비롯되었다. 그녀가 알았던 것은 사각형의 종잇조각으로 쌍곡포물면을 만드는 방법뿐이었다. 그런데 사각형의 쌍곡포물면으로 오각형을 만들 수는 있었지만, 그 오각형들을 결합해서 정십이면체를 만들 수는 없었다. 토런스가 사각형 쌍곡포물면 문제에 내린 기술적, 수학적 진단은 "사각형을 접어서 만든 쌍곡포물면으로는 안정적, 대칭적인 정십이면체를 만들 수 없다. 특수한 다면체를 구성할 수 있는 정확한 마름모꼴이 형성되지 않기 때문이다"였다. 쉽게 말해서, 이렇게 만들어지는 구조는 괴상하게 울퉁불퉁했던 것이다. 따라서 토런스는 상당히 복잡한 기하학적 형태를 이해해야 했다. 어떤 형태가 통할까? 토런스는 결국 완벽한 쌍곡포물면을 만들고 이어서 완벽한 정십이면체를 만드는 마름모를 찾아냈다. 정확하게 수행된 계산은 수학적으로 아름답다. 「낮」과 「밤」은 이러한 수학적 아름다움도 훌륭하게 포착한 이례적인 작품이다.

예술적으로나 수학적으로나 「낮」과 「밤」은 수학적 대조의 전형이다. 구부러짐과 평평함, 무한과 유한, 근사치와 정밀함 등. 토런스의 조각은 관람자에게 예술적인 그리고 수학적인 방식으로 말을 건다.

수학자들이 사랑한 정리들

응용수학자들은 때로 순수수학을 추구하는 미학자들을 비웃는다.
종교적 수학자들은 때때로 수학의 미학적 매력을 경고해왔다.
그들은 수학의 아름다움이 사람을 죄악으로 이끌 수 있다고 주장했다.

수학 미술의 실제 작품은 “관람자에게 미술과 수학 모두에 대한 더 깊은 이해를 제공해야 한다”고 수학 미술가 이브 토런스는 말한다. “최고의 수학적 작품은 심오한 수학적 아이디어를 보여주고 그런 아이디어에 대한 통찰을 제공한다. 그들은 수학적으로 그리고 예술적으로 아름답다. 이는 관람자의 즐거움을 배가시킨다.”

그러나 이를 위해 굳이 수학이 예술 작업에 통합될 필요는 없다. 실제로 많은 수학자가 수학이라는 분야에 끌리는 것은 수학이 유용하다고 생각해서가 아니라 본질적으로 아름다운 학문이라고 생각하기 때문이다. 그들에게 수학과 예술은 다르지 않다. 이런 수학자들은 아름다움을 창조하기 위해서 수학을 연구한다.

이제까지 이 책에서 소개한 수학자들 중 다수는 이런 견해를 갖지 않았다. 물론 그들도 수학을 즐기고, 어쩌면 아름답다고 생각할지도 모르지만 그들의 연구는 인류학, 경제학, 정치학, 법률, 그리고 과학 등 수학이 아닌 분야에서 수학을 사용하는 '응용수학'에 속한다. 그들은 비(非)수학 문제를 해결하는 데 도움이 되기 때문에 수학에 관심을 가진다. 그러나 '순수수학'이라 불리는 수학 분야도 있다. 응용수학자들이 종종 순수수학의 아이디어를 빌려 오기는 하지만, 대부분의 순수수학은 수학 이외의 분야에서 사용되지 않는다.

실제로 순수수학은 아무런 응용도 염두에 두지 않고 개발되곤 한다. 그리고 순수수학을 연구하는 많은 수학자는 응용의 압박에서 자유롭기 때문에 자신의 분야를 사랑한다. 그들은 심지어 응용수학을 연구하는 동료들을 깔보기도 한다. 20세기 초의 수학자이며 라마누잔의 멘토였던 G. H. 하디는 "현실적으로 유용한 수학은 거의 없다. 그리고 그런 수학은 비교적 따분하다"라고 말한 적이 있다. 하디와 같은 수학자들에 따르면 현실 세계는 한계로 가득 차 있다. 응용수학은 그 지루한 세계에 갇혀 있다. 그러나 순수수학자들은, 토런스가 자신의 조각에 사용한 무한히 확장되는 쌍곡포물면 같은 흥미로운 것들로 가득한 상상의 공간에서 즐거움을 누리며 수학적 대상 자체를 연구한다.

순수수학은 유용성을 요구하지 않는다. 그렇다고 해서 본질적인 문제를 다루지 않는다는 뜻은 아니다. 순수수학은 '무엇이 아름다운가?'와 같은 예술의 문제를 다룬다.

하디는 이렇게 수학을 도구가 아닌 아름다움을 탐구하는 대상으로 보는 견해를 분명하게 밝힌 유명한 수학자 중 한 사람이다. 수학자의 삶의 목적에 대한 그의 설명은 수학 분야의 표준이 되었다. 그에 따르면 "수학자는 화가나 시인과 같이 패턴을 만드는 사람이다." 그리고 그 패턴은 다른 목적 없이 그 자체로 만족감을 준다. 널리 알려진 저서 『어느 수학자의 변명』에서 하디는 대부분 수학의 무용성에 대해 풍자적으로 가짜 사과를 했다. 순수수학이 쓸모없다면 순수수학에 일생을 바친 하디는 자신의 시간을 낭비한 것이다. 그것이 최소한 현실적 유용성을 따지는 실용적 세계의 견해였다. 그러나 하디는 순수수학의 예술이 창조하는 아름다움이 무용성을 벌충한다고 주장했다. 그림을 그리고 시를 짓는 사람들이 시간을 선용한다고 생각된다면 순수수학도 마찬가지다.

하디는 순수수학을 예술에 비교한 것으로 가장 잘 알려지고 널리 인용된 현대 수학자이지만, 하디가 처음은 아니었다. 고대 그리스인들은 수학과 미학을 연결했다. 예를 들면, 고대 그리스에서 피타고라스를 추종하여 스스로를 피타고라스학파라고 불렀던 사람들은 자신들 철학 전체의 기반을 수학적 아름다움을 중심으로 구축했다. 그들은 숫자와 패턴이 우주를 조직한다고 생각했다. 수학이 과학을 조직한다고 생각하는 실용적인 방식이 아니라, 질서를 부여하는 심원한 미학적 방식이었다. 그들의 견해로는 수학이 우주를 지배하고, 우주의 비밀을 수학에서 찾을 수 있었다.

하디 이후로도 많은 수학자가 예술로서의 수학을 이야기했다. 마리아나 쿡Mariana Cook이 자신의 책 『수학자들: 밖에서 본 내면세계Mathematicians: An Outer View of Inner World』에서 인터뷰한 대부분의 수학자는 자신이 수학을 사랑하는 이유를 설명하면서 아름다움, 예술, 상상력, 그리고 우아함을 언급했다. 그들의 연구에서 개발되는 실용적인 결과는 응용되지 않은 형태의 연구 자체의 아름다움에 비하면 부차적인 것이다.

그 유명한 필즈상을 수상한 데이비드 멈퍼드David Mumford는 순수수학을 "이국적이고 아름다운 이론들을 키우려고 시도할 수 있는 비밀의 정원"이라고 묘사했다. 대수기하학자 야노스 콜라르János Kollár에 따르면, 순수수학은 "모든 과학 중에 가장 낭만적"이다. 필즈상 수상자 안드레이 오쿤코프Andrei Okounkov는 수학자들의 작업을 묘사하면서 시(詩)에 비유했다. 시를 쓸 때와 마찬가지로 순수수학을 연구할 때 "그것을 하나의 원천에서 추출하여 원하는 무엇에든 주입하거나 빛을 비추는 데 사용할 수 있다"는 것이다. 오직 시인만이 그렇게 수수께끼 같은 말을 할 것이다.

모든 수학자가 자신의 분야를 이런 식으로 바라본 것은 아니었다. 응용수학자들은 때로 순수수학을 추구하는 미학자들을 비웃는다. 종교적 수학자들은 때때로 수학의 미학적 매력을 경고해왔다. 그들은 수학의 아름다움이 사람을 죄악으로 이끌 수 있다고 주장했다. 예컨대 성 아우구스티누스St. Augustine는 피타고라스학파의 발자취를 따라서 수학이 우주를 지배한다고 생각했던 수학자들에게 경고한 적이 있다. "자신의 영혼을 악마와 결탁하는 실수에 이끌릴 것을 염려하는 선량한 기독교인이라면 수학자들과 공허한 예언을 말하는 모든 사람을, 특히 그들이 진실을 말할 때를 조심해야 한다." 수학적 아름다움은 오직 신만이 알 수 있는 것을 자신이 안다고 생각하도록 사람들을 부추기고, 아담과 이브가 지혜의 나무에 열렸던 선악과를 먹었을 때 저질렀던 원죄에 빠뜨릴 수 있다. 성 아우구스티누스의 시대에 '수학자'는 종종 성 아우구스티누스와 같은 기독교인들에게는 악마와 다름없는 '마술사'와 동의어였다.

성 아우구스티누스는 제쳐두고, 역사를 통해 수많은 순수수학자가 자신의 작업이 우주의 경이로움 앞에서 하찮은 것이며 창조를 찬양하는 예술가의 작업과 본질적으로 같은 것이라고 생각해왔다. 순수수학자들은 과학적, 경제적, 그리고 정치적 문제를 해결하지 않는다. 그들은 예술적 문제를 푼다. 응용수학자는 무언가 유용한 것을 만들어냈는지를 검토함으로써 자신의 작업이 성공했는지를 평가한다. 하지만 순수수학자는 무언가 아름다운 것을 만들어냈는지를 검토해서 작업의 성공 여부를 평가한다. "아름다움이 첫 번째 시험이다. 이 세상에 추악한 수학을 위한 영구적인 자리는 없다"라고 했던 하디의 말은 유명하다. 하디는 순수수학자들이 유용한 일을 하는 것을 목표로 삼지 않기 때문에 영속하는 아름다움을 가진 무언가를 만들어내는 부담이 훨씬 더 크다고 주장했다.

수학자가 아닌 사람에게는 수학을 미학적으로 평가한다는 생각이 혼란스러울 수도 있다. 수학은 학문의 한 분야다. 숫자, 형태, 그리고 측정을 포함한다. 우리는 모두 학교에서 수학을 공부했다. 산수, 대수, 기하, 어쩌면 삼각법, 그리고 미적분까지. 이들 수업에서 우리에게 기대한 것은 아름다운 무언가를 만들어내는 일이 아니라 올바른 답을 찾아내는 일이었다. 그런 만큼 우리는 수학의 미학을 판단하는 기준이 정량적일 것으로 기대할 수도 있다. 최소한 그런 기준이 표준화되고 엄밀할 것을 기대할 것이다. 그러나 아름다움은 직관적이며, 주관적이고 문화적인 요소가 가득한 것으로도 악명이 높다. 이것이 순수수학 분야에서 '훌륭한 수학'이 되는 일이 수학자 개개인에 달려 있음을 의미할까?

순수수학자들은 아니라고 말한다. 순수수학은 응용수학만큼이나 엄밀하고 객관적이다. 단지 방식이 다를 뿐이다. 하디의 말은 이러한 주장을 뒷받침한다. "그토록 명확하거나 만장일치로 수용되는 표준을 가진 분야는 달리 없으며, 기억되는 사람들은 거의 언제나 그럴만한 가치가 있는 사람들이다."

하디는 『어느 수학자의 변명』에서 그러한 표준을 4가지 핵심 기준으로 설명했다. 하디에 따르면 아름다운 수학은 추상적이어야 한다. 심오하면서도, 수학의 다른 측면과 연결될 수 있을 정도로 보편적인 중요한 아이디어를 포함해야 한다. 일단 알고 나면 어떻게 더 일찍 생각해내지 못했는지 궁금해지는 것이어야 한다.

하디는 이러한 기준, 즉 상호 연결성, 추상성, 직관성, 의외성에 맞는 수학이 아름다울 뿐만 아니라 '진실'이라고 주장했다. 이러한 감각은 우리가 증명에서 진실을 이해하는 데 도움을 준다. 그런 기준이 자체적으로 증명의 타당성을 확립하는 것은 아니다. 오직 수학적 논리의 규칙을 따라가야만 그렇게 할 수 있다. 증명은 설사 추할지라도 타당할 수 있다. 하지만 4가지 기준 중 어느 하나라도 빠졌다면 당신이 보고 있는 수학은 진실이 아니거나 추가적인 작업이 필요하다는 뜻이다. 수학자들은 추한 수학적 명제가 논리적으로 타당할 뿐만 아니라 아름다워질 때까지 작업을 계속할 것이다.

하디는 100년 전에 이 기준을 설명했지만 수학자들은 오늘날에도 변함없이 그의 기준을 사용한다. 그들이 어떻게 하디의 기준을 사용하는지 들여다보기 위해, 한 수학자가 자신이 좋아하는 번사이드 보조정리라는 수학적 아이디어에 관해서 어떻게 이야기하는지 들어보자.

하비머드대학교 교수인 무함마드 오마르Mohammed Omar는 대학생 시절에 처음으로 번사이드 보조정리를 배웠다. 그는 즉시 이 정리와 사랑에 빠졌다.

"마치, 뭐랄까?" 그는 '내가 좋아하는 정리My Favorite Theorem'라는 인기 팟캐스트에서 두 수학자 에벌린 램과 케빈 누드슨Kevin Knudson을 상대로 그 시절을 회상했다. 팟캐스트에 게스트로 출연한 수학자들은 자신이 좋아하는 정리에 관해서 이야기한다. 이들 수학자가 자신이 좋아하는 정리를 얼마나 좋아하는지 이해하려면 그들의 이야기를 들어봐야 한다. 그들은 자신이 좋아하는 정리를 '사랑한다'. 여러분은 좋아하는 노래를 처음 들었을 때 어떤 느낌이었는지 기억하는가? 그 감정이 바로 이들 수학자가 자신이 좋아하는 정리와 처음으로 마주쳤을 때 받는 느낌이다. 오마르와 마찬가지로, 그들은 직감적으로 반응한다.

의미심장하게도 그들이 그 정리를 사랑하는 이유는 종종 수학적 아름다움에 대한 하디의 기준과 거의 비슷하다. 설사 그런 정리들에 대한 그들의 반응이 감정적이라 하더라도, 거기에는 어느 정도의 논리가 있다. 그리고 그들의 반응과 하디의 기준에 대한 반응의 유사성은 수학적 아름다움에 관한 하디의 기준이 객관적이고 타당하다는 하디를 비롯한 순수수학자들의 주장을 뒷받침한다.

번사이드 보조정리는 당신이 고등수학을 공부할 때 마주칠 수 있는 정리다. 이 정리에는 실제로 개발하지는 않고 단지 그에 관한 글을 썼을 뿐이었던 20세기 초의 수학자 윌리엄 번사이드William Burnside의 이름이 붙어 있다. 실제로 정리를 개발한 사람은 프로베니우스Frobenius라는 독일인 수학자였던 것으로 보인다(명성이란 때로 허망하다). 번사이드 보조정리는 대부분의 사람이 서로 간에 아무런 관련이 없다고 생각할 주제들을 통합한다. 기하학, 대수학, 그리고 조합론의 3가지 주제를 함께 다룬다. 그러한 결합이 이 정리가 가진 매력의 원천이다.

그러나 처음 번사이드 보조정리를 보면 특별히 심오해 보이지 않을 것이다. 실용적인 응용으로, 다소 평범한 문제와 복잡하기는 하지만 특별히 중요할 것은 없는 문제를 풀기 때문이다. 기본적으로 이 정리는 수학자들이 대칭적 객체에 있는 패턴을 세는 데 도움이 된다.

예를 들어, 우리는 정육면체의 여섯 면을 검정, 회색, 흰색의 3가지 색으로 칠하려고 한다. 그렇게 할 수 있는 서로 다른 방법이 몇 가지나 될까? 오마르의 설명대로, 우선 정육면체의 면이 6개이고, 가용한

색은 3가지임을 생각할 수 있다. 따라서 각 면을 3가지 중 하나의 색으로 칠할 수 있다. 그렇다면 3×3×3×3×3×3=729이므로 729가지 방법이다. 너무 쉽다.

하지만 틀렸다. 실제로는 그보다 훨씬 적은 수가 나온다. 우리는 정육면체의 대칭성을 잊어버렸다.

정육면체는 대칭적 입체다. 수많은 다른 관점에서 보아도 동일하게 보인다. 흰색의 단단한 정육면체를 회전시키면, 지금 보이는 면이 처음에 시작했던 면과 같은 면인지를 어떻게 알 수 있겠는가? 어쩌면 우리가 부분적으로만 회전시켰을지도 모르고, 완전히 360도 회전시켰을 수도 있다. 이것이 수학자들이 말하는 '대칭적'의 의미다. 우리가 물체를 움직인 다음 단지 살펴보는 것만으로는 움직였다는 사실을 알기가 어렵다면 그 물체는 대칭적이다. 정육면체는 대칭성이 높기 때문에 훌륭한 주사위가 된다. 하지만 그 대칭성은 또한 우리가 3가지 색으로 칠하는 서로 다른 방법이 몇 가지나 되는지를 알아내는 일을 까다롭게 만들기도 한다.

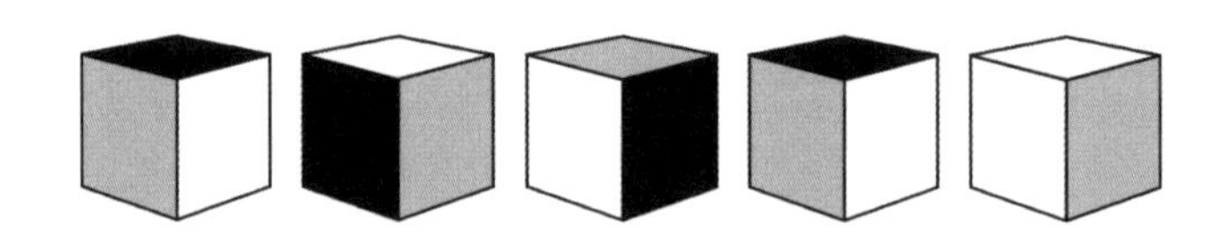

여기에 한 면은 검은색, 인접한 면은 회색, 나머지 네 면은 흰색인 정육면체 5개가 있다(다섯 번째 정육면체는 바닥에 있는 면이 검은색이다). 당신은 이런 정육면체를 몇 개나 찾아낼 수 있는가?

정육면체에 색을 칠해보자. 당신과 마주한 면에는 검은색, 윗면에는 회색, 그리고 나머지 네 면은 흰색으로 칠한다. 이는 당신과 마주한 면에 검은색, 그 왼쪽 면에 회색, 나머지 면에 흰색을 칠하는 것과 같다. 확인하려면, 그저 새로운 회색 면이 위로 오도록 정육면체를 돌려보면 된다. 이때, 한 면은 검은색, 인접한 면은 회색, 나머지는 흰색으로 칠해진 동일한 정육면체는 몇 개나 될까? 정육면체에 색을 칠하는 서로 다른 방법이 몇 가지나 되는지를 정확하게 세기 원한다면, 모든 동일한 조합을 제거해야 한다. 729가지가 너무 많은 것은 확실하다. 처음에는 간단한 곱셈으로 보이던 문제가 이제는 색을 칠하고 돌려보는 지루한 반복으로 바뀐다.

여기서 번사이드 보조정리가 구원에 나선다. 번사이드 보조정리는 이렇게 소모적인 과정을 단순화하기 위해서 대수의 힘을 활용한다. 이 정리는 x의 값을 구하는 일과는 관계가 없다. 번사이드 보조정리가 하는 일은 정육면체의 대칭 구조를 설명하는 일과 관련된다. 정육면체가 똑같아 보이도록 색을 칠하는 서로 다른 방법은 몇 가지나 될까? 그 모든 방법을 안다면, 즉 정육면체의 대칭성을 안다면 어떤 색 조합을 제거해야 할지 알게 된다. 수학자들은 대상의 대칭성으로 구성되는 집합을 '군(群)'이라고 부른다. 정육면체의 군에서 대칭을 유지하는 회전이 몇 가지나 되는지 알아내는 일은 수많은 방법으로 정육면체에 색을 칠해보는 것보다 훨씬 덜 지루하다.

번사이드 보조정리는, 정육면체에 3가지 색을 칠하는 서로 다른 방법이 몇 가지인지 알아내기 위해 알아야 할 것은 이 군의 구조가 전부라고 말한다. 이는 그 어떤 대칭적 물체의 형태를 세는 일에서도 사실이다. 수를 세고 시험하고, 수를 세고 시험하고를 되풀이하는 대신 물체의 대칭성 구조를 기술하기 위해 대수를 이용할 수 있다. 대수는 그러지 않았다면 너무도 지루했을 문제를 단순화한다. 대칭성이 있는 기하학적 대상에 관해서 수를 세는 문제를 풀기 위해서는, 그저 약간의 대수만 사용하면 된다.

멋진 일이다. 무슨 이유로든 정육면체에 색을 칠하는 일을 더 쉽게 만들기 원한다면 번사이드 보조정리를 사용할 수 있다. 하지만 그렇다고 해서 번사이드 보조정리가 아름답다고 볼 수 있을까?

실용적 관점에서 색칠하기 문제를 단순화하는 방법으로 볼 때, 이 정리가 귀엽게 보일 수도 있다. "머리, 어깨, 무릎, 발, 무릎, 발"을 노래하는 아이들이 귀여운 것처럼 귀엽다. 당신은 노래하는 아이들을 보고 '오, 이 노래가 아이들이 자신의 신체 부위를 배우는 데 도움이 되는구나'라고 생각할지도 모른다. 마찬가지로, 당신은 번사이드 보조정리를 보고 이렇게 생각할 수도 있다. '오, 번사이드 보조정리는 우리가 정육면체에 색을 칠하는 일에 도움이 되는구나.' 하지만 이것이 번사이드 보조정리를 '아름답게' 만들지 않는다는 것은 확실하다. 이런 관점에서 보면, 이 정리에는 하디가 설명한 수학적 아름다움의 특성이 아무것도 없다. 특별히 추상적이거나 중요하지도 않고, 예상하지 못한 것일 수는 있지만 감동적일 정도는 아니다. 그리고 직관적이지도 않다.

그러나 오마르가 번사이드 보조정리를 사랑하는 이유는 색을 칠하는 문제를 해결하는 데 도움을 주기 때문이 아니다. 번사이드 보조정리에 대한 오마르의 사랑은 다른 반응에서 비롯된다. 그는 팟캐스트에서 말했다. "나의 최초 반응은, 우리가 배운 추상수학 중 일부가 실제로 현실에 적용되는 멋진 방식이라는 것이었다." 무슨 뜻일까? 오마르는 번사이드 보조정리에서 수학적 아름다움에 관한 하디의 기준을 본질적으로 만족하는 수학적 특성의 조합을 본다.

첫째로, 오마르는 번사이드 보조정리가 멀리 떨어져 보일 수 있는 수학 분야들을 연결한다고 생각한다. 번사이드 보조정리는 오마르가 만족스럽게 생각하는 방식으로 대수학, 기하학, 그리고 조합론을 통합한다. 그렇다면 오마르에게 번사이드 보조정리는 하디가 아름답고도 '중요하다'고 부를만한 것이다.

다음으로, 오마르는 번사이드 보조정리가 흔히 추상적 상징을 다루는 분야인 대수학의 시각적, 유형적 응용을 제공한다고 생각한다. 이 정리는 추상적이고 때로 혼란스럽기도 한 분야를 보다 '직관화'한다. 추상적 상징을 보고 만지기는 어려우며, 이는 때로 그런 상징을 이해하는 일도 어렵게 한다. 정육면체는 그러한 상징들의 의미를 다루기 쉬운 형태로 포착한다. 번사이드 보조정리는 수학이 생생하게 살아 있도록 해준다.

마지막으로, 오마르는 번사이드 보조정리가 지루하게 세는 과정을 단일한 대수적 대상으로 포착한다는 의미에서 단순하고 '추상적'이라고 생각한다. 그리고 이 모든 특성이 단일한 보조정리에 결합되어 있다는 것은 '예상하지 못한' 일이다.

오마르, 하디를 비롯한 수학자들은 수학의 중요하고, 직관적이고, 추상적이고, 의외적인 특성이 함께 나타나는 모습을 환영한다. 보조정리의 유용성과는 확실히 분리되는 특성이다. 번사이드 보조정리는 수학자들이 특별한 관심을 갖는 문제를 해결하는 데 도움이 되지 않는다. 오히려 그들이 번사이드 보조정리를 인정하는 것은 보조정리의 심미적 성질과 관련이 있다. 수학자들은 번사이드 보조정리가 아름답다는 것에 동의한다. 번사이드 보조정리가 아름다운 수학을 보여주는 예라면, '추한' 수학은 뭘까? 하디는 2가지 수학을 구별할 수 있도록 수학적 아름다움에 관한 표준을 개발했다. 아름다운 수학이 존재한다면 그와 반대되는 수학도 있어야 한다는 것은 분명하다. 수학자들이 논리적으로 타당하다고 인정하면서도, 추하기 때문에 불만족스럽다고 멸시하는 수학이 있어야 한다.

수학과 관련해 가장 흥미로운 사실 중 하나는 수학 문제를 해결하는 논리적으로 타당한 방법이 여러 가지인 경우가 많다는 것이다. 이는 수학을 창조적인 분야로 만드는 요소 중 하나다. 그리고 때로 같은 문제에 아름다운 해답과 추한 해답이 동시에 존재하는 이유 중 하나이기도 하다. 추한 수학을 찾기에 최적의 장소 중 하나는 피타고라스 정리의 믿을 수 없을 정도로 많은 증명이다. 피타고라스 정리는 가장 유명한 수학적 명제일지도 모른다. 고대 그리스만큼 오래전의—당신이 플림프톤 322를 연구한 학자들의 말을 믿는다면, 더 오래전—수학자들도 피타고라스 정리를 알고 있었다. 너무도 유명한데다 그토록 오래된 피타고라스 정리가 가장 자주 증명된 정리일 것이라는 추측은 논리적이다. 하지만 실제 그 증명의 양은 상상을 초월할 정도다. 엘리샤 스콧 루미스Elisha S. Loomis의 책 『피타고라스 명제The Pythagorean Proposition』에 수록된 371가지가 넘는 피타고라스 정리 증명은 우리가 아는 바로는 빙산의 일각에 불과하다. 마치 누구에게든 피타고라스 정리의 증명이 있는 것 같다. 심지어 제임스 A. 가필드 미국 대통령도 증명 한 가지를 추가했다.

대체 누가 같은 정리의 거의 400개에 가까운 증명을 읽어보고 싶어 할까? 그 모든 증명은 같은 명제를 입증하지만, 입증하는 방식은 서로 다르다. 수학에서 피타고라스 정리는 문학에서 「햄릿」과 같다. 수많은 연출가가 이 연극의 개념을 재설정해온 것처럼, 수학자들은 되풀이하여 피타고라스 정리로 돌아왔다.

그리고 수학자들이 피타고라스 정리의 증명으로 다른 것들보다 선호하는 증명이 있다. 당신이 어떤 「햄릿」은 좋아하고 어떤 「햄릿」은 싫어할 수 있는 것처럼 증명에도 기호가 있을 수 있다. 그리고 이런 선호도가 임의적이기만 한 것은 아니다. 셰익스피어의 모든 대사를 포함한다는 점에서 기술적으로는 정확할 수 있는 「햄릿」일지라도 끔찍하다는 평가를 받을 수 있다. 마찬가지로 우리는 수학적 아름다움에 관한 하디의 지침과 유사한 기준에 기초해서 증명을 미학적으로 평가할 수 있다. 수학자들은 이런 근거로 피타고라스 정리의 증명 중에 어떤 것은 아름답고 다른 것은 형편없이 추하다는 결정을 내렸다. 그렇다면 한 쌍의 아름다운 증명과 추한 증명을 살펴보자.

현대 수학자이며 수학적 아름다움의 대변인인 스티븐 스트로가츠

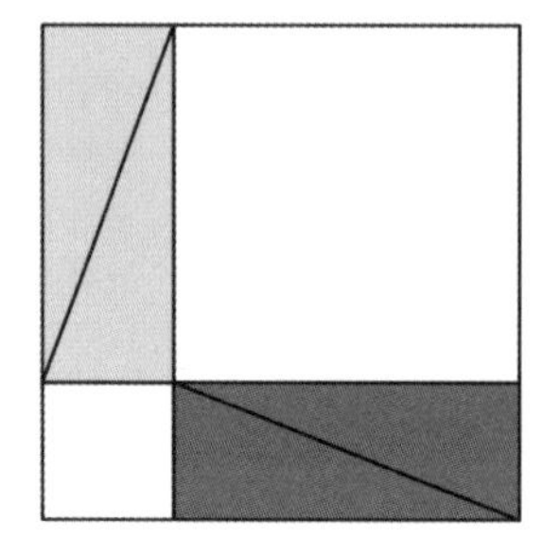
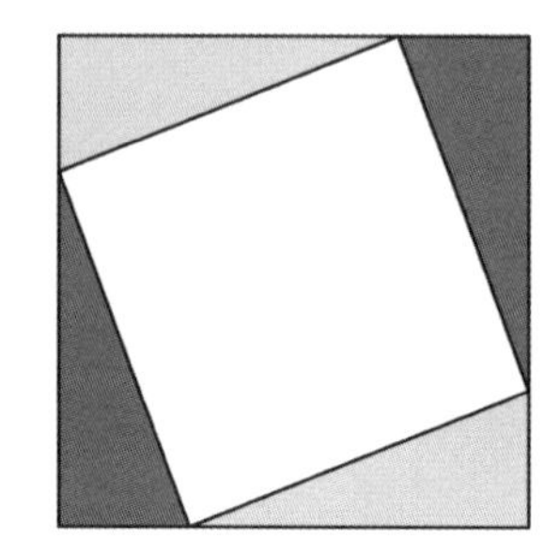

Steven Strogatz는 위의 증명이 자신이 좋아하는 피타고라스 정리의 증명이라고 말한다.

당신에게는 증명처럼 보이지 않을 수도 있다. 단지 간단한 그림 2개일 뿐이다. 단어도, 숫자도, 심지어 대수도 없다. 하지만 이 그림은 피타고라스 정리를 증명한다. 그 과정에서 우리가 논의했던 미학적으로 아름다운 수학의 여러 기준이 충족된다. 이 그림은 예상하지 못한 것이며, 추상적인 개념을 직관적인 대상으로 바꾸고, 수학의 분야들을 연결한다. 그리고 필연적이라고 느껴진다.

증명의 과정은 다음과 같다.

피타고라스 정리는 보통 $a^2+b^2+c^2=0$으로 표현된다. 바로 우리 모두 학교에서 배웠던 공식이다. 그러나 이는 정리의 한 가지 대수적 표현일 뿐이다. 고대 그리스인들은 이런 방식으로 표현하지 않았다. 피타고라스 정리에 따르면 당신이 직각삼각형의 빗변을 한 변으로 사용하여 빗변에 부착된 정사각형을 그릴 때, 그 정사각형의 면적은 같은 방식으로 직각삼각형의 나머지 두 변에 부착된 정사각형 2개의 면

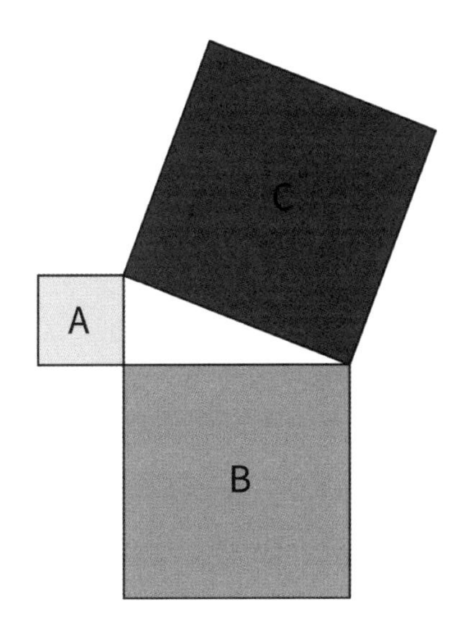

적을 합한 것과 항상 같다.

직접 해보는 수도 있다. 큼직한 직각삼각형을 하나 그려보자. 어떤 직각삼각형이든 상관없으나 이 실험을 위해서는 큰 편이 낫다. 그려놓은 삼각형의 세 변 모두에 정사각형을 그린다. 삼각형의 변들이 각 정사각형의 한 변이 되도록 한다. 작은 정사각형 2개를 각각 A와 B, 빗변에 있는 가장 큰 정사각형을 C라고 하자.

그러고는 동전, 시리얼, 건포도, 아니면 다른 무엇이든 작고 평평한 것을 나란히 늘어놓아 정사각형 A와 B를 완전히 채운다. 두 정사각형을 완전히 채우고 나면 모든 동전, 시리얼, 또는 건포도를 가장 큰 정사각형 C로 옮기는데, 이번에도 역시 나란히 늘어놓는다. 정사각형 C가 거의 채워질 것이다. 완벽하게 들어맞지는 않을 것이다. 정사각형을 동전으로 채우는 일은 수학이 아니고 '현실'이다. 현실에서는 무엇이든 수학에서처럼 완벽하게 작동하지는 않는다. 이는 수학적 순수주의자들이 꼽는 응용수학의 싫은 점 중 하나다. 그러나 동전은 C에 A와 B를 합친 만큼의 동전이 들어간다는 것을 납득시키기에 충분할 정도로 잘 들어맞아야 한다. 따라서 정사각형 C의 면적은 정사각형 A와 B의 면적을 합친 것과 같아야 한다. 피타고라스 정리가 말하는 대로, 빗변에 있는 정사각형은 다른 두 변에 있는 정사각형의 합과 같다.

동전을 이용한 실험은 피타고라스 정리의 증명이 아니다. 동전을 작은 정사각형들에서 가장 큰 정사각형으로 옮기는 일은 삼각형이 얼마나 크든 작든 홀쭉하든 뚱뚱하든 그런 증명이 항상 작동할 수 있다고 믿을만한 이유를 제공하지만, 이 실험은 우리가 시작한 특정한 삼각형과 불가분하게 묶여 있다. 증명이 되기에 충분할 정도로 보편적이지 않다. 실험이 직관적이라는 것은 좋은 점이지만 추상적이지는 않다. 따라서 진정한 수학이 되기에는 충분하지 않다.

수학자 스티븐 스트로가츠는 정말로 아름다운 피타고라스 정리의 증명은 동전을 옮기는 것과 유사한 방식으로 면적에 관한 우리의 직관에 의존해야 한다고 생각했고, 직관에 기초한 추상적 증명을 만들어냈다. 우리는 동전을 옮기면서 우리 머릿속의 정사각형의 면적에 관한 직관을 인지했다. 직관은 우리가 증명이 사실이라 한다고 느끼는 데 도움이 된다. 피타고라스 정리의 아름다운 증명은 그런 느낌을 이용해야 한다. 스트로가츠가 좋아하는 피타고라스 정리의 증명이 바로 그렇다.

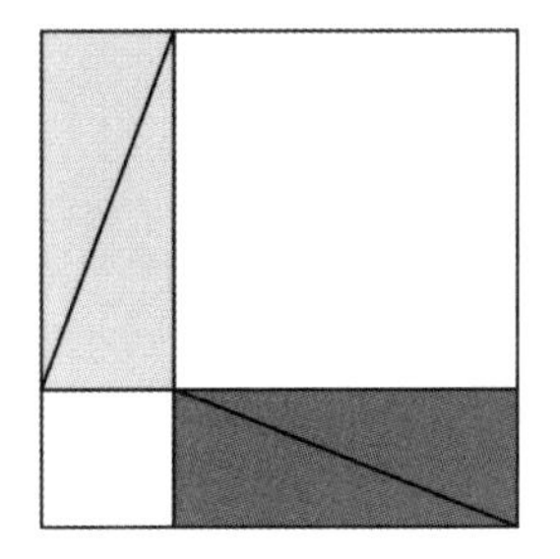

첫 번째 그림부터 시작해보자. 직각삼각형 4개, 작은 정사각형 하나, 큰 정사각형 하나로 구성된 큼직한 정사각형이다. 두 정사각형이 직각삼각형의 빗변이 아닌 두 변에 얼마나 완벽하게 들어맞는지 보이는가? 이들은 우리가 한 동전 실험에서 A와 B에 해당한다. 정사각형 A와 B, 그리고 4개의 직각삼각형은 서로 잘 들어맞아서 더 큰 정사각형을 채운다.

이제 두 번째 그림을 보자. 이번에도 큼직한 정사각형이다. 첫 번째 그림의 정사각형과 크기가 같다. 하지만 이번에는 첫 번째 그림과 같은 직각삼각형 4개와 첫 번째 그림보다 큰 정사각형 하나로 구성된다.* 정사각형 A와 B는 사라졌고 네 변이 직각삼각형들의 빗변인 정사각형이 그 자리를 차지했다.

* 나는 증명의 중요한 부분, 즉 삼각형을 적절하게 배치해서 2개의 큼직한 정사각형을 만들 수 있다는 사실을 우리가 어떻게 아는지는 생략했다. 이를 설명하기는 그리 어렵지 않으므로, 호기심 많은 독자라면 두 큼직한 정사각형이 같은 크기라는 것을 우리가 어떻게 수 있는지, 어떤 직사각형으로 시작하더라도 항상 그런 정사각형 2개를 만들 수 있다는 것을 어떻게 아는지 생각해보기 바란다.

이 정사각형은 바로 C다! 정사각형 C와 4개의 직각삼각형은 정사각형 A와 B, 4개의 같은 직각삼각형과 동일한 공간을 차지한다. 따라서 정사각형 C의 면적은 정사각형 A와 B를 합친 면적과 같아야 한다. 달리 말하자면, A 더하기 B는 C와 같다.

스트로가츠는 이 증명이 우아하다고 말한다. 그는 자신의 표현대로 피타고라스 정리에 "빛을 비추는" 이 증명을 좋아한다. 이 증명에 대한 그의 표현은 번사이드 보조정리에 대한 오마르의 표현과 놀라울 정도로 비슷하며, 이는 다시 하디의 기준과도 놀랄 만큼 비슷하다. 이 증명은 추상적이다. 하지만 피타고라스 정리가 면적과 관련되는 방식에 대한 우리의 직관에도 의존한다. 이 증명은 대수와 기하를 연결한다. 예상외로 단순하고 직설적이다. 일단 그림에 있는 모든 형태가 무엇을 나타내는지 이해하면 그저 조각들을 재배치하는 것만으로 완벽한 증명을 얻을 수 있다. 심지어 그 어떤 말도 필요하지 않다. 간단한 그림 2개면 충분하다. 아름다운 증명이다.

이번에는 추한 증명을 보자. 스트로가츠는 앞의 아름다운 증명을 그가 태연하게 "추하다"라고 말하는 증명과 대비시킨다. 스트로가츠는 추한 증명을 제시하고 나서 독자들에게 묻는다. "미학적 관점에서, 이 증명이 앞의 증명보다 못하다는 나의 견해에 동의하십니까?"

우리도 스트로가츠의 견해에 동의하게 될지 살펴보자. 수학적 아름다움의 기준이 정말로 보편적이라면 우리도 동의해야 할 것이다.

빗변이 아닌 변 중 하나(이 그림에서는 변 b)가 바닥이 되도록 직각삼각형을 놓는다.

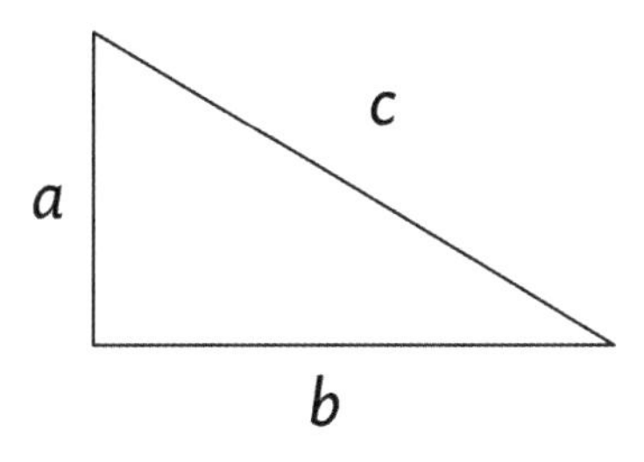

그리고 직각에서 빗변까지 직선을 긋는다. 그 직선이 빗변과 만날 때 직각을 이루도록 한다. 이제 당신에게는 3개의 삼각형이 있다. 변이 a, b, c인 큰 삼각형과 그 안에 있는 작은 삼각형 2개다. 작은 삼각형 하나의 변은 a, x, h이고, 다른 삼각형의 변은 b, y, h다.

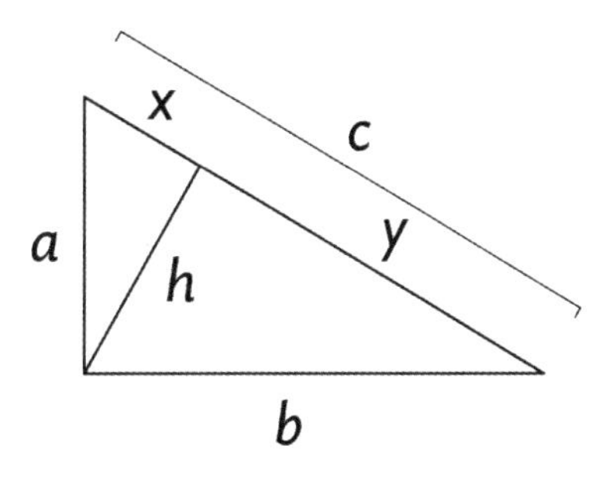

이제 약간의 기하학을 기억해낼 시간이다. 여러 개의 삼각형이 각도는 동일하지만 크기가 다르다면, 그런 삼각형들을 '닮은꼴'이라고 한다는 것을 기억하는가? 두 삼각형이 닮은꼴이라는 말은 그들의 기본적 형태가 같다는 뜻이다. 작은 삼각형의 크기를 키우면 큰 삼각형과 정확하게 형태와 크기가 같은 삼각형을 만들 수 있다. 같은 형태의 여러 복사본을 만들려면 삼각형의 크기를 키우거나 줄이기만 하면 된다.

그림의 세 삼각형은 닮은꼴이다. 삼각형들을 분리해서 작은 가족처럼 보이도록 나란히 배열하면 훨씬 더 쉽게 알 수 있다.

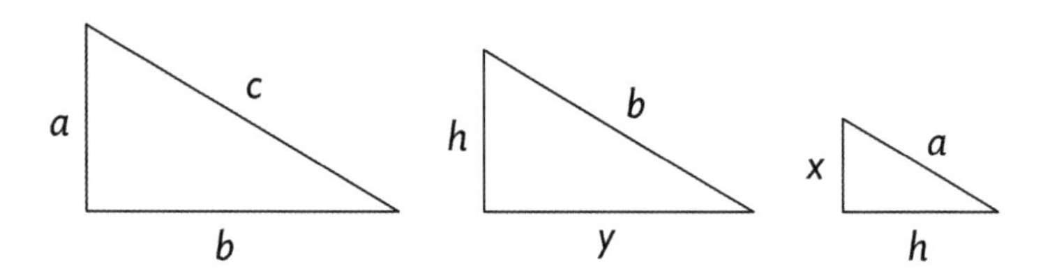

이들은 확실히 닮은꼴로 보이며, 간단히 각도를 확인해보면 실제로 닮은꼴임을 알 수 있다. 이 사실을 아는 것이 우리가 구성할 증명의 열쇠다.

이제 우리는 작은 삼각형을 큰 삼각형으로 만들려면 얼마나 키워야 하는지 알아내야 한다. 여기에는 나눗셈이 필요하다. 우선 닮은꼴 삼각형들 사이에 어느 변들이 서로 대응하는지 살펴본다. 이들은 작은 삼각형을 키웠을 때도 대응할 것이다. 한 삼각형에서 가장 짧은 변은 다른 삼각형에서도 가장 짧은 변이다. 그리고 대응하는 변의 길이를 나눈다. 대응하는 변의 모든 쌍을 나누면 정확하게 같은 숫자를 얻어야 한다. 바로 비율에 사용할 숫자다.

이제 작은 가족에 있는 가장 작은 삼각형과 가장 큰 삼각형의 변들을 나누면 아래의 결과가 나온다.

$$\frac{x}{a}=\frac{a}{c}$$

이는 가장 짧은 변인 a와 x, 그리고 빗변인 c와 a가 서로 대응하기 때문이다. 그저 우리가 할 수 있고 나중에 유용할 것이라는 이유로, 약간의 대수를 이용해서 위의 식을 분수가 없도록 고쳐보자. 양변에 a를 곱하면 다음 식이 된다.

$$a^2=xc$$

이제 중간 삼각형과 큰 삼각형의 변들을 나눈다.

$$\frac{y}{b}=\frac{b}{c}$$

이렇게 할 수 있는 것은 긴 변인 y와 b, 그리고 빗변인 b와 c가 서로 대응하기 때문이다. 우리는 이 식을 고치는 데도 역시 같은 대수를 사용할 것이다.

$$b^2=yc$$

믿거나 말거나, 우리의 피타고라스 정리 증명은 막바지에 이르렀다. 약간의 대수 마법이 더 남았을 뿐이다. 두 식 $a^2=xc$과 $b^2=yc$를 더해보자.

$$a^2+b^2=xc+yc$$

이 식은 피타고라스 정리와 더 비슷해 보인다. a, b, 그리고 c가 있다. 하지만 성가신 x와 y는 어떻게 처리할 수 있을까?

삼각형 3개가 있는 처음 그림으로 돌아가자. x와 y를 합치면 가장 큰 삼각형의 c가 됨을 알 수 있을 것이다. 대수를 사용하면 $x+y=c$라 쓸 수 있다. 이 간단한 식으로 증명은 마무리가 된다. 대수 마법을 시작하자.

우선 c를 묶어 내어 $x+y$를 분리하자.

$$a^2+b^2=c(x+y)$$

그리고 $x+y$를 같은 값임을 알고 있는 c로 대치한다.

$$a^2+b^2=cc$$

cc는 c^2과 같으므로, $a^2+b^2=c^2$이다.

피타고라스 정리가 거의 느닷없이 나타났다. 길고 구불구불한 대수의 길 끝에서 우리는 예기치 못한 목적지를 찾아낸다.

당신의 생각은 어떤가? 이 증명이 추한가?

스트로가츠가 하나는 아름답다고, 다른 하나는 추하다고 생각하는 피타고라스 정리의 2가지 증명은 동일한 결과로 끝난다. 그리고 두 증명 모두 논리적으로 타당하다. 하지만 결과에 이르기 위해서 사용된 방법은 서로 다르다. 「햄릿」과 「라이온킹」만큼이나 다르다. 그리고 그 2가지 방법은 아마도 독자에게 다른 반응을 불러일으킬 것이다.

첫 번째 증명은 피타고라스 정리의 직관적인 기하학적 해석에 의존한다. 우리는 재배치를 통해서 큰 정사각형 2개를 모두 채우는 4개의 삼각형과 3개의 정사각형을 보고, 느끼고, 셀 수 있다. 동전을 보고, 느끼고, 수를 셌던 것처럼. 피타고라스 정리와 면적의 관계는 직관적이다. 아무런 말이나 대수도 없이 얻어진 결과는 호소력이 있다. 스티븐 스트로가츠가 아름다운 증명이라고 생각하는 이유다. 하디도 거의 틀림없이 동의했을 것이다.

두 번째 증명은 정사각형을 사용하지 않는다. 심지어 제곱하는 작업도 닮은꼴 삼각형의 세계를 우회하고 나서 대수적으로 생각한 데서만 나타난다. 증명에서 사용된 닮은꼴 삼각형들은 첫 번째 증명에서 사용되었던 직각삼각형 및 정사각형과는 거리가 멀게 느껴진다. 첫 번째 증명에서 '같음'이란 '크기가 같음'을 의미했다. 직관적인 의미다. 그러나 두 번째 증명에서는 '같음'이 무엇을 의미하는지 명확하지 않다. 때로 '같음'은 이들 변 길이의 쌍을 나눌 때 닮은꼴 삼각형의 규칙에 따라 같은 숫자를 얻어야 한다는 것을 뜻한다. 이해할 수 있는 의미다. 하지만 때로는 내가 오래전에 이들이 같도록 만들었고 그 동일성을 바꿀 수 없는 대수의 오랜 과정을 거쳤기 때문에 동일해야 함을 안다는 뜻일 때도 있다. 이런 의미는 설사 당신이 대수에 익숙하더라도 훨씬 혼란스럽다. 대수에 익숙하지 않다면 마법처럼 느껴질 수도 있다.

스트로가츠는 피타고라스 정리의 증명에 나타나는 대수의 모습을 좋아하지 않는다. 그래서 이렇게 말한다. "누가 그 대수들을 증명에 초대했는가? 피타고라스 정리의 증명은 기하학적이어야 한다." 스트로가츠는 명확하고 깨끗한 기하학적 증명이 될 수 있는 것을 대수가 더럽힌다고 생각한다. 대수는 직관적인 대상을 지나치게 추상적으로 만든다. 추상성은 아이디어를 일반화할 때는 도움이 되지만, 아이디어를 더 이해하기 어렵게 만들 때도 있다. 추상성은 증명을 추하게 만든다. 그래서 결과적으로, 증명이 덜 사실이라고 느껴지게 만든다. 스트로가츠는 이렇게 말한다. "증명을 힘겹게 통과한 후 마지못해서 정리를 믿을 수는 있지만, 정리가 사실인 이유는 여전히 이해하지 못할 수 있다."

결과적으로 두 번째 증명은 단지 추하기만 한 것이 아니라 나쁜 수학이기도 하다. 추함은 증명의 수학적 가치에 영향을 미친다. 스트로가츠는 그 증명이 추함 때문에 설득력이 떨어진다고 주장한다.

나도 스트로가츠의 견해에 대부분 동의한다. 나 역시 직관에 의존하는 첫 번째 증명을 좋아한다. 그리고 추상화를 위해서 직관을 희생시키는 두 번째 증명을 싫어한다. 하지만 두 번째 증명에 수학적 가치가 없다고는 생각지 않는다. 완전히 추하다고 생각하지도 않는다. 나는 두 번째 증명에서 첫 번째 증명에는 없는 놀라움이라는 매력적인 요소를 본다.

두 번째 증명이 어떻게 진행되는지 미리 알지 않는 한, 당신은 피

타고라스 정리가 다가오는 것을 보지 못한다. 맨 끝에 가서야 느닷없이 대수에서 튀어나온다. 직관성을 약화시키는 마법적 성질은 동시에 증명의 의외성에 기여한다. 닮은꼴을 이용해서 피타고라스 정리를 유도할 수 있다는 사실은 놀랍다. 예기치 못한 일이다. 그리고 중요하다. 직각삼각형의 닮은꼴 관계는 수학에서, 특히 피타고라스 정리 역시 중심적인 역할을 하는 삼각법에서 중요한 부분이다. 나는 두 번째 증명이 피타고라스 정리와 닮은꼴 관계 사이의 예상하지 못한 연결을 만들어내는 방식을 사랑한다.

또 다른 수학 분야와의 연결과 의외성은 수학적 아름다움에 대한 하디의 기준 중 2가지에 해당한다. 두 번째 증명에 이런 특성이 있다면, 어떻게 무조건적으로 추할 수 있을까? 첫 번째 증명이 하디의 4가지 기준 모두를 충족한다는 것은 사실이다. 그러나 두 번째 증명이 더 놀라운 것은 명백하다. 우리는 4가지 기준에 대한 증명의 상대적인 강점과 약점에 어떤 비중을 두어야 할까?

위의 2가지 증명에서 우리는 하디의 기준에 내재하는 긴장 관계를 보기 시작한다. 때로 수학은 분야를 넘어 연결되고, 추상적이고, 직관적이고, 놀라운 것이어야 한다는 조건을 동시에 만족시키지 못할 수도 있다. 두 번째 증명의 예상하지 못한 추상성과 상호 연결성은 직관을 희생한 대가로 나타난다. 어쩌면 좋아할 수 없는 특성일지도 모른다. 때로는 그런 의외성이 거슬릴 수도 있다. 그러나 무언가 새로운 것을 배우는 데 도움이 되기 때문에, 완전히 추하다고 말하기는 어렵다.

수학 때문에 깜짝 놀랄 일이 절대로 없기를 바랄 사람들이 많이 있다. 그들은 논리적이고 질서 있는 수학이 좋다고 말한다. 부디 즉각적으로 이해할 수 있는 수학만을 보고 싶어 한다. 그러나 수학은 놀라운 결과로 가득하다. 예컨대, 나는 두 숫자 간격의 소수 쌍의 수가 무한하다는 쌍둥이 소수 추측이 놀랍다고 생각한다. 소수는 무한히 계속되며 숫자가 커질수록 간격이 더 멀어지는 것이 보통이다. 그런데 쌍둥이 소수 추측은 아무리 숫자가 커지더라도 언제나 두 숫자 간격의 소수 쌍을 찾을 수 있다고 말한다. 나에게는 놀라울 뿐만 아니라 당혹스러운 이야기다. 하지만 그렇다고 '추하다'는 의미는 아니다. 내 안에 있는 수학자 자아는 이 놀라운 추측을 알아서 더 행복하다.

예상하지 못한 수학은 당신을 놀라게 만든다. 하지만 그 때문에 수학을 원망하지는 말기를. 놀라움은 배우는 방법이다.

내가 보기에, 앞의 2가지 증명 모두 수학적 아름다움의 정점에는 오르지 못했다. 둘 다 나에게 가장 호소력 있게 다가오는 직관성, 상호 연결성, 추상성, 그리고 의외성을 고루 갖춘 증명은 아니다. 의외성이 약간 부족하지만 스트로가츠의 증명이 아름답다는 것은 부인할 수 없다. 두 번째 증명은 더 추한 쪽에 속할지도 모르지만 의외성이라는 아름다움이 있다. 그리고 두 증명 모두 새로운 것을 가르쳐준다. 이미 증명된 것을 계속해서 개선하는 일이 바로 수학 발전의 핵심이다. 각각 새로운 「햄릿」의 공연은 셰익스피어의 작품 목록에 무언가를 추가하고 인간의 조건을 더 잘 이해하도록 우리에게 도움을 주지 않는가.

나도 좋아하는 피타고라스 정리 증명이 있다. 나는 직관, 추상성,

상호 연결성, 그리고 놀라움이 아름다운 방식으로 균형 잡혔다고 생각하기 때문에 이 증명을 좋아한다. 이 증명이 더 개선될 수 있을까? 어쩌면 혹시 당신이 방법을 찾아낼지도 모른다.

이 증명을 제시한 사람은 로스앤젤레스 캘리포니아대학교의 수학자 리카도 페레스 마르코Ricardo Pérez Marco다. 첫 번째 증명에서 그토록 완벽하게 포착되었던 제곱의 기하학적 개념을 사용한다. 그리고 두 번째 증명이 사용했던 직각삼각형들의 닮은꼴 관계도 이용하지만, 불필요한 추상화와 산만함이 없다. 내 생각에, 이 증명은 두 세계의 장점을 모두 갖추고 있다.

모든 사람이 나처럼 이 증명에 감명을 받는 것은 아니다. 페레스 마르코의 동료 수학자인 테런스 타오는 마르코의 증명이 "매우 귀엽지만", "특별히 깜짝 놀랄만한" 것은 아니라고 말한다. 수학자 간에도 증명의 상대적인 아름다움에 대한 의견이 일치하지 않을 수 있다. 이는 예술의 속성이며, 수학이라는 예술의 속성이기도 하다. 그러나 타오는 이 증명이 "아마도 내가 이제까지 본 피타고라스 정리의 증명 중에 가장 직관적인 것"이라고 덧붙였다. 내가 특히 깊은 인상을 받은 것도 이 증명의 직관성이었다. 증명을 살펴보고 당신은 어떻게 생각하는지 알아보자.

나는 증명에서 일부 연결 과정을 생략했다. 당신이 증명을 완성하려면, 스스로 그런 연결을 찾아야 할 것이다. 어려울 수도 있지만 한 번 시도해보기 바란다. 나는 스스로 그런 연결을 만드는 것이 미학적 경험의 일부라고 생각한다.

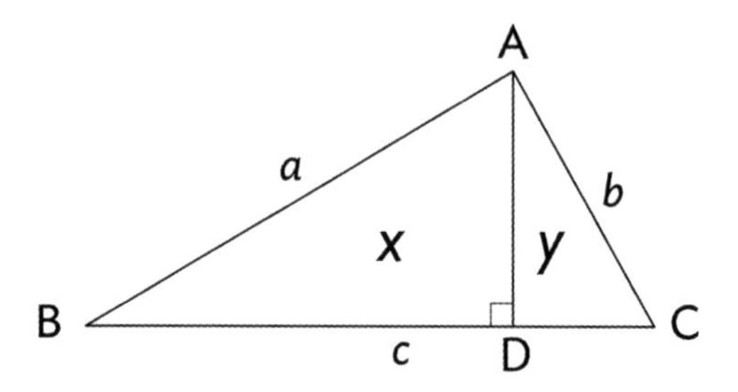

"그림에서 a, b, c는 직각삼각형 ACB의 세 변인 BA, AC, CB의 길이이고, x와 y는 각각 직각삼각형 ADB와 ADC의 면적이다. 따라서 전체 직각삼각형 ACB의 면적은 $x+y$다. 이제 직각삼각형 ADB, ADC, 그리고 ACB가 모두 닮은꼴이므로(각도가 모두 같으므로) 그들의 면적이 각 빗변의 제곱에 비례한다는 것에 주목하라.** 달리 말하자면, $(x, y, x+y)$가 (a^2, b^2, c^2)에 비례한다. 이것이 피타고라스 정리다."

멋지지 않은가? 이 증명은 우리에게 직관적인 정사각형(지금처럼 표현된 증명에서는 상상할 수밖에 없지만, 여전히 거기에 존재하는)을 제공한다. 그리고 닮은꼴 삼각형들과의 연결과 피타고라스 정리로 가는 예상치 못한 도약도 제공한다. 그래서 나는 이 증명을 좋아한다.

** 증명의 이 부분이 이해하기 어려울지도 모른다. 힌트는 다음과 같다. 닮은꼴인 삼각형의 면적은 크기에 비례한다. '닮은꼴'이 바로 그런 뜻이다. 그러나 삼각형의 면적이 빗변의 길이에 비례할 수는 없다. 비교되는 대상의 차원이 다르기 때문이다. 길이와 면적을 비교하는 것은 사과와 오렌지를 비교하는 것과 마찬가지다. 하지만 빗변을 '제곱한다면' 차원의 문제가 적절하게 해결된다.

미운 오리 새끼

수학자들은 직관적이고 전통적인 기하학 형태에 대한
애착에 눈이 먼 나머지 전적으로 새로운 세계를 놓쳤다.
아름다운 수학에 대한 전통적 관념과 맞지 않는다는 이유로 의심스러워했다.
그리고 궁극적으로 논리와 아름다움에 대한 수학자들의 생각에 혁명을 일으키는
새로운 유형의 수학을, 비논리적이고 추하다며 거부했다.
그 미운 오리 새끼는 백조로 변했다.

하디의 기준은 수학자들이 수학적 아름다움을 평가하는 객관적 수단을 제공한다. 우리는 수학자들이 번사이드 보조정리에서 가치를 두는 것이 무엇이고 좋아하는 피타고라스 정리의 증명을 선택하는 데 그런 기준이 어떤 도움을 주는지 살펴보았다. 하지만 수학자들이 그들의 일을 평가하는 데 하디의 기준이 도움을 준다 하더라도 어떤 수학이 아름답다거나 그렇지 않다는 데 대해서 그들의 의견이 항상 일치하는 것은 아니다. 객관성이 반드시 '정확한' 것은 아니다. 객관성은 질문을 결정하는 일반적으로 합의된 표준이 존재하고, 그 질문에 대해서 그럴듯한 대답을 모두 고려한다는 뜻이다. 그리고 당신은 대답을 선택한 이유를 제시할 수 있다.

많은 수학자가 수학적 아름다움에 관한 하디의 기준 목록에 동의한다. 그리고 그 기준은 수학적 미학을 평가하는 객관적인 수단을 제공한다. 그러나 때로는 그 기준들이 충돌하는 것처럼 보인다. 예컨대, 놀라움은 직관과 충돌할 수 있다. 직관은 편안하게 느껴지지만 놀라움은 당황스럽다. 그렇지 않았다면 논리적일 증명에서 놀라움은 부자연스럽게 느껴진다. 심지어 거짓으로 생각될 수도 있다.

수학자들이 수학적 아름다움에 관해서 옥신각신하는 것은 무해한 일로 생각될 수도 있다. 놀라운 수학에 대해서 그들이 보이는 미학적 반응이 항상 같지는 않다는 것이 중요한 일일까? 어느 정도까지는 그렇지 않다. 어떤 그림을 좋아하는지에 대한 당신과 나의 의견이 일치하지 않는 것만큼이나 그다지 중요하지 않은 일이다. 우리에게는 각자의 취향을 선택할 권리가 있다.

그러나 수학적 아름다움의 표준은 어떤 수학이 좋고 어떤 수학이 나쁜지를 판정하는 데 중요한 역할을 한다. 수학적 진실은 아름다움에 묶여 있다. 하디의 기준은 단지 주관적 선호의 문제만을 표현하는 것이 아니다. "그토록 명확하거나 만장일치로 수용되는 표준을 가진 분야는 달리 없으며, 기억되는 사람들은 거의 언제나 그럴만한 가치가 있는 사람들이다"라고 한 하디의 말을 기억하자. 하디의 기준은 수학자들이 그들의 작업을 평가할 때 고려해야 할 객관적인 기준을 설정한다. 하디의 기준을 무시하는 것은 스스로 위험을 무릅쓰는 일이다. 그럼에도 수학자들은 때로 추상화, 상호 연결, 직관, 그리고 놀라움이라는 하디의 4가지 기준을 종종 무시하고 거부한다. 그에 따라 순수수학의, 응용수학에도 파급 효과를 미칠 수 있는 실수를 포함하는 중요한 실수로 이어질 수 있다.

우리 모두는 시도를 거쳐서 사실로 밝혀진 것을 따라가는 경향이 있다. 전적으로 사실이 아닐 수 있을 때도 그렇다. 수학자들조차 이러한 경향에서 자유롭지 않다. 그러나 당혹스럽다는 이유로 놀라움을 거부하고, 특별히 선호하는 아이디어와 충돌한다는 이유로 새로운 아이디어를 거부하기까지 한다면, 진보의 가능성을 스스로 차단하고 오류에 빠지는 위험에 처하게 된다. 이는 수학을 포함한 모든 분야에 해당된다.

최근 수학사에서 바로 그런 일이 일어나기도 했다. 수학자들은 직관적이고 전통적인 기하학 형태에 대한 애착에 눈이 먼 나머지 전적으로 새로운 세계를 놓쳤다. 그들은 새로운 세계가 추하다고 생각했다. 아름다운 수학에 대한 전통적 관념과 맞지 않는다는 이유로 의심스러워했다. 그리고 궁극적으로 논리와 아름다움에 대한 수학자들의 생각에 혁명을 일으키는 새로운 유형의 수학을, 비논리적이고 추하다며 거부했다. 그 미운 오리 새끼는 백조로 변했다.

그 수학의 미운 오리 새끼는 쌍곡기하학이라 불린다. 19세기 중반 야노시 보여이János Bolyai라는 수학자가 개발했는데, 그는 수학자들이 생각하는 직관의 의미를 새롭게 상상할 정도로 대담했으며, 그 과정에서 기존의 수학 지식 및 공간의 성질에 대한 수학자들의 직관적 감각과 상충하는 새로운 수학의 세계를 건설했다.

보여이의 동료 수학자들은 쌍곡기하학을 두려워했다. 그런 그들이 전적으로 틀린 것도 아니었다. 쌍곡기하학은 기괴하다. 그리고 조금 무섭기도 하다.

당신이 고등학교에서만 기하학을 접했다면 아마도 유클리드 기하학이라는 한 가지 유형의 기하학만을 들어보았을 것이다. 유클리드는 이러한 유형의 기하학에 관한 기본 법칙을 규정한 고대 그리스의 수학자였다. 수학자들은 2,000년 동안 유클리드의 법칙을 사용해왔다. 한때는 유클리드의 법칙이 거의 신성시되기도 했다. 유클리드 기하학은 평평한 공간에서 일어나는 기하학이다. 무한히 길고 폭이 넓은 종이와 무한히 길고 넓고 높은 상자가 유클리드 기하학의 무대다. 유클리드 기하학은 또한, 탁자 위에서 물건을 움직이고, 높은 나무를 올려다보고, 짧은 거리를 여행할 때처럼, 우리의 일상생활에서도 볼 수 있다. 그리고 유클리드 기하학이 없었다면, 피타고라스 정리 같은 것도 없었을 것이다. 유클리드 기하학은 유용할 뿐만 아니라 우리가 세계를 바라보는 방식을 대표한다.

하지만 다른 유형의 기하학도 존재한다. 아마 구면기하학을 들어보았을 것이다. 들어보지 못했더라도 당신이 구면기하학을 경험한 것은 확실하다. 구면기하학은, 이름에서 짐작했겠지만 공의 표면에서 일어나는 기하학이다. 우리가 지구상에서 먼 거리를 여행할 때 일어나는 일을 지배한다. 구면기하학과 평평한 평면기하학 사이에는 명백한 차이가 있다. 가장 중요한 차이점의 하나는, 구면 위에서 직선으로 움직일 때 실제로는 거대한 원을 따라가게 된다는 것이다. 멀리 떨어진 두 도시 사이의 최단 비행경로가 평평한 지도에서는 왜 곡선

처럼 보일까? 그 이유는 도시들이 구면 위에 있기 때문이다. 평평한 지도에서 최단으로 보이는 도시 간의 비행경로는 실제로는 가장 짧은 경로가 아니다.

구면기하학은 유클리드 기하학과 다를 수 있지만, 2가지 기하학 모두 우리가 세계를 이해하는 방식과 모순되지 않는다. 구면기하학은 당혹스럽지 않다. 반면에 쌍곡기하학은 당혹스럽다.

당신은 쌍곡기하학을 들어보지 못했을지도 모른다. 고등학교 수학 과목에서는 쌍곡기하학을 가르치지 않는다. 쌍곡기하학은 우리 일상생활의 명백한 일부가 아니다. 심지어 야노시 보여이가 감히 제안하기 전까지는 수학의 일부조차 되지 못했다.

간단히 말해서 쌍곡기하학은 주름진 공간의 기하학이다. 당신이 짧은 거리만을 움직인다면, 쌍곡기하학도 유클리드 기하학이나 구면기하학과 비슷하게 느껴진다. 고향 마을을 떠나본 적이 없다면, 쌍곡평면 위에서 살고 있음을 알아채지 못할 수도 있다. 그러나 충분히 멀리 여행한다면 상황이 이상해지기 시작한다.

쌍곡선 공간은 당신의 발밑에서 계속하여 확장된다. 우리는 평평한 공간과 구면 위의 두 사람이 같은 출발점에서 같은 방향으로 걷기 시작할 때 그들이 같은 목적지에 도착하는 것을 당연한 일로 여긴다. 그렇지 않다면 어떻게 방향을 이야기할 수 있겠는가? 하지만 쌍곡선 공간에서는 이것이 사실이 아니다. 쌍곡선 공간에서는 같은 장소에서 출발하여 같은 방향으로 걸어가는 무한히 많은 사람이 무한히 많은 서로 다른 장소에 도착하게 될 수 있다. 쌍곡선 공간에서 여행하는

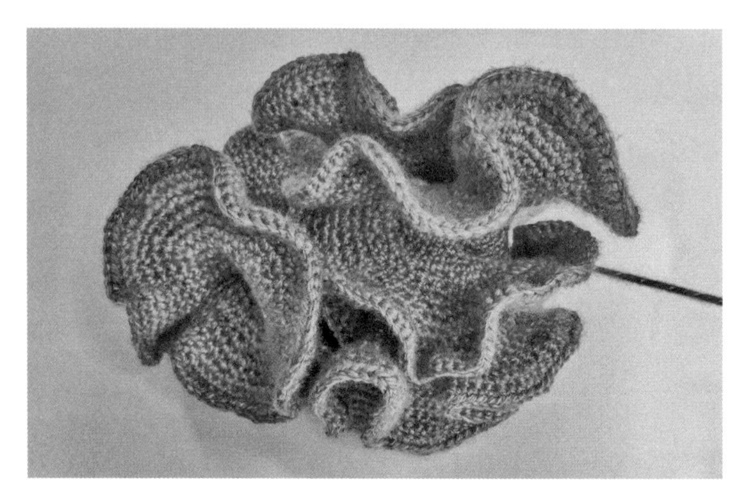

▲ 쌍곡평면이라 불리는 평면과 거의 같은 모습이다. 이 쌍곡선 공간 모델은 수학 미술가이며 교육자인 마크 로젠펠드(Mark Rosenfeld)가 코바늘로 떠서 만든 것이다.

비행기를 탔다간 어디에서 내리게 될지 알 수 없다.

쌍곡선 공간은 기괴하게 들린다. 존재해서는 안 될 것 같다. 그러나 쌍곡선 공간은 우리의 세계에 존재한다. 상추 잎과 산호 조각은 쌍곡선 공간이다. 우리가 부엌과 해변에서 계속 마주치는데도 불구하고, 19세기 이전의 수학자들은 쌍곡선 공간이 존재한다는 것을 알지 못했고, 알려고 하지도 않았다. 그들은 쌍곡선 공간을 두려워했다.

쌍곡기하학이 수학자들에게 두려움을 준 것은 단지 기괴하기 때문만이 아니었다. 쌍곡기하학이 완벽한 수학으로 여겨지던 유클리드 기하학의 가장 기본적인 원리 중 하나를 위반하기 때문이었다. 그것은 역사상 가장 아름다운 수학책인 유클리드의 『기하학원론』에 나온

원리였다.

유클리드 이후 수천 년 동안 수학자들은 『기하학원론』을 이상적이면서 심미적으로 가장 순수한 형태의 수학이라고 생각했다. 그들은 유클리드의 포괄적인 수학이 주변 세계에 관한 심오한 진실을 기술한다고 생각했다. 책이 구성된 방식을 생각하면 왜 그런지 알 수 있을 것이다. 『기하학원론』은 수학적 아름다움에 관한 하디의 기준을 완벽하게 보여준다. 이 책에서 유클리드는 수학자들이 공준(公準)이라고 부르는 몇몇 직관적인 기본 법칙을 이용하여 직선, 각도, 형태를 비롯한 2차원 및 3차원 객체에 관한 추상적인 기하학적 아이디어들을 연결하고 증명했다. 그가 그토록 단순한 개념에서 출발해 복잡한 수학을 구축한 방식은 예측하기 어려운 것이다.

『기하학원론』은 수학자들의 성서다. 이 책이 수천 년의 세월을 견딘 것은 단지 논리적이고 유용해서만이 아니라 아름답기도 했기 때문이다. 그토록 명확하고 질서가 있으며 걸리는 곳 없이 자연스럽게 구축된 수학은 진실이어야 했다. 유감스럽게도, 이런 특성의 편협한 적용은 수학자들을 잘못된 길로 이끌기도 했다.

쌍곡선 공간에서는 같은 방향으로 걷는 사람들이 저마다 다른 장소에 도달할 수 있다고 했다. 유클리드가 『기하학원론』에서 도입한 다섯 번째 공준에 따르면 이런 일이 불가능하다. 이 공준은 평행 공준이라고 불린다. 평행 공준은 기본적으로 두 사람이 서로 평행하게 걷기 시작한다면 항상 서로 평행인 상태를 유지할 것이라고 말한다. 두 사람 사이의 간격은 항상 출발했을 때와 같을 것이다. 여러 세기 동안 수학자들은 유클리드의 평행 공준을 복음의 진리로 여기고 공준을 증명하려 애썼다. 쌍곡선 공간이라는 아이디어는 유클리드에 맞서는 신성 모독이었다.

하지만 그들은 틀렸다. 평행 공준이 사실인 공간이 존재한다는 것은 논리적이다. 평행 공준이 사실이 아닌 쌍곡선 공간과 같은 공간의 존재 역시 논리적이다. 그래서 평행 공준은 가정될 수는 있으나 증명될 수 없다. 하지만 야노시 보여이 이전의 수학자들에게는 쌍곡선 공간이 논리적으로 불가능함을 증명하는 일이 중요했다. 그들은 심미적인 측면에서 증명할 수 있을 것이라 생각했고, 증명하기 위해 노력했다. 평행 공준은 공준이 아니라 정리(定理)라고 생각했다.

수학자들이 왜 그렇게 당혹스러워했는지를 이해하려면 공준과 정리의 차이점을 더 자세히 살펴볼 필요가 있다. '공준'은 직관적이고 기본적인 규칙이다. 공준은 가정이다. 수학자들은 명백하다고 느끼기 때문에 공준을 만든다. 공준은 증명할 필요성을 느끼지 못할 정도로 직관적이어야 한다. 공준으로서 설득력이 있으려면, 특별한 미학적 느낌이 있는 명제여야 한다. 또 말하고 이해하기가 간단해야 한다. 설명하는 데 너무 많은 말이 필요하거나, 당신이 이해하기 전에 너무 오래 생각하도록 하면 안 된다.

이어지는 모든 수학적 명제는 공준에 기초하여 증명된다. 이 후속 명제들은 '정리'라고 불린다(또는 번사이드 보조정리처럼 보조정리라고 불릴 때도 있다). 수학자들은 정리가 공준만큼 직관적으로 느껴질 것을 기대하지 않는다. 정리가 진실임을 보이기 위해서는 직관적 공준을 사용한 논리적 추론이 필요하기 때문이다. 따라서 미학적으로 정리는 공준보다 덜 직관적이고, 더 복잡하고, 더 많은 말이 필요할 수 있다.

수학에서 공준이 갖는 심미적 부담은 매우 크다. 후속되는 정리를 논리적으로 증명하기 위하여 멋지게 조립되어야 할 뿐만 아니라, 수학자들에게 유도되었다기보다 직관적이라고 느껴져야 한다. 공준은 이어지는 모든 수학적 발견이 이루어지는 기반이다.

『기하학원론』에서 유클리드는 최소한의 공준을 선언함으로써 기하학을 구축하려 했다. 그는 처음 4가지 공준을 사용하여 가능한 많은 일을 했다. 미학적으로 그 공준들은 모두 공준처럼 느껴진다. 설명하기 쉽고, 직관적이고, 아마 아름답기도 할 것이다. 공준이 어떤 것이어야 한다는 수학자들의 심미적 기대에 부합한다.

예를 들어, 첫 번째 공준을 보자. 각 점의 쌍은 오직 하나의 직선으로만 연결될 수 있다. 명백한 사실이다. 2개의 점을 찍은 다음 하나 이상의 직선으로 연결할 수 있는지 생각해보라. 불가능하다. 두 번째 공준은 직선이 무한히 확장될 수 있다고 말한다. 타당해 보인다. 세 번째 공준도 마찬가지다. 길이가 다른 두 직선이 있을 때, 긴 직선에서 짧은 직선과 같은 길이를 잘라낼 수 있다. 논란의 여지가 전혀 없는 말이다. 네 번째 공준은 직각이 모두 크기가 같다는 것이다. 충분히 명백한 사실이다. 어쨌든 직각은 직각이니까.

첫 4가지 공준은 완벽하게 명확하고, 직관적이고, 보편적이다. 유클리드는 수많은 정리를 증명하는 데 이 4가지 공준을 사용했다. 그러나 결국 악명 높은 평행 공준이라는 다섯 번째 공준을 도입해야 했다. 유감스럽게도 다섯 번째 공준은 앞선 4가지 공준의 근처에도 못 간다. 평행 공준은 다른 공준처럼 직관적이지도 않고 아름답지도 않다.

다섯 번째 공준에 관한 유클리드의 명제는 다음과 같다.

두 직선을 연결하는 직선이 한쪽에서 두 직각보다 작은 내각을 만든다면, 두 직선을 무한히 확장할 때, 내각이 두 직각보다 작은 쪽에서 만나게 된다.

이 공준에 대한 첫 반응이 머리를 긁적이는 것이라면, 당신은 혼자가 아니다. 이 명제는 거의 고대 그리스어로 표현된 것만큼이나 혼란스럽다. 유클리드가 이 공준으로 무엇을 말하려 했는지 가늠하기가 어렵다. 그림을 그려봐도 명백하지 않다. 이 공준은 앞의 4가지 공준보다 훨씬 덜 직관적이며, 그렇게 명백하지 않은 것을 가정하는 일은 부적절하다고 느껴진다.

우리는 다섯 번째 공준의 훨씬 더 단순한 표현을 대중화한 18세기 말~19세기 초 영국 수학자 존 플레이페어John Playfair에게 감사해야 한다. 당신은 아마도 다음과 같은 표현에 더 익숙할 것이다. '주어진 직선에 대하여, 평면상의 한 점을 통과하면서 그 직선과 평행한 직선은 기껏해야 하나만 존재한다.' 오, '이제야' 평행 공준 비슷하게 들린다.

플레이페어는 이것이 유클리드의 혼란스러운 다섯 번째 공준과 같은 의미임을 보였다. 플레이페어의 표현도 훨씬 더 이해하기 쉽기는 하지만 여전히 다른 4가지 공준보다는 직관적인 사실이라는 느낌이 덜하다. 처음 4가지 공준은 거의 설명할 가치가 없다고 느껴질 정도로 직관적이다. 그러나 다섯 번째 공준은 당연한 사실로 받아들이기 전에 설득력 있는 근거가 필요한 느낌이 든다. 그렇다면 공준보다는 정리에 더 가깝다고 느껴질 수 있다.

유클리드 이후의 많은 수학자가 정확히 그렇게 느꼈다. 그들은 미학적 근거에서 다섯 번째 공준이 실제로는 정리라고 확신했다. 평행 공준은 직관에 기초하여 받아들이도록 제시되어야 하는 공준이 될 수 없고, 첫 4가지 공준을 사용하여 증명되어야 한다고 생각했다. 일부 수학자는 심지어 다섯 번째 공준을 공준으로 받아들이는 사람들을 어리석게 여겼다. 고대 그리스 수학자인 프로클루스는 다섯 번째 공준이 직관적이라고 생각하는 사람들은 "단순히 그럴듯한 상상에 굴복하는 것"이라고 헐뜯는 말을 했다. 진지한 수학자들에 대한 심각한 모욕이었다. 그래서 수학자들은 유클리드의 처음 4가지 공준을 거리낌 없이 받아들인 것과 상반되는 태도로 다섯 번째 공준의 더욱 탄탄한 기반을 필사적으로 찾아내려 했다. 그들은 처음 4가지 공준의 도움을 얻어서 다섯 번째 공준이 정리임을 증명하는 작업에 착수했다.

수학자들은 평행 공준이 정리라는 것을 증명하기 위해 2,000년 동안 애를 썼다. 유명한 수학자 다수가 이 작업을 시도했지만 성공한 사람은 아무도 없었다. 짐작이 가겠지만, 그들은 절박해지기 시작했다.

이전에는 수학적 심미학이 결코 그들을 실망하게 한 적이 없었다. 그런데 유클리드의 아름다운 체계가 위험에 빠진 것처럼 보였다. 평행 공준은 공준이 될 수는 없었지만 평행 공준이 정리임을 증명할 방법도 없었다.

상황은 19세기 초 정점에 이르렀다. 역사상 가장 위대한 수학자 중 한 사람인 카를 프리드리히 가우스Carl Friedrich Gauss는 다섯 번째 공준이 정리임을 증명하려 애쓰면서 머리를 쥐어짜고 있었다. 그는 거룩한 수학책『기하학원론』의 타당성을 의심하기 시작했다. 가우스는 야노시의 아버지인 파르카스Farkas에게 평행 공준을 증명하려는 자신의 시도에 관한 편지를 보냈다. "그 문제에 관한 나의 작업에는 (완전히 이질적인 다른 작업 때문에 시간이 거의 없었음에도 불구하고) 진전이 있었지만, 내가 찾아낸 방법은 바라던 목표로 이끌기보다는 기하학의 진실을 의심하도록 하는 쪽에 가까웠습니다." 가우스 본인을 비롯한 모든 수학자에게 유클리드 기하학은 기하학의 진실과 동의어였다. 여기에 가우스가 의문을 품기 시작했다면, 정말로 심각한 상황이었다.

유클리드의 수학을 보호해야 할 필요성에 자극받은 파르카스도 다섯 번째 공준을 증명하기 위한 음울한 심연으로 뛰어들었다. 그는 그것 때문에 "내 삶의 모든 빛과 즐거움이 꺼졌다"고 말했다. 하지만 그는 유클리드 수학의 완전성을 너무도 소중히 여긴 나머지 기꺼이 대의를 위한 순교자가 되려 했다. "나는 진실을 위해 나 자신을 희생하기로 했다. 인류에게 이 얼룩을 씻어낸 기하학을 바칠 수만 있다면, 스스로 순교할 각오가 되어 있다."

자기 아들이 같은 길을 걷고 있다는 것을 알았을 때 파르카스가 어떻게 느꼈을까? 그는 야노시에게 멈추라고 호소했다. "관능적인 열정에 못지않게 두려운 일이다. 이 일 역시 너의 모든 시간을 차지하고, 건강, 마음의 평화, 삶의 행복을 빼앗아갈 것이기 때문이다."

그러나 야노시는 포기하지 않았다.

어쩌면 야노시가 무모했을지도 모른다. 아마도 그는 아버지인 파르카스의 말이 지나치게 극적이라고 생각했을 것이다. 어쩌면 우연히 상추 한 포기를 샀거나 대산호초지대로 스쿠버 다이빙을 하러 갔을지도 모른다.

어쨌든, 1823년 스무 살이 된 야노시는 평행 공준과 맞서게 되었다. 하지만 그는 앞선 사람들과는 다른 접근법을 택했다. 평행 공준이 정리로서 진실인 우주가 유일한 우주라고 가정하는 대신에, 그 반대를 상상한 것이다. 다섯 번째 공준 없이도 유클리드의 처음 4가지 공준이 진실이라면 어떻게 될까? 주어진 직선에 평행하면서 한 점을 통과하는 직선이 하나 이상 있을 수 있는 우주는 어떤 모습일까?

훌륭한 전략이었다. 반대되는 상황을 가정하고 모순을 찾는 것은 수학자들이 무언가를 증명할 때 유효성을 입증받는 방법이다. 진실이기를 바라는 것에 반대되는 상황에 따르는 모든 가능한 결과를 탐색하다 보면 터무니없고 명백히 잘못된 결론에 이를 수 있다. 그 결과 반대의 가정 역시 틀렸다는 것을 증명할 수 있게 된다. BEAM의 학생, 툴리야와 제이든도 무한히 많은 소수가 존재한다는 것을 증명하는 데 이런 접근법을 택했다. 그러나 이런 방법에는 함정이 있을 수 있다.

반대의 상황은 지저분하고, 혼란스럽고, 추하다. 더 나쁘게는, 당신이 증명하려던 명제의 반대가 참일 수도 있다. 그러나 반대의 습지를 헤쳐 나가는 위험을 감수하는 수학자들은 종종 자신이 원하는 결과를 찾아낸다.

하지만 야노시는 그렇지 못했다. 대신 그는 전혀 다른 무언가를 발견했다. 야노시는 자신, 아버지, 가우스를 비롯하여 수많은 수학자가 바랐던 것을 찾지 못했다. 다섯 번째 공준의 주장과는 반대로 다른 직선에 평행하면서 한 점을 통과하는 직선이 많이 있을 수 있음을 가정하더라도 이는 모순으로 이어지지 않는다. 대신 새로운 유형의 공간으로 이끈다. 그 주름지고 계속 확장되는 상추 같은 공간은 우리의 일상 세계와 잘 맞지 않지만, 어쨌든 존재한다. 바로 쌍곡선 공간이다.

미친 소리 같고 직관에 반하는 이야기다. 어떤 의미로는 심지어 추할 수도 있다. 그러나 사실이다. 유클리드의 처음 4가지 공준에 따라 우리가 기대한 대로 행동하는 점과 선들이 쌍곡선 공간처럼 기괴한 우주에도 존재한다. 야노시 보여이는 유클리드 기하학이 유일한 기하학이 아님을 깨달았다. 그는 1823년 아버지에게 편지를 썼다. "저는 무에서 새로운 세계를 창조했습니다." 그는 새로운 기하학을 파르카스 보여이의 기하학 논문 「텐타멘Tentamen」의 부록으로 출간했다. 그로부터 거의 200년이 지난 오늘날, 우리가 기억하는 것은 파르카스의 논문이 아니고 야노시 보여이의 부록이다.

수학적 미학은 2,000년 넘도록 수학자들을 잘못된 길로 이끌었다. 아름다운 수학이 유클리드에 묶여 있을 필요는 없다는 것을 깨닫기 위해서는 틀을 깨고 나오는 수학자의 의지가 필요했다. 미운 오리 새끼는 알고 보니 아름다운 백조였다. 당대에는 극소수의 수학자만이 공유했던 보여이의 대담한 발견은 수학연구의 거대하고 새로운 분야를 열어놓았다. 그리고 수학자들에게 새로운 유형의 수학적 아름다움을 창조할 수 있는 기회도 제시했다. 쌍곡기하학이 없었다면 쌍곡평면으로 만든 이브 토런스의 조각 「낮」과 「밤」이 만들어질 수 있었을까?

야노시 보여이가 쌍곡선 공간을 발견한 것은 수학적 미학의 규칙이 공유될 수는 있어도 그 적용이 언제나 한결같지 않을 수도 있음을 보여준다. 이는 수학에만 국한된 문제가 아니다. 가장 순수한 분야에서 가장 응용적인 분야까지, 지식의 모든 분야에는 원리와 응용이 있다. 그들에 대한 사람들의 견해는 흔히 일치하지 않는다.

중요한 문제에 관해 사람들의 의견이 일치하지 않는 것은 문제가 되는 한편으로, 문제의 새로운 해결책을 찾아내는 기회도 될 수 있다. 우리는 학교에서 수학의 문제는 분명하고 논란의 여지가 없어야 한다고 배웠지만 수학은 다른 주제들과 마찬가지로 분명함과 '동시에' 논란의 여지가 있을 수 있다. 예컨대, 직관적이라는 말의 '참된' 의미는 무엇일까? 야노시 보여이 이전에는 아무것도 쌍곡선 공간보다 덜 직관적일 수 없었다. 그러나 이제 쌍곡선 공간을 알게 된 수학자들은 단지 상추나 산호만이 아니라 모든 곳에서 쌍곡선 공간을 찾아낸다.

실제로, 물리학자들은 우리의 우주가 유클리드 공간보다 쌍곡선 공간과 더 비슷할지도 모른다고 생각한다. 우리가 직관적이라고 생각하는 것은 경험의 제한을 받는다. 그러나 경험이 확장되면, 심지어 쌍곡선 공간처럼 이상한 세계까지 포함시킬 정도로 직관도 성장한다.

야노시 보여이 이전의 수학자들은 쌍곡선 공간이 직관에 반하고, 추하며, 따라서 타당하지 않다고 느꼈을 수도 있다. 그러나 일단 쌍곡선 공간을 이해하는 데 시간을 투자하고, 우리의 세계에서 그 이상한 규칙을 따르는 숨겨졌던 부분을 드러내면, 쌍곡선 공간도 아름답다는 것을 깨닫게 된다.

있음직하지 않은 수학자

주방에서 즐겁게 식사를 준비하는 것이 그녀가 할 일의 전부였다면,
라이스는 시작과 마찬가지로 친구, 가정, 가족으로 가득 찬 삶을 계속 살았을 것이다.
행복하지만 평범하게. 그러나 1975년 주방 식탁에서 라이스는 전혀 다른 일을 해냈다.
놀랄만한 일이었다. 그녀는 수학자들이 이전에는 보지도,
예상하지도 못한 수학적 발견을 했다.

야노시 보여이의 미운 오리 새끼 기하학 이야기는 수학적 아름다움에 관한 하디의 기준에 대하여 무엇을 의미할까? 응용수학자에게 수학의 탁월함을 결정하는 기준은 유용성이다. 그러나 순수수학자에게는 다른 기준이 필요하다. 하디 이전 및 이후의 수학자들은 그가 설명한 아름다움의 기준에 의존했다. 하디의 기준이 그들을 의미 있는 수학연구로 이끌었다. 그러나 기준에 대한 편협하고 기계적인 의존은 수학자들이 새로운 것을 배우는 데 방해가 될 수 있다. 특히 소중히 여겼던 아이디어에 관해 놀라움을 느끼는 것을 불쾌하게 여길 수 있다.

이것은 문제다. 우리는 문제를 해결하는 수학에 익숙하다. 하지만

이번에는 아마도 수학이 자신의 문제를 해결하기 위해서 다른 곳을 찾아봐야 할 것이나. 어쩌면 예술을 바라보아야 할지도 모른다.

수학적 아름다움에 기준이 있는 것과 마찬가지로, 예술적 아름다움에도 기준이 있다. 그러나 수학 및 미학 철학자인 내털리 싱클레어 Natalie Sinclair와 데이비드 핌David Pimm의 말대로, 예술적 아름다움의 기준은 천년 동안 극적인 변화를 겪어왔다. 여러 차례 혁신이 이어졌다. 새 사조를 이끈 예술가들은 예술적 표준이나, 아니면 최소한 기존의 표준에 따라 받아들일 수 있는 것으로 여겨지는 기준의 변경을 강제했다. 수학에서도 같은 일이 일어날 수 있었다.

그러나 예술은 수학보다 더 많은 작업가와 후원자를 끌어들인다. 싱클레어와 핌은 수학이 소수의 '생각이 비슷한 사람들'만을 끌어들인다고 말한다. 예술 분야에서 거의 연속적으로 미학의 혁신이 일어나는 것과 달리, 수학 분야에는 혁신적 예술가와 "피카소, 폴록, 또는 케이지 같은 미학적 혁명가"들이 없다. 야노시 보여이의 이야기가 적절한 예시가 된다. 수학의 스타일과 취향은 유클리드 이후 2,000년 동안 거의 변하지 않았다. 수학자들이 쌍곡선 공간의 타당성을 깨달은 지 오래된 오늘날까지도 유클리드의 『기하학원론』은 종종 수학적 아름다움의 정점으로 여겨진다. 1900년대 초 자신의 독자들과 공유할 아름다운 증명을 찾으면서 하디는 현대 수학의 증명을 선택하지 않았다. 그가 선택한 것은 유클리드의 증명이었다.

싱클레어와 핌은 왜 이렇게 되었는지 의문을 제기한다. 우리가 어떻게 수학이 예술과 더 비슷해지도록 할 수 있을까? 어떻게 하면 논리적, 객관적 구조를 유지하면서도 수학의 피카소를 끌어들일 수 있을까?

수학적 아름다움의 기준을 전면적으로 거부하는 것은 바람직한 해결책이 아니다. 수학의 가치에 대하여 논리적으로 건전한지 아닌지를 넘어서서 '무엇이든 좋다'는 식으로 접근하면 수학적 엄밀성을 바라는 열망과 충돌하게 될 것이다. 적용할 미학적 기준이 없다면 수학적 업적에 논리적으로 건전한지를 넘어서는 가치가 있는지 결정할 수 없다. 수학자들은 그들이 하는 일의 심미적 가치에 깊은 관심을 가진다. 하디의 기준을 대체할 새로운 기준이 있다면 유용하겠지만, 아직까지 아무도 널리 수용된 기준을 제시하지 못했다. 하디의 기준이 그토록 오래 살아남은 주된 이유는 광범위하고 다양한 적용이 가능하기 때문이다.

어쩌면 기준 자체보다 기준이 적용되는 방식이 더 문제일지도 모른다. 특히 새로운 수학자들의 급진적인 아이디어를 솎아 내거나 좌절시키는 방식이 문제다.

순수수학이든 응용수학이든 아름답고 혁신적인 수학을 만들거나 또는 경험하는 일조차도 여기에 접근할 수 있는 사람은 소수에 불과하다. 초등학교 시절까지 거슬러 올라가도, 사람들은 스스로 창조할 수 있는 공간이 아니라 따라야 하는 규칙으로 수학을 경험한다. 학교에서 가르치는 수학은 색종이 다면체나 상상을 거스르는 기하학적 공간으로 가득하지 않다. 심지어 사람들의 삶과 관련이 있다고 느껴지는 문제로 가득하지도 않다.

학생들에게는 수학에서 의미 있는 선택을 할 기회가 거의 없다. 수학 문제는 학생의 창조성을 북돋는 방식으로 제시되지 않는다. 학교에서는 '여기에 분수 2개에 관한 기묘한 상황이 있다. 어떻게 접근하겠는가?'라는 식으로 질문하지 않는다. 그 대신 전형적으로, '여기에 분수 2개로 할 일이 있다. 이제 그 일을 해라. 그리고 다시 한 번 해라. 한 번 더 해라'와 같은 말을 듣게 된다. 심지어 문제가 주어지기도 전에 문제 푸는 방법을 배운다. 학생과 수학의 상호 작용은 문제를 해결하는 것보다 기술을 연습하는 일에 더 가깝다.

수학에 관해서 미학적으로 만족스러운 경험을 하게 되는 운 좋은 소수의 학생에게는 수학이 매력적으로 느껴지겠지만, 그렇지 못한 학생들에게 수학은 좋아하기 어렵거나 심지어 역겨울 수도 있다.

내털리 싱클레어는 만 6세에서 12세 사이의 아동들도 수학에 관해서 심미적 관점이 강조된 주장을 할 수 있음을 보여주었다. 또한, 자신의 취향, 견해, 그리고 아름다움에 대한 감각에 따라 수학에 관한 결정을 내릴 기회가 있는 학생이 수학수업에서 훌륭한 성과를 거둔다는 것을 알려준다. 아이들은 앞서 존재했던 위대한 수학자들과 같은 선택을 하지 않을 수도 있다. 아이들에게는 수학자의 일에 관해서 배워야 할 것도 많다. 그러나 서로 다른 취향을 표현하는 것이 허용되는 아이들은 수학수업의 참여도가 높다. 이 아이들이 결국 수학 분야의 발전을 돕게 될지도 모른다.

성인은 어떨까? 수학계의 엄격한 기준에도 불구하고 혁신적이고 놀라운 업적을 성취한 사람들은 어떻게 된 일일까? 설사 그들의 업적이 항상 각광받는 것은 아니더라도, 그런 사람들이 존재한다. 당신이 이 책을 펼치기 전에는 아마도 이브 토런스, BEAM의 학생인 툴리야와 제이든, 니키 케이스, 줄리아 앵윈, 또는 오크사프민 같은 이름을 들어본 적이 없었을 것이다. 이들은 저명한 연구 중심 대학에서 일하지 않는다. 가장 유명한 수학 저널에 동료 평가를 거친 논문을 발표하지도 않는다. 하지만 이들의 업적은 획기적이다. 수학과 주변 세계 모두에 대한 우리의 가정을 다시 생각하게 해준다. 그리고 의문의 여지없이 아름답다.

기꺼이 자신들의 지평을 넓히고 새로운 사람이 내부자 공동체에 합류할 수 있도록 초대하는 수학계 내부자들의 지원이 없었다면, 이 수학계 외부자들의 창조성이 드러나는 일은 불가능했을 것이다. 하지만 단지 기존의 기준과 구조에 순응하도록 강제하는 상태에서 혁신적인 아이디어를 가진 사람을 받아들인 것 정도로는 충분치 않다. 새로운 아이디어를 가진 사람에게 가장 필요한 것은 탁자 앞에 앉을 진짜 좌석과 새로운 구조를 스스로 구축할 수 있는 기회다. 수학자들이 새로운 아이디어를 가진 사람의 손에서 자신들의 기준이 진화하는 모습을 기꺼이 지켜볼 때 수학의 발전이 이루어진다.

이와 관련해서 아마도 마저리 라이스Marjorie Rice의 이야기보다 더 감동적인 사례는 없을 것이다.

마저리 라이스는 평범한 어린 시절을 보냈다. 1923년 플로리다에서 태어났고, 고등학교 시절에 비서가 되기 위한 훈련 프로그램에 참여했다.

몇 년 동안 세탁소와 인쇄소에서 일했으며, 22살 때 남편인 길버트와 결혼했다. 당시 많은 여성과 마찬가지로 라이스는 결혼 후 30년 동안 가족을 돌보면서 지냈다. 다섯 자녀를 학교와 도서관으로 데리고 다녔으며, 샌디에이고에 있는 집의 햇볕이 잘 들고 녹색 가전제품이 갖추어진 주방에서 가족을 위해 아침, 점심, 저녁 식사를 준비했다.

주방에서 즐겁게 식사를 준비하는 것이 그녀가 할 일의 전부였다면, 라이스는 시작과 마찬가지로 친구, 가정, 가족으로 가득 찬 삶을 계속 살았을 것이다. 행복하지만 평범하게. 그러나 1975년 주방 식탁에서 라이스는 전혀 다른 일을 해냈다. 놀랄만한 일이었다. 그녀는 수학자들이 이전에는 보지도, 예상하지도 못한 수학적 발견을 했다.

평평한 공간에 타일처럼 깔 수 있는 새로운 유형의 오각형을 발견했던 것이다. 1977년까지는 3가지를 더 발견했다. 이는 중요하게 들리지 않을 수도 있다. 하지만 새로운 오각형을 발견함으로써 그녀는 이전에 수학자들이 종결되었다고 생각했던 수학 분야의 문을 다시 열어젖히고, 2017년이 되어서야 해결된 일련의 수학적 연구에 불을 붙였다.

어떤 다각형이 평평한 공간을 덮는 타일처럼 사용될 수 있는지의 문제는 수천 년 동안 수학자들을 당혹스럽게 했다. 수학자들은 이런 유형의 문제를 평면의 타일링tiling the plane이라고 불렀다. 다각형으로 평면에 타일을 까는 방법을 찾는 일은 어렵지 않다. 아마 당신이 지금 당장 시도해보더라도 다각형 타일의 훌륭한 목록을 작성할 수 있을 것이다. 모든 삼각형과 사각형, 즉 변이 3개와 4개인 형태는 변의 길이와 각도의 크기가 아무리 불규칙하더라도 평면을 타일링할 수 있다. 똑같은 모양의 삼각형이나 사각형으로는 바닥을 덮고 빈 곳을 남기지 않을 수 있는 것이다. 그러나 변이 6개 이상인 형태부터는 바닥 타일로 쓰기가 대단히 어렵다. 그림을 몇 개 그려보면 아마도 변이 6개 이상이고 볼록한(모든 각도가 180도보다 작다는 뜻이다) 다각형으로는 도저히 바닥을 타일링할 수 없다는 것을 스스로 증명할 수 있을 것이다. 이런 다각형은 같은 다각형으로 맞추어 바닥을 깔기에는 크기가 너무 크다.

그러나 변이 다섯이나 여섯인 다각형, 그러니까 오각형이나 육각형을 타일로 사용할 수 있는지, 그리고 어떻게 사용할 수 있는지는 그리 명백하지 않다. 예컨대, 볼록오각형을 생각해보자. 오각형은 타일로 쓰기가 까다롭다. 이는 부분적으로, 변의 길이와 각도가 모두 같은 정오각형으로 평면을 타일링할 수 없기 때문이다. 정사각형에 삼각형 지붕이 붙은 집처럼 생긴 오각형은 타일로 사용할 수 있다. 하지만 모든 종류의 오각형으로 평면을 타일링할 수 없음은 명백하다. 따라서 어떤 오각형을 타일로 사용할 수 있는지를 알아내는 일은 삼각형 및 사각형으로 타일링하는 문제보다 훨씬 더 어렵다.

평면을 타일링할 수 있는 오각형은 극소수에 불과할까? 아니면 비슷한 방식으로 타일링할 수 있는 오각형이 더 있을까? 그리고 그런 오각형을 모두 찾아냈다는 것을 어떻게 알 수 있을까? 오각형은 그 형태가 무한히 많다. 상상력이 부족해서 모든 오각형을 찾았다고 생각하는 유혹에 빠질지도 모르지만, 아직 찾지 못한 오각형 중 타일로 쓸 수 있는 교활한 오각형이 여전히 숨어 있을 수 있다.

1967년 존스홉킨스대학교의 수학자 리처드 브랜던 커슈너Richard Brandon Kershner에게 바로 이런 일이 일어났다. 커슈너는 볼록오각형 타일의 가능한 유형을 모두 찾아냈다고 주장한 논문을 저명한 학술지 『미국 월간 수학American Mathematical Monthly』에 발표했다. 커슈너의 연구 결과는 수학계에 큰 파문을 일으켰다. 당시 가장 많은 독자를 확보한 수학 작가의 한 사람이었던 마틴 가드너가 유명한 『사이언티픽 아메리칸』 칼럼에서 다룰 정도였다.

가드너의 칼럼은 전국의 학교, 사무실, 도서관, 그리고 라이스의 경우에는 주방 식탁에까지 반가운 소식을 전했다. 마침내, 수학자가 평면을 타일링할 수 있는 모든 볼록오각형을 찾아낸 것이었다.

하지만 커슈너는 틀렸다. 그는 평면을 타일링하는 볼록오각형을 모두 찾아낸 것이 아니었다. 실제로 근처에도 가지 못했다. 커슈너는 볼록오각형 타일에 8가지 유형이 있다고 말했다. 오늘날의 수학자들은 15가지 유형이 있음을 안다. 그리고 커슈너가 틀렸다는 것을 처음으로 입증한 사람은, 푸른색 가전제품이 발하는 광채 속에서 주방 탁자에 앉아 있던 마저리 라이스였다.

라이스는 여러 해 동안 막내아들이 구독하는 『사이언티픽 아메리칸』을 종종 들춰 봤다. 그녀는 가드너의 칼럼을 좋아했다. 항상 수학에 대한 애착이 있었지만, 그녀가 받은 수학교육은 고등학교에서 배운 한 과목이 전부였다. 그녀를 위해서 마련된 길에 수학은 없었다. 그러나 아이들이 학교에 있는 동안 라이스에게는 가드너에게 수학을 배울 수 있는 자기만의 시간이 있었다.

오각형 타일에 관한 칼럼은 그녀의 관심을 사로잡았다. "나는 마틴 가드너가 칼럼에서 오각형 타일의 8가지 유형을 말했을 때 내가 이 문제에 관심이 있음을 처음으로 알게 되었다." 그녀는 1996년의 인터뷰에서 말했다. "그리고 이렇게 생각했다. 세상에, 이전에는 아무도 보지 못한 아름다운 패턴을 누군가가 발견했다는 것은 정말 멋진 일임에 틀림없어."

타일에 대한 미학적 이해와 경쟁적 호기심에 자극받은 라이스는 타일이 될 수 있는 새로운 볼록오각형을 찾아보기 시작했다. 그녀는 정규 수학교육을 받은 적이 없었으므로 복잡한 수학 작업을 위한 자신만의 표기법을 개발했다. 몇 달 뒤에 라이스는 타일로 사용할 수 있는 새로운 볼록오각형을 찾아냈다. 수학적 발견의 세계에서 일반인이 전문가가 발표한 논문을 반박하는 보기 드문 일이었다.

"나는 새로운 오각형을 찾아냈을 때 믿을 수 없을 정도로 기뻤다." 그녀는 말했다. "내가 정말로 뭔가를 찾아내리라고는 생각지 못했기 때문에 너무 신이 났다. 그래서 내 발견을 마틴 가드너에게 보냈다."

마틴 가드너는 오랫동안『사이언티픽 아메리칸』의 칼럼을 쓰면서 수많은 독자의 '새로운 수학적 발견'을 알리는 편지를 받았을 것이 틀림없다. 대부분은 아마도 진지하게 검토할만한 가치가 없었을 것이다. 가드너는 라이스가 보낸 편지를 이해하지 못했다. 라이스가 창안한 수학적 표기법을 전혀 이해할 수 없었다. 다른 수학자였다면 그것만으로도 라이스의 편지를 쓰레기통에 던져버리기에 충분했을 것이다. 하지만 가드너는 그렇게 하지 않았다. 라이스의 연구가 흙 속의 다이아몬드임을 가드너가 어떻게 알았는지 우리는 결코 알 수 없을 것이다. 그러나 가드너는 열린 마음으로, 편지를 이해할 수 있다고 생각하는 진짜 타일링 전문가 수학자 도리스 샤트슈나이더Doris Schattschneider에게 라이스의 편지를 보냈다.

샤트슈나이더는 라이스가 한 일의 중요성을 알아보았다. 샤트슈나이더가 조금만 더 뻔뻔했다면 라이스의 연구에서 보이는 수학적 진보의 가냘픈 빛을 자기 것으로 삼았을지도 모른다. 그러나 샤트슈나이더는 라이스의 연구를 더 발전시키기 위해서 라이스와 협업하기로 했다. 두 사람은 공동으로 라이스의 오각형들을 세상에 선보였다. 그들은 사람들에게 오각형 타일에 관한 수학자들의 작업이 끝나지 않았음을 보여주었다. 아직도 할 일이 많이 남아 있었다.

라이스와 샤트슈나이더는 수학의 역사상 가장 풍부하면서도 가장 있음직하지 않은 전문적인 관계를 발전시켰고, 결과적으로 라이스는 평면을 타일링할 수 있는 오각형의 유형을 4가지 더 찾아냈다. 그녀는 2017년에 타계했는데, 사망하기 전 마이클 라오Michael Räo라는 수학자가 라이스의 발견에 기초해서 평면을 타일링하는 볼록오각형에 정확히 15가지 유형이 있음을 최종적으로 증명한 것을 볼 수 있었다.

라이스는 수학자가 되기 위해 수많은 장벽과 맞섰다. 부족한 교육, 여자가 할 일에 대한 성차별적 기대, 그리고 정규 수학의 형식이 결핍된 연구에 대한 수학 공동체의 반감은 그런 장벽의 일부에 불과했다. 그렇지만 라이스는 불굴의 끈기와 소수의 너그럽고 열린 마음을 가진 수학계 내부자들의 도움을 받아 수학자들의 세계로 들어갔다. 그녀가 없었다면, 세계가 오각형 타일에 대해서 무엇을 믿었을지 누가 알겠는가?

경천동지할만한 발견은 아니었다. 광범위한 응용이 가능한 문제를 해결한 것도 아니었다. 그러나 아름다운 수학이었다. 그녀의 타일링은 직관적이고, 그녀의 방법은 대수와 기하의 상호 연결을 반영한다. 그녀의 개념은 추상적이고, 그녀의 작업은 의심할 여지 없이 놀랍다. 더욱 중요한 점은, 이 아름다운 수학에 라이스의 삶을 변화시킨 힘이 있었다는 것이다. 이런 식으로 누군가의 삶을 변화시키는 것이 슈퍼파워가 아니라면, 무엇이 슈퍼파워인지 나는 모르겠다.

그녀가 수학의 피카소였을까? 어쩌면 그럴지도, 어쩌면 아닐지도 모른다. 그러나 라이스는 샤트슈나이더가 그녀의 사망 기사에서 말한 대로 "가장 있음직하지 않은 수학자"였다. 수학의 힘은 부분적으로 수학이 해결하는 문제에서 나온다. 하지만 그 힘을 행사하는 사람은, 있음직하든 있음직하지 않든 수학자들이다. 그들이 없다면 수학의 힘이 존재하지 않을 것이다. 그 힘을 널리 퍼뜨리고 사람들이 그것으로 무슨 일을 할지 지켜보자.

참고문헌

1. 수학은 보편적인 언어일까?

Adams, Mark. "Questioning the Inca Paradox: Did the Civilization behind Machu Picchu Really Fail to Develop a Written Language?" Slate, July 12, 2011. http://www.slate.com/articles/life/the_good_word/2011/07 /questioning_the_inca_paradox.html.

Alex, Bridget. "Unraveling a Secret." Discover Magazine, October 2017. http://discovermagazine.com/2017/oct/unraveling-a-secret.

"Arecibo Message." SETI Institute, accessed September 1, 2019. https://www .seti.org/seti-institute/project/details/arecibo-message.

Ascher, Marcia, and Robert Ascher. Code of the Quipu: A Study in Media, Mathematics, and Culture. Ann Arbor: University of Michigan Press, 1981.

Busch, Michael W., and Rachel M. Reddick. "Testing SETI Message Designs." ArXiv, November 20, 2009.

Collins, Allan, and William Ferguson. "Epistemic Forms and Epistemic Games: Structures and Strategies to Guide Inquiry." Educational Psycholo- gist 28, no. 1 (1993): 25–42. https://doi.org/10.1207/s15326985ep2801_3.

"Communicating across the Cosmos (Carl DeVito)." YouTube video, 00:24:57. Posted by SETI Institute, November 11, 2014. https://www.youtube.com /watch?v=MAIUVqTlDSQ&feature=youtu.be&t=3m.

Cook, Gareth. "Untangling the Mystery of the Inca." Wired, January 1, 2017. https://www.wired.com/2007/01/khipu/.

Dumas, Stéphane. "The 1999 and 2003 Messages Explained." Universe of Discourse website, accessed September 1, 2019. https://www.plover.com /misc/Dumas-Dutil/messages.pdf.

Dutil, Yvan, and Dumas Stéphane. "Annotated Cosmic Call Primer." Smithsonian.com, September 26, 2016. http://www.smithsonianmag.com /science-nature/

annotated-cosmic-call-primer-180960566/.

Franklin, K. J. "Obituary: Donald C. Laycock (1936–1988)." Language and Linguistics in Melanesia 20, no. 1–2 (1989): 1–5.

Freudenthal, Hans. Lincos: Design of a Language for Cosmic Intercourse. Amsterdam: North-Holland, 1960.

Halberstadt, Jason. "Inca Expansion and the Conquistadors." Ecuador Explorer, accessed September 1, 2019. http://www.ecuadorexplorer.com /html/inca_ expanison__the_conquista.html.

Hyland, Sabine. "Writing with Twisted Cords: The Inscriptive Capacity of Andean Khipus." Current Anthropology 58, no. 3 (April 19, 2017): 412–19. https://doi. org/10.1086/691682.

Keim, Brandon. "Building a Better Alien Calling Code." Wired, November 23, 2009. https://www.wired.com/2009/11/better-seti-code/.

Kennedy, Maev. "Mathematical Secrets of Ancient Tablet Unlocked after Nearly a Century of Study." The Guardian, August 24, 2017. http://www .theguardian. com/science/2017/aug/24/mathematical-secrets-of-ancient -tablet-unlocked-after-nearly-a-century-of-study.

Lamb, Evelyn. "Don't Fall for Babylonian Trigonometry Hype." Roots of Unity (blog), August 29, 2017. http://blogs.scientificamerican.com/roots-of -unity/dont-fall-for-babylonian-trigonometry-hype/.

Laycock, D. C. "Observations on Number Systems and Semantics." In New Guinea Area Languages and Language Study, Pacific Linguistics 1, ed. S. A. Wurm, 219–33. Canberra: Australian National University, 1975.

Locke, L. Leland. "The Ancient Quipu, a Peruvian Knot Record." American Anthropologist 14, no. 2 (1912): 325–32.

Mansfield, Daniel F., and N. J. Wildberger. "Plimpton 322 Is Babylonian Exact Sexagesimal Trigonometry." Historia Mathematica 44, no. 4 (November 1, 2017): 395–419. https://doi.org/10.1016/j.hm.2017.08.001.

Maor, Eli. Trigonometric Delights. Princeton, NJ: Princeton University Press, 1998.

"Mathematical Objects Relating to Charter Members of the MAA." Smithsonian Institution, accessed September 1, 2019. https://www.si .edu/spotlight/maacharter/computing-devices-l-leland-locke.

Murphy, Melissa Scott. “Grave Analysis.” NOVA, accessed January 9, 2018. http://www.pbs.org/wgbh/nova/inca/grav-nf.html.

———. “Puruchuco-Huaquerones Project, Peru.” Bryn Mawr College Anthropology Department, accessed October 28, 2017. http://people.brynmawr .edu/msmurphy/MSMresearch.htm.

“Museo de Sitio ‘Arturo Jiménez Borja’—Puruchuco.” Peru Ministry of Culture, accessed January 9, 2018. http://www.visitalima.pe/index.php /museos/museo-de-sitio-arturo-jimenez-borja-puruchuco.

“Obituaries: George Arthur Plimpton.” New York History 18, no. 3 (1937): 318–25.

O’Connor, J. J., and E. F. Robertson. “Babylonian Numerals.” MacTutor History of Mathematics Archive, December 2000. http://www-history .mcs.st-and.ac.uk/HistTopics/Babylonian_numerals.html.

Roach, John. “Dozens of Inca Mummies Discovered Buried in Peru.” National Geographic News, March 11, 2004. https://news.nationalgeographic.com /news/2004/03/0311_040311_incamummies.html.

Robson, Eleanor. “Neither Sherlock Holmes nor Babylon: A Reassessment of Plimpton 322.” Historia Mathematica 28, no. 3 (August 1, 2001): 167–206. https://doi.org/10.1006/hmat.2001.2317.

Saxe, Geoffrey B. Cultural Development of Mathematical Ideas: Papua New Guinea Studies. New York: Cambridge University Press, 2012.

“Sesame Street Fish to Infinity.” YouTube video, 00:02:09. Posted by Beverley Louise, August 18, 2013. https://www.youtube.com/watch?v =hgZwSRpfouQ.

Taylor, David, and Tegan Taylor. “Babylonian Tablet Plimpton 322 Will Make Studying Maths Easier, Mathematician Says.” ABC News, August 25, 2017. http://www.abc.net.au/news/2017-08-25/babylonian-tablet -unlocks-simpler-trigonometry-mathematics/8841368.

Tyson, Neil deGrasse. “The Search for Life in the Universe.” NASA, June 30, 2003. http://www.nasa.gov/vision/universe/starsgalaxies/search_life _I.html.

Urton, Gary, and Carrie Brezine. “Khipu Accounting in Ancient Peru.” Science 309, no. 5737 (August 12, 2005): 1065–67.

———. "Khipu from the Site of Puruchuco." Khipu Database Project, accessed October 28, 2017. http://khipukamayuq.fas.harvard.edu/KGPuruchuco .html.

———. "What Is a Khipu?" Khipu Database Project, accessed October 28, 2017. http://khipukamayuq.fas.harvard.edu/WhatIsAKhipu.html.

Woodruff, Charles E. "The Evolution of Modern Numerals from Ancient Tally Marks." American Mathematical Monthly 16, no. 8/9 (September 1909): 125–33. https://doi.org/10.2307/2970818.

"The World Factbook: Papua New Guinea." Central Intelligence Agency, last updated August 26, 2019. https://www.cia.gov/library/publications/the -world-factbook/geos/pp.html.

Zorn, Paul, and Barry Cipra. "Rewriting History." What's Happening in the Mathematical Sciences 5 (2002): 54–59.

2. 수학은 다음 수를 예측할 수 있을까?

"About Us." Mega Millions website, accessed September 1, 2019. http://www .megamillions.com/history-of-the-game.

Aliprantis, Charalambos D., and Subir K. Chakrabarti. Games and Decision Making. Oxford: Oxford University Press, 1998.

Axelrod, Robert, and William D. Hamilton. "The Evolution of Cooperation." Science 211, no. 4489 (March 27, 1981): 1390–96.

Beal Conjecture website, accessed September 7, 2017. http://www.beal conjecture.com.

Berlekamp, Elwyn R., John H. Conway, and Richard K. Guy. Winning Ways for Your Mathematical Plays. Vol. 1. 2nd ed. Natick, MA: AK Peters / CRC Press, 2001.

Bowling, Michael, Neil Burch, Michael Johanson, and Oskari Tammelin. "Heads-Up Limit Hold'em Poker Is Solved." Science 347, no. 628 (January 9, 2015): 145–49. https://doi.org/10.1126/science.1259433.

Burr, Mike. "Paul McCartney Heads List of World's Richest Singers." Prefixmag (blog), September 13, 2012. http://www.prefixmag.com/news /paul-mccartney-heads-list-of-worlds-richest-singer/69105/.

Burton, Earl. "Learning about 'The Professor, the Banker and the Suicide King.'

" Poker News, accessed September 7, 2017. https://www.pokernews .com/ news/2005/07/professor-banker-suicide-king.htm.

Chen, Albert C., Y. Helio Yang, and F. Fred Chen. "A Statistical Analysis of Popular Lottery 'Winning' Strategies." CS-BIGS 4, no. 1 (2010): 66–72. "Coming Out Simulator." Website of Nicky Case, accessed June 13, 2018.

http://ncase.me/cos/.

Conover, Emily. "Texas Hold 'Em Poker Solved by Computer." Science,

January 8, 2015. http://www.sciencemag.org/news/2015/01/texas-hold

-em-poker-solved-computer.

D'Amato, Al. "Make Online Poker Legal? It Already Is." Washington Post,

April 22, 2011. https://www.washingtonpost.com/opinions/former -senator-alfonse-damato-make-online-poker-legal-it-already-is/2011/04 /20/AFAWPwOE_story.html.

Dash, Mike. "The Story of the WWI Christmas Truce." Smithsonian.com, accessed January 7, 2018. https://www.smithsonianmag.com/history /the-story-of-the-wwi-christmas-truce-11972213/.

"18 U.S. Code §1084. Transmission of Wagering Information; Penalties." Legal Information Institute, accessed September 7, 2017. https://www.law .cornell.edu/uscode/text/18/1084.

"The Evolution of Trust." Website of Nicky Case, accessed January 8, 2018. http://ncase.me/trust/.

Fefferman Lab website, accessed January 13, 2018. http://feffermanlab.org. Goode, Erica. "John F. Nash Jr., Math Genius Defined by a 'Beautiful Mind,'

Dies at 86." New York Times, May 24, 2015. https://www.nytimes.com/2015 /05/25/ science/john- nash-a-beautiful-mind-subject-and-nobel-winner -dies-at-86.html.

Guskin, Emily, Mark Jurkowitz, and Amy Mitchell. "Network: By the Numbers." The State of the News Media 2013: An Annual Report on American Journalism. Washington, DC: Pew Research Center's Project for Excellence in Journalism, March 17, 2013. http://www.stateofthemedia

.org/2013/network-news-a-year-of-change-and-challenge-at-nbc/network

-by-the-numbers/.

Henchman, Joseph. "Pretend You Won the Powerball. What Taxes Do You Owe?" Tax Foundation (blog), January 12, 2016. https://taxfoundation.org /pretend-you-won-powerball-what-taxes-do-you-owe/.

Howard, Ms. Gail. Lottery Winning Strategies and 70 Percent Win Formula. Las Vegas: Smart Luck, 2014.

Johnson, Halie. "Torrey Pines Celebrates Homecoming after Two Big Wins." Del Mar Times, October 10, 2010. http://www.delmartimes.net/sddmt -torrey-pines-celebrates-homecoming-after-two-big-2010oct10-story.html.

Kim, Susanna. "Mega Millions Picks $356M Numbers." ABC News, March 28, 2012. http://abcnews.go.com/Business/mega-millions-356m-lucky -numbers-19-34–44/story?id=16014648.

Kohler, Chris. "7 Most Catastrophic World of Warcraft Moments." Wired, December 7, 2010. https://www.wired.com/2010/12/world-of-warcraft -catastrophes/.

"List of Poker Variants." Wikipedia, accessed September 3, 2019. https:// en.wikipedia.org/w/index.php?title=List_of_poker_variants&oldid =792655127.

Lofgren, Eric T., and Nina H. Fefferman. "The Untapped Potential of Virtual Game Worlds to Shed Light on Real World Epidemics." Lancet Infectious Diseases 7, no. 9 (September 2007): 625–29. http://dx.doi.org/10.1016 /S1473-3099(07)70212-8.

Madrigal, Alexis C. "How Checkers Was Solved." The Atlantic, July 19, 2017. https://www.theatlantic.com/technology/archive/2017/07/marion-tinsley -checkers/534111/.

Meyer, Gerhard, Marc von Meduna, Tim Brosowski, and Tobias Hayer. "Is Poker a Game of Skill or Chance? A Quasi-Experimental Study." Journal of Gambling Studies 29, no. 3 (September 2013): 535–50. https://doi.org /10.1007/s10899-012-9327-8.

Minkel, J. R. "Computers Solve Checkers—It's a Draw." Scientific American, July 19, 2007. https://www.scientificamerican.com/article/computers -solve-checkers-its-a-draw/.

Munroe, Randall. "Tic-Tac-Toe." XKCD (blog), accessed August 5, 2017. https://xkcd.com/832/.

"Parable of the Polygons." Website of Nicky Case, accessed June 13, 2018. http://ncase.me/polygons.

Paradis, Bryce. "Humans, Robots, and the Consequences." Cepheus Poker Project (blog), January 8, 2015. http://poker-blog.srv.ualberta.ca/2015/01 /08/humans-robots-and-the-consequences.html.

Sandholm, Tuomas. "Solving Imperfect-Information Games." Science 347, no. 6218 (January 9, 2015): 122–23. https://doi.org/10.1126/science .aaa4614.

Schaeffer, Jonathan, Neil Burch, Yngvi Björnsson, Akihiro Kishimoto, Martin Müller, Robert Lake, Paul Lu, and Steve Sutphen. "Checkers Is Solved." Science 317, no. 5844 (September 14, 2007): 1518–22. https://doi .org/10.1126/science.1144079.

Serna, Joseph. "So What's a Better Bet: Powerball, Mega Millions or Super Lotto Plus? We Ask the Experts." Los Angeles Times, July 8, 2016. http:// www.latimes.com/local/lanow/la-me-ln-lottery-powerball-megamillions -odds-jackpots-20160707-snap-story.html.

Shinzaki, Michael. "I Beat the 'Unbeatable' Poker-Playing Artificial Intelli- gence—Sort Of." Slate, April 13, 2015. http://www.slate.com/blogs/future _tense/2015/04/13/i_beat_cepheus_the_unbeatable_poker_playing_artificial _intelligence.html.

Thomas, Robert M., Jr. "Marion Tinsley, 68, Unmatched as Checkers Champion, Is Dead." New York Times, April 8, 1995. http://www.nytimes .com/1995/04/08/obituaries/marion-tinsley-68-unmatched-as-checkers -champion-is-dead.html.

3. 수학은 편견을 없앨 수 있을까?

"About." Redistricting Majority Project, accessed January 13, 2018. http:// www.redistrictingmajorityproject.com/?page_id=2.

"Adult Compas Assessment: Risk and Pre-Screen." Northpointe Institute for Public Management, Inc., 2007. https://assets.documentcloud.org/documents/2840632/Sample-Risk-Assessment- COMPAS-Risk-and -Pre.pdf.

"Age of Algorithms: Data, Democracy and the News." Vimeo livestream, 01:40:01. Posted by NYU Arthur L. Carter Journalism Institute, February 15, 2017. https://

livestream.com/accounts/17645697/events/7009934?t =1528484098.

Andrews, Donald A., Lina Guzzo, Peter Raynor, Robert C. Rowe, L. Jill Rettinger, Albert Brews, and J. Stephen Wormith. "Are the Major Risk/ Need Factors Predictive of Both Female and Male Reoffending? A Test with the Eight Domains of the Level of Service/Case Management Inventory." International Journal of Offender Therapy and Comparative Criminology 56, no. 1 (2012): 113–33. https://doi.org/10.1177/0306624X10 395716.

Angwin, Julia. "About." Website of Julia Angwin, accessed July 20, 2017. http://juliaangwin.com/about/.

Angwin, Julia, Jeff Larson, Lauren Kirchner, and Surya Mattu. "Minority Neighborhoods Pay Higher Car Insurance Premiums Than White Areas with the Same Risk." ProPublica, April 5, 2017. https://www.propublica .org/article/minority-neighborhoods-higher-car-insurance-premiums -white-areas-same-risk.

Angwin, Julia, Jeff Larson, Surya Mattu, and Lauren Kirchner. "Machine Bias: There's Software Used across the Country to Predict Future Criminals. And It's Biased against Blacks." ProPublica, May 23, 2016. https://www.propublica.org/article/machine-bias-risk-assessments-in -criminal-sentencing.

Angwin, Julia, Surya Mattu, and Jeff Larson. "The Tiger Mom Tax: Asians Are Nearly Twice as Likely to Get a Higher Price from Princeton Review." ProPublica, September 1, 2015. https://www.propublica.org/article/asians -nearly-twice-as-likely-to-get-higher-price-from-princeton-review.

Associated Press. "Attorney General Issues Tougher Rules under Bail Reform Law." US News & World Report, May 24, 2017. https://www.usnews.com /news/best-states/new-jersey/articles/2017-05-24/attorney-general -issues-tougher-rules-under-bail-reform-law.

Astor, Maggie, and K. K. Rebecca Lai. "What's Stronger Than a Blue Wave? Gerrymandered Districts." New York Times, November 29, 2018. https:// www.nytimes.com/interactive/2018/11/29/us/politics/north-carolina -gerrymandering.html.

Barnes, Robert. "Supreme Court Takes on Texas Gerrymandering Case, Will Look at Internet Sales Tax." Washington Post, January 12, 2018. https:// www.

washingtonpost.com/politics/supreme-court-will-look-at-texas -gerrymandering-case-internet-sales-tax/2018/01/12/3744896a-f7aa-11e7 -beb6-c8d48830c54d_story.html.

Blum-Smith, Ben. "Partisan Gerrymandering and Measures of Fairness." Presented at the Geometry of Redistricting, University of San Francisco, March 17, 2018.

Cebul, R. D., and R. M. Poses. "The Comparative Cost-Effectiveness of Statis- tical Decision Rules and Experienced Physicians in Pharyngitis Manage- ment." Journal of the American Medical Association 256 (1986): 3353–57.

Cho, Wendy K. Tam, and Yan Y. Liu. "Sampling from Complicated and Unknown Distributions: Monte Carlo and Markov Chain Monte Carlo Methods for Redistricting." Physica A: Statistical Mechanics and Its Applications 506 (September 15, 2018): 170–78. https://doi.org/10.1016 /j.physa.2018.03.096.

———. "Toward a Talismanic Redistricting Tool: A Computational Method for Identifying Extreme Redistricting Plans." Election Law Journal 15, no. 4 (2016): 351–66. https://doi.org/10.1089/elj.2016.0384.

Christian, Brian, and Tom Griffiths. Algorithms to Live By: The Computer Science of Human Decisions. New York: Picador, 2016.

"Congress and the Public." Gallup.com, accessed August 1, 2017. http://www .gallup.com/poll/1600/Congress-Public.aspx.

D'Agostino, Susan. "Sharing Math's Appeal with First-Generation Students." Chronicle of Higher Education, October 28, 2013. http://chronicle.com /article/Designing-a-Math-Major-That/142551/.

Dieterich, William, Christina Mendoza, and Tim Brennan. COMPAS Risk Scales: Demonstrating Accuracy Equity and Predictive Parity. Performance of the COMPAS Risk Scales in Broward County. Traverse City, MI: North- pointe, Inc., July 8, 2016.

"Drawing the Lines on Gerrymandering." CBS News, January 14, 2018. https://www.cbsnews.com/news/drawing-the-lines-on-gerrymandering/.

Duchin, Moon, and Peter Levine. "Rebooting the Mathematics behind Gerry- mandering." The Conversation, October 23, 2017. http://theconversation .com/rebooting-the-mathematics-behind-gerrymandering-73096.

Ferguson, Thomas S. "Who Solved the Secretary Problem?" Statistical Science 4, no. 3 (August 1989): 282–89.

Foderaro, Lisa W. "New Jersey Alters Its Bail System and Upends Legal Landscape." New York Times, February 6, 2017. https://www.nytimes.com /2017/02/06/nyregion/new-jersey-bail-system.html?_r=0.

Fushimi, Masanori. "The Secretary Problem in a Competitive Situation." Journal of the Operations Research Society of Japan 24, no. 4 (December 1981): 350–58.

"Gerrymandering." YouTube video, 00:19:33. Posted by Last Week Tonight with John Oliver, April 9, 2017. https://www.youtube.com/watch?v=A -4dIImaodQ.

"Gerrymandering and Partisan Politics in the U.S." PBS NewsHour, September 26, 2016. http://www.pbs.org/newshour/extra/daily_videos /gerrymandering-and-partisan-politics-in-the-u-s/.

Grove, William M., David H. Zald, Boyd S. Lebow, Beth E. Snitz, and Chad Nelson. "Clinical Versus Mechanical Prediction: A Meta-Analysis." Psychological Assessment 12, no. 1 (2000): 19–30. https://doi.org/10.1037 //1040-3590.12.1.19.

Haselhurst, Geoff. "Bertrand Russell Quotes on Mathematics/Mathematical Physics." On Truth and Reality, accessed July 20, 2017. http://www .spaceandmotion.com/mathematical-physics/famous-mathematics -quotes.htm.

"History of Federal Voting Rights Laws: The Voting Rights Act of 1965."

US Department of Justice, accessed June 8, 2018. https://www.justice.gov /crt/history-federal-voting-rights-laws.

"How Elections Are Rigged—Gerrymandering." YouTube video, 01:17:17. Posted by SnagFilms, September 21, 2016. https://www.youtube.com /watch?v=-285T7Pdp58.

Klarreich, Erica. "Gerrymandering Is Illegal, but Only Mathematicians Can Prove It." Wired, April 16, 2017. https://www.wired.com/2017/04 /gerrymandering-illegal-mathematicians-can-prove/.

Kleinberg, Jon, Sendhil Mullainathan, and Manish Raghavan. "Inherent Trade-Offs in the Fair Determination of Risk Scores." Proceedings of Innovations in Theoretical Computer Science, 2017. http://arxiv.org/abs /1609.05807.

Larson, Jeff, Surya Mattu, Lauren Kirchner, and Julia Angwin. "How We Analyzed the COMPAS Recidivism Algorithm." ProPublica, May 23, 2016. https://www.propublica.org/article/how-we-analyzed-the-compas -recidivism-algorithm.

Liptak, Adam. "Justices Reject 2 Gerrymandered North Carolina Districts, Citing Racial Bias." New York Times, May 22, 2017. https://www.nytimes .com/2017/05/22/us/politics/supreme-court-north-carolina-congressional -districts.html.

———. "Supreme Court Bars Challenges to Partisan Gerrymandering."

New York Times, June 27, 2019. https://www.nytimes.com/2019/06/27/us /politics/supreme-court-gerrymandering.html.

"Minnesota 2016 Population Estimates." US Census Bureau, accessed July 28, 2017. https://www.census.gov/quickfacts/MN.

"New Jersey Eliminates Cash Bail, Leads Nation in Reforms." PBS News- Hour, July 22, 2017. http://www.pbs.org/video/3003039348/.

"North Carolina Congressional Redistricting after the 2010 Census." Carolina Demography, accessed July 21, 2017. http://www.arcgis.com/apps/Story tellingSwipe/index.html?appid=a15c27c984ed404782da753dd840e99a.

"North Carolina's 11th Congressional District." Ballotpedia, accessed July 21, 2017. https://ballotpedia.org/North_Carolina's_11th_Congressional_District.

"North Carolina 2018 Population Estimates." US Census Bureau, accessed July 29, 2017. https://www.census.gov/quickfacts/NC.

Parker, Matt. "The Secretary Problem." Slate, December 17, 2014. http://www .slate.com/articles/technology/technology/2014/12/the_secretary_problem _use_this_algorithm_to_determine_exactly_how_many_people.html.

Pearson, Rick. "Federal Court Approves Illinois Congressional Map." Chicago Tribune, December 16, 2011. http://articles.chicagotribune.com/2011-12 -16/news/ct-met-congress-map-court-20111216_1_congressional-map -earmuff-shaped-new-map.

———. "Federal Court Upholds Democrats' Map of Illinois Congressional Districts." Los Angeles Times, December 15, 2011. http://www.latimes.com

/nation/politics/politicsnow/chi-federal-court-upholds-democrats-map

-of-illinois-congressional-districts-20111215-story.html.

"Public Safety Assessment." Laura and John Arnold Foundation, accessed

July 26, 2017. http://www.arnoldfoundation.org/initiative/criminal-justice /crime-prevention/public-safety-assessment/.
"Public Safety Assessment: Risk Factors and Formula." Laura and John
Arnold Foundation, accessed July 26, 2017. http://www.arnoldfoundation .org/wp-content/uploads/PSA-Risk-Factors-and-Formula.pdf. "REDMAP: How a Strategy of Targeting State Legislative Races in 2010 Led
to a Republican U.S. House Majority in 2013." Redistricting Majority Project, January 4, 2013. http://www.redistrictingmajorityproject.com /?p=646.

Rosenblum, Dan. "Hakeem Jeffries Gives the Prison-Gerrymander Presenta- tion at His Old Law School." Politico, January 24, 2012. http://www.politico .com/ states/new-york/city-hall/story/2012/01/hakeem-jeffries-gives-the -prison-gerrymander-presentation-at-his- old-law-school-069480.

Rowlett, Russ. "Names for Large Numbers." How Many? A Dictionary of Units of Measurement, accessed July 28, 2017. https://www.unc.edu /~rowlett/units/ large.html.

Tippett, Rebecca. "Redistricting North Carolina in 2011." Carolina Demogra- phy (blog), November 10, 2015. http://demography.cpc.unc.edu/2015/11/10 / redistricting-north-carolina-in-2011/.

"20 David Kung, Empowering Who? The Challenge of Diversifying the Mathematical Community." YouTube video, 01:03:46. Posted by Educa- tional Advancement Foundation, July 21, 2015. https://www.youtube.com /watch?v=V03scHu_OJE.

"2010 Census Tallies." US Census Bureau, accessed July 28, 2017. https:// www. census.gov/geographies/reference-files/time-series/geo/tallies.html.

"2011 Redistricting Process." North Carolina General Assembly, accessed July 21, 2017. http://www.ncleg.net/representation/Content/Process2011 .aspx.

"2012 House Election Results by Race Rating." Cook Political Report, November 9, 2012. http://cookpolitical.com/house/charts/race-ratings /5123.

"2012 REDMAP Summary Report." Redistricting Majority Project, January 4, 2013. http://www.redistrictingmajorityproject.com/?p=646.

Vieth v. Jubelirer. 541 U.S. 267 (2004).

"Wendy Cho: Enabling Redistricting Reform. A Computational Study of

Zoning Optimization." YouTube video, 00:24:03. Posted by NCSAatIlli- nois, June 12, 2017. https://www.youtube.com/watch?v=-OSGq6zOejw.

References 211

Wines, Michael, and Richard Fausset. "North Carolina Is Ordered to Redraw Its Gerrymandered Congressional Map. Again." New York Times, August 30, 2018. https://www.nytimes.com/2018/08/27/us/north-carolina -congressional-districts.html.

4. 수학은 기회의 문을 열어줄 수 있을까?

Alleyne, Ayinde, Ben Blum-Smith, and Lynn Cartwright-Punnet. BEAM staff interview with author. July 31, 2015.

Blum-Smith, Ben. "Kids Summarizing." Research in Practice (blog), September 8, 2013. https://researchinpractice.wordpress.com/2013/09/08/kids -summarizing/.

"Brahman, Caste." Encyclopedia Britannica Online, accessed November 10, 2017. https://www.britannica.com/topic/Brahman-caste.

Burr, Stefan A., and George E. Andrews. The Unreasonable Effectiveness of Number Theory. Providence, RI: American Mathematical Society, 1993. Caldwell, Chris K. "Database Search Output (Another of the Prime Pages'

Resources)." Prime Pages, accessed September 3, 2019. http://primes .utm.edu/primes/search.php?Comment=twin%20OR%20triplet

& Number=100.

Cook, Gareth. "The Singular Mind of Terry Tao." New York Times, July 24, 2015. https://www.nytimes.com/2015/07/26/magazine/the-singular -mind-of-terry-tao.html.

Cook, Mariana. Mathematicians: An Outer View of the Inner World. Princeton, NJ: Princeton University Press, 2009.

Cooke, Roger L. The History of Mathematics: A Brief Course. 3rd ed. Hoboken, NJ: John Wiley & Sons, 2013.

"Demographic Snapshot 2012–13 to 2016–17 Public—Citywide, Borough, District, and School." NYC Department of Education, April 12, 2017. http://schools.nyc.gov/Accountability/data/default.htm.

Douglass, Frederick. Frederick Douglass, Autobiographies: Narrative of the Life of Frederick Douglass, an American Slave / My Bondage and My Freedom / Life and Times of Frederick Douglass. Edited by Henry Louis Gates. New York: Library of America, 1994.

Dumas, Michael J. " 'Losing an Arm': Schooling as a Site of Black Suffering." Race Ethnicity and Education 17, no. 1 (2014): 1–29. https://doi.org/10.1080/13613324.2013.850412.

"Enrollment—Statewide by Institution Type." Texas Higher Education Coordinating Board, 2016. http://www.txhighereddata.org/index.cfm ?objectid=867CFDB0-D279-6B64-55037383E42EE290.

212 References

"Ilana." Video of student interview with BEAM group. Summer 2015. Jimenez, Laura, Scott Sargrad, Jessica Morales, and Maggie Thompson.

Remedial Education: The Cost of Catching Up. Washington, DC: Center for American Progress, September 2016. https://cdn.americanprogress.org /content/uploads/2016/09/29120402/CostOfCatchingUp2-report.pdf.

Kanigel, Robert. The Man Who Knew Infinity. New York: Washington Square Press, 1991.

Moses, Robert P., and Charles E. Cobb Jr. Radical Equations: Civil Rights from Mississippi to the Algebra Project. Boston: Beacon Press, 2001.

Nasir, Na'ilah Suad, Cyndy R. Snyder, Niral Shah, and Kihana Miraya Ross. "Racial Storylines and Implications for Learning." Human Development 55, no. 5–6 (2012): 285–301. https://doi.org/10.1159/000345318.

National Science Board. Science and Engineering Indicators 2012. NSB 12-01. Arlington, VA: National Science Foundation, 2012.

5. 수학은 아름다울 수 있을까?

Bolyai, János. "The Science Absolute of Space." Scientiae Baccalaureus 1, no. 4 (June 1891).

Cannon, James W., William J. Floyd, Richard Kenyon, and Walter Parry. "Hyperbolic Geometry." Flavors of Geometry 31 (1997): 59–115.

Casey, John, and Euclid. The First Six Books of the Elements of Euclid. Dublin: Hodges, Figgis, 1885. https://www.gutenberg.org/files/21076/21076-pdf.pdf.

Cook, Mariana. Mathematicians: An Outer View of the Inner World. Princeton, NJ: Princeton University Press, 2009.

Creativity Research Group website, accessed January 14, 2018. http://www .creativityresearchgroup.com/.

Delp, Kelly, Craig S. Kaplan, Douglas McKenna, and Reza Sarhangi,

eds. Bridges Baltimore: Mathematics, Music, Art, Architecture. Culture Conference Proceedings. Phoenix, AZ: Tessallations, 2015. http://archive .bridgesmathart. org/2015/frontmatter.pdf.

Demaine, Erik, Martin Demaine, and Anna Lubiw. "Hyperbolic Paraboloids." Erik Demaine's Folding and Unfolding, last updated May 28, 2014. http:// erikdemaine.org/hypar/.

Dénes, Tamás. "The Real Face of Janos Bolyai." Notices of the American Mathematical Society 58, no. 1 (January 2011): 41–51.

"Euclid's Elements: Book 1." Website of David E. Joyce, accessed September 3, 2019. https://mathcs.clarku.edu/~djoyce/elements/bookI/bookI.html.

"Euclid's Elements: Book 1, Definition 1 Guide." Website of David E. Joyce, accessed September 3, 2019. https://mathcs.clarku.edu/~djoyce/elements /bookI/defI1. html.

"Eve Torrence." Mathematical Art Galleries website, accessed September 3, 2019. http://gallery.bridgesmathart.org/exhibitions/2015-bridges -conference/etorrenc.

Frazer, Jennifer. "Proteus: How Radiolarians Saved Ernst Haeckel." Artful Amoeba (blog), January 31, 2012. https://blogs.scientificamerican.com /artful-amoeba/ proteus-how-radiolarians-saved-ernst-haeckel/.

Gardner, Martin. "Mathematical Games: On Tessellating the Plane with Convex Polygon Tiles." Scientific American 233, no. 1 (1975): 112–19.

Hardy, G. H. A Mathematician's Apology. Electronic ed., version 1.0. Edmonton: University of Alberta Mathematical Sciences Society, 2005. https://www .math. ualberta.ca/mss/misc/A%20Mathematician%27s%20Apology.pdf.

Hartshorne, Robin. Geometry: Euclid and Beyond. Undergraduate Texts in

Mathematics. New York: Springer, 2000.
Henderson, David W., and Daina Taimina. "Crocheting the Hyperbolic Plane." Mathematical Intelligencer 23, no. 2 (March 1, 2001): 17–28. https:// doi.org/10.1007/BF03026623.
———. "Experiencing Meanings in Geometry." In Mathematics and the Aesthetic: New Approaches to an Ancient Affinity. Canadian Mathematical Society Books in Mathematics. New York: Springer Science + Business Media B. V., 2006.
Kandinsky, Wassily. On the Spiritual in Art: First Complete English Translation, with Four Full Colour Page Reproductions, Woodcuts and Half Tones. New York: Solomon R. Guggenheim Foundation, 1946. https://archive.org /details/onspiritualinart00kand.
———. Point and Line to Plane: Contribution to the Analysis of the Pictorial Elements. New York: Solomon R. Guggenheim Foundation, 1947. https://archive.org/details/pointlinetoplane00kand.
Kershner, R. B. "On Paving the Plane." American Mathematical Monthly 75, no. 8 (October 1, 1968): 839–44. https://doi.org/10.1080/00029890.1968 .11971075.
———. "On Paving the Plane." APL Technical Digest (July 1969): 4–10.
Lamb, Evelyn, and Kevin Knudson. "Mohamed Omar's Favorite Theorem."
Roots of Unity (blog), January 11, 2018. https://blogs.scientificamerican
.com/roots-of-unity/mohamed-omars-favorite-theorem/.
Lewis, Florence P. "History of the Parallel Postulate." American Mathematical
Monthly 27, no. 1 (January 1920): 16–23.
Loomis, Elisha S. The Pythagorean Proposition. Washington, DC: National
Council of Teachers of Mathematics, 1968.
Marshall, Daniel, and Paul Scott. "A Brief History of Non-Euclidean
Geometry." Australian Mathematics Teacher 60, no. 3 (March 2004): 2–4.
214 References
Movshovits-Hadar, Nitsa. "School Mathematics Theorems: An Endless Source of Surprise." For the Learning of Mathematics 8, no. 3 (November 1988): 34–40.
"The Nature of Things / Martin Gardner." Vimeo video, 00:46:05. Posted by Wagner Brenner, October 20, 2009. https://vimeo.com/7176521.

Nelsen, Roger B. Proofs without Words: Exercises in Visual Thinking. Washing- ton, DC: Mathematical Association of America, 1993.

"Quotations." Mathematical Association of America, accessed January 5, 2018. https://www.maa.org/press/periodicals/convergence/quotations.

Rice, Marjorie. "Tessellations—Intriguing Tessellations." Tessellations website, accessed February 21, 2018. https://sites.google.com/site /intriguingtessellations/home/tessellations.

Schattschneider, Doris. "Marjorie Rice (16 February 1923–2 July 2017)." Journal of Mathematics and the Arts 12, no. 1 (November 28, 2017): 51–54. https://doi.org/10.1080/17513472.2017.1399680.

Sinclair, Nathalie, and David Pimm. "A Historical Gaze at the Mathematical Aesthetic." In Mathematics and the Aesthetic: New Approaches to an Ancient Affinity. Canadian Mathematical Society Books in Mathematics. New York: Springer Science + Business Media B. V., 2006.

Strogatz, Steven. The Joy of X: A Guided Tour of Math, from One to Infinity. Boston: Houghton Mifflin Harcourt, 2012.

Tao, Terence. "Pythagoras' Theorem." What's New (blog), September 14, 2007. https://terrytao.wordpress.com/2007/09/14/pythagoras-theorem/.

Torrence, Eve. Email interview with author. March 31, 2017. Weisstein, Eric W. "Playfair's Axiom." Wolfram MathWorld, accessed

January 6, 2018. http://mathworld.wolfram.com/PlayfairsAxiom.html. Wolchover, Natalie. "Pentagon Tiling Proof Solves Century-Old Math

Problem." Quanta Magazine, July 11, 2017. https://www.quantamagazine .org/pentagon-tiling-proof-solves-century-old-math-problem-20170711/.

SUPER
MATH
슈퍼매스

슈퍼매스

지은이 | 애나 웰트만
옮긴이 | 장영재

초판 1쇄 인쇄일 2021년 4월 30일
초판 1쇄 발행일 2021년 5월 10일

발행인 | 한상준
편집 | 김민정·강탁준·손지원·송승민·최정휴
마케팅 | 주영상·정수림
디자인 | 조경규·김미숙
관리 | 양은진

발행처 | 비아북(ViaBook Publisher)
출판등록 | 제313-2007-218호(2007년 11월 2일)
주소 | 서울시 마포구 연남동 월드컵북로6길 97(연남동 567-40) 2층
전화 | 02-334-6123 전자우편 | crm@viabook.kr
홈페이지 | viabook.kr

ISBN 979-11-91019-30-8 03410